油气藏地质及开发工程国家重点实验室资助

复杂油气藏开发丛书

复杂油气藏钻井理论与应用

付建红　杨迎新　等　著

科学出版社

北　京

内 容 简 介

本书主要介绍复杂油气藏钻井的相关基本理论和应用成果。全书有 6 章，包括绪论、复杂地层工程地质力学研究、特殊结构井钻井技术、复杂难钻地层高效破岩技术、井下随钻测量技术基础理论及其应用、复杂地层井筒压力控制技术。

本书涉及的内容主要是钻井工程安全高效的钻井新技术，书中提出的钻井理念及方法可为相关专业高等学校及研究院的教学提供参考，也可为现场油气井钻井工程师提供参考。

图书在版编目（CIP）数据

复杂油气藏钻井理论与应用/付建红，杨迎新等著. —北京：科学出版社，2017.3
（复杂油气藏开发丛书）
ISBN 978-7-03-042923-0

Ⅰ. ①复… Ⅱ. ①付… Ⅲ. ①复杂地层–地层油气藏–油气钻井–研究
Ⅳ. ①TE2

中国版本图书馆 CIP 数据核字（2014）第 309712 号

责任编辑：张　展　刘　琳/责任校对：韩雨舟
责任印制：罗　科/封面设计：陈　敬

科 学 出 版 社 出版
北京东黄城根北街 16 号
邮政编码：100717
http://www.sciencep.com

四川煤田地质制图印刷厂印刷
科学出版社发行　各地新华书店经销
*
2017 年 3 月第　一　版　开本：787×1092　1/16
2017 年 3 月第一次印刷　印张：17.75
字数：420 000
定价：180.00 元
（如有印装质量问题，我社负责调换）

丛书编写委员会

主　　编：赵金洲

编　　委：罗平亚　周守为　杜志敏

　　　　　张烈辉　郭建春　孟英峰

　　　　　陈　平　施太和　郭　肖

丛 书 序

石油和天然气是社会经济发展的重要基础和主要动力，油气供应安全事关我国实现"两个一百年"奋斗目标和中华民族伟大复兴中国梦的全局。但我国油气资源约束日益加剧，供需矛盾日益突出，对外依存度越来越高，原油对外依存度已达到 60.6%，天然气对外依存度已达 32.7%，油气安全形势越来越严峻，已对国家经济社会发展形成了严重制约。

为此，《国家中长期科学和技术发展规划纲要(2006—2020 年)》对油气工业科技进步和持续发展提出了重大需求和战略目标，将"复杂油气地质资源勘探开发利用"列为位于 11 个重点领域之首的能源领域的优先主题，部署了我国科技发展重中之重的 16 个重大专项之一《大型油气田及煤层气开发》。

国家《能源发展"十一五"规划》指出要优先发展复杂地质条件油气资源勘探开发、海洋油气资源勘探开发和煤层气开发等技术，重点储备天然气水合物钻井和安全开采技术。国家《能源发展"十二五"规划》指出要突破关键勘探开发技术，着力突破煤层气、页岩气等非常规油气资源开发技术瓶颈，达到或超过世界先进水平。

这些重大需求和战略目标都属于复杂油气藏勘探与开发的范畴，是国内外油气田勘探开发工程界未能很好解决的重大技术难题，也是世界油气科学技术研究的前沿。

油气藏地质与开发工程国家重点实验室是我国油气工业上游领域的第一个国家重点实验室，也是我国最先一批国家重点实验室之一。实验室一直致力于建立复杂油气藏勘探开发理论及技术体系，以引领油气勘探开发学科发展、促进油气勘探开发科技进步、支撑油气工业持续发展为主要目标，以我国特别是西部复杂常规油气藏、海洋深水以及页岩气、煤层气、天然气水合物等非常规油气资源为对象，以"发现油气藏、认识油气藏、开发油气藏、保护油气藏、改造油气藏"为主线，油气并举、海陆结合、气为特色，瞄准勘探开发科学前沿，开展应用基础研究，向基础研究和技术创新两头延伸，解决油气勘探开发领域关键科学和技术问题，为提高我国油气勘探开发技术的核心竞争力和推动油气工业持续发展作出了重大贡献。

近十年来，实验室紧紧围绕上述重大需求和战略目标，掌握学科发展方向，熟知阻碍油气勘探开发的重大技术难题，凝炼出其中基础科学问题，开展基础和应用基础研究，取得理论创新成果，在此基础上与三大国家石油公司密切合作承担国家重大科研和重大工程任务，产生新方法，研发新材料、新产品，建立新工艺，形成新的核心关键技术，以解决重大工程技术难题为抓手，促进油气勘探开发科学进步和技术发展。在基本覆盖石油与天然气勘探开发学科前沿研究领域的主要内容以及油气工业长远发展急需解决的主要问题的含油气盆地动力学及油气成藏理论、油气储层地质学、复杂油气藏地球物理勘探理论与方法、复杂油气藏开发理论与方法、复杂油气藏钻完井基础理论与关键技术、复杂油气藏增产改造及提高采收率基础理论与关键技术以及深海天然气水合物开发理论及关键技术等方面形成了鲜明特色和优势，持续产生了一批有重大影响的研究成果和重大关键技术并实现工业化应用，取得了显著经济和社会效益。

我们组织编写的复杂油气藏开发丛书包括《页岩气藏缝网压裂数值模拟》、《复杂油气藏储层改造基础理论与技术》、《页岩气渗流机理及数值模拟》、《复杂油气藏随钻测井与地质导向》、《复杂油气藏相态理论与应用》、《特殊油气藏井筒完整性与安全》、《复杂油气藏渗流理论与应用》、《复杂油气藏钻井理论与应用》、《复杂油气藏固井液技术研究与应用》、《复杂油气藏欠平衡钻井理论与实践》、《复杂油藏化学驱提高采收率》等 11 本专著，综合反映了油气藏地质及开发工程国家重点实验室在油气开发方面的部分研究成果。希望这套丛书能为从事相关研究的科技人员提供有价值的参考资料，为提高我国复杂油气藏开发水平发挥应有的作用。

丛书涉及研究方向多、内容广，尽管作者们精心策划和编写、力求完美，但由于水平所限，难免有遗漏和不妥之处，敬请读者批评指正。

国家《能源发展战略行动计划(2014—2020 年)》将稳步提高国内石油产量和大力发展天然气列为主要任务，迫切需要稳定东部老油田产量、实现西部增储上产、加快海洋石油开发、大力支持低品位资源开发、加快常规天然气勘探开发、重点突破页岩气和煤层气开发、加大天然气水合物勘探开发技术攻关力度并推进试采工程。国家《能源技术革命创新行动计划(2016—2030 年)》将非常规油气和深层、深海油气开发技术创新列为重点任务，提出要深入开展页岩油气地质理论及勘探技术、油气藏工程、水平井钻完井、压裂改造技术研究并自主研发钻完井关键装备与材料，完善煤层气勘探开发技术体系，实现页岩油气、煤层气等非常规油气的高效开发；突破天然气水合物勘探开发基础理论和关键技术，开展先导钻探和试采试验；掌握深-超深层油气勘探开发关键技术，勘探开发埋深突破 8000 m领域，形成 6000~7000 m 有效开发成熟技术体系，勘探开发技术水平总体达到国际领先；全面提升深海油气钻采工程技术水平及装备自主建造能力，实现 3000 m、4000 m 超深水油气田的自主开发。近日颁布的《国家创新驱动发展战略纲要》将开发深海深地等复杂条件下的油气矿产资源勘探开采技术、开展页岩气等非常规油气勘探开发综合技术示范列为重点战略任务，提出继续加快实施已部署的国家油气科技重大专项。

这些都是油气藏地质及开发工程国家重点实验室的使命和责任，实验室已经和正在加快研究攻关，今后我们将陆续把相关重要研究成果整理成书，奉献给广大读者。

2016 年 1 月

前　言

随着石油勘探开发技术的进步，致密油、致密气、页岩油气、煤层气、深部高温高压高含硫等复杂油气藏已成为主要的勘探开发对象。复杂深层油气藏的钻井完井技术面临的技术挑战包括压力层序多、井壁失稳、机械钻速慢、单井产量低、井控风险大、钻井参数选择难以适应安全快速钻井的需要等。其中页岩地层井壁稳定技术、用于开发页岩油气、致密油气的长水平位移水平井钻井技术、开发超深层油气的侧钻水平井钻井技术、高温高压气井的非常规井控技术、有利于提高钻速的 PDC 钻头个性化设计技术、井下工程参数的测量和控制技术均是近年来油气井工程领域研究的重点和难点。

针对复杂油气藏安全高效勘探开发的关键钻井工程技术难点，本书较为系统地阐述了近年来复杂油气藏钻井相关应用基础理论和最新研究成果。围绕复杂工程地质力学问题，开展了深部砂泥岩地层岩石力学、盐膏层岩石力学、页岩气储层岩石力学研究，确定了复杂地质环境条件下的安全钻井液密度窗口，提出了稳定井壁的工艺技术措施；针对复杂深层侧钻井及长位移水平井技术难点，系统阐述了侧钻井、水平井钻井过程中的轨迹优化、钻柱优化、轨迹控制及井眼净化问题；为提高难钻地层机械钻速，提出了 PDC 钻头个性化设计方法，研究、开发了多种针对不同岩石特点的 PDC 钻头，并取得了较好的提速效果；针对高温高压气井特殊工况，提出了非常规井控工艺技术；为提高钻井工程决策的科学性，开发了多种井下工程参数测量工具。

参与本书撰写的主要人员与任务分工为：第 1、3 章由付建红撰写，第 2 章由夏宏泉、陈平、马天寿、张杰撰写，第 4 章由杨迎新撰写，第 5 章由陈平、马天寿撰写，第 6 章由付建红、张智、郭昭学撰写，付建红、陈平负责全书的统稿和审校。

团队的石晓兵、范祥宇、况雨春、陈炼、任海涛、张德荣、包泽军等老师和冯剑、苏昱、黄奎林、张春亮、牛世伟、刘茂森、张强、李彬等博士、硕士研究生参与了研究工作和著作撰写、图文编校整理工作，对他们的辛勤劳动表示衷心感谢。

特别感谢中国石化西北分公司工程技术研究院、中国石化西南分公司工程技术研究院、中海油研究总院，以及中国石油、中国石化各油田及研究机构的大力支持和帮助。

由于著者水平的限制，书中难免存在疏漏和不足之处，敬请读者批评指正。

著　者

2017 年 2 月

目　　录

第1章 绪 论

1.1 复杂油气藏类型

随着钻井技术的进步，全球范围内复杂油气藏的勘探开发不断获得重大突破，致密油、致密气、页岩气和高温高压高含硫气藏等成为复杂油气藏发展的重点领域。钻井技术的发展与突破，使得复杂油气藏的产量在中国陆上油气产量中所占的比例稳步增长。未来以页岩气、致密气为主的复杂油气藏产量将占我国油气总产量的30%～40%，具有非常好的勘探开发前景。

1. 致密油藏（Tight Oil Reservoir）

致密油藏主要是指与生油岩层系互层共生或紧邻的致密砂岩储集层中聚集的石油资源。虽然储集层物性较差，但源储一体或紧邻，含油条件好，储量大。

致密油开发最初起源于北美地区，美国是目前致密油资源开发最成功的国家，其主要致密油区带为巴肯、伊格福特、奈厄布拉勒、尤蒂卡、沃夫坎等，其中北达科他州的巴肯和南得克萨斯州的伊格福特目前已投入大规模开发，成为美国致密油的主产区。据美国能源信息署（EIA）的统计，2011年11月，美国致密油产量接近 90×10^4bbl/d，其中约84%来自巴肯和伊格福特页岩区。到2015年3月，美国能源署所统计的美国的致密油产量达到 489×10^4bbl/d。即便是处于低油价时代，2016年6月仍能保持 410×10^4bbl/d 的产量，巴肯和伊格福特页岩区仍是产量增长的主力。

我国自20世纪60年代起，相继在松辽、渤海湾、柴达木、吐哈、酒西、江汉、南襄、苏北及四川盆地发现了致密油资源，分布较广泛，经过多年的勘探开发表明，我国致密油有效勘探面积为 18×10^4km^2，地质勘探总资源量为 74×10^8～80×10^8t，有效可采资源量为 13×10^8～14×10^8t。在我国的鄂尔多斯盆地、准噶尔盆地、四川盆地、松辽盆地、渤海湾盆地等地致密油已开始尝试工业化生产，这些地区的工业化生产为我国致密油的勘探开发提供了技术先导试验和借鉴，起到了较好的技术引领作用。

2. 致密气藏（Tight Gas Reservoir）

致密气藏一般指渗透率小于 0.1md 的砂岩地层天然气藏，具有储层致密、低孔、渗透性差等特点，单井产量低，致密气藏岩性主要为砂岩，还包括致密盐酸盐岩和火成岩、变质岩等。

根据美国联邦地质调查局研究结果，全球范围内致密气资源量大约有 210×10^{12}m^3，目前致密气主产区主要位于美国和加拿大。美国于20世纪70年代对致密气藏进行了初步的勘探研究，到1980年，致密气产量占美国天然气总产量不足2%，到2011年，美国致密气年产量达到 1690×10^8m^3，约占天然气总产量的26%。加拿大致密气产区主要位于其西部的阿尔伯达盆地，至 1976 年钻成第一口工业致密气井，加拿大致密气地质储量达到 $42.5 \times 10^{12} m^3$，其中，艾尔姆沃斯和霍德利两大致密气田可采储量就达到 $6780 \times 10^8 m^3$，仅艾尔姆沃斯致密气田，2008 年年产量已达到 $88 \times 10^8 m^3$。

我国早在 1971 年就在四川盆地发现了致密气田，但早期均以低渗气藏进行开发，直到 20 世纪 90 年代中期，致密气藏才开始进入快速发展阶段。2011 年年底，我国已累积探明致密气地质储量 $3.3 \times 10^{12} m^3$ 左右，约占全国天然气总探明储量的 39%；2011 年致密气产量约 $256 \times 10^8 m^3$，约占全国天然气总产量的 1/4。截至 2015 年，我国致密气产量达到 $500 \times 10^8 m^3$，预计 2020 年将达到 $800 \times 10^8 m^3$。致密气已经成为我国天然气增储上产的主要领域，在天然气工业发展中占有非常重要的地位。

3. 煤层气（Coalbed Methane Reservoir）

煤层气指储存在煤层中以吸附在煤基质颗粒表面为主，部分游离于煤孔隙中或溶解于煤层水中的天然气，是煤层本身自生自储式气藏。

目前世界范围内的煤层气资源量约为 $256.3 \times 10^{12} m^3$，超过常规天然气探明储量的两倍，主要分布在北美、俄罗斯及中国等国家。20 世纪 80 年代初美国开始试验应用常规油气井开采煤层气并获得突破性进展。美国煤层气资源量 $21.38 \times 10^{12} m^3$[①]，2004 年，美国煤层气年产量达到 $500 \times 10^8 m^3$。近 10 年，美国煤层气保持稳定产量为 $550 \times 10^8 \sim 556 \times 10^8 m^3$，约占美国天然气总产量的 10%。

我国煤层气总资源量 $36.8 \times 10^{12} m^3$，位居世界第三，其中，煤层气资源量大于 $1 \times 10^{12} m^3$ 的盆地 8 个，合计 $28 \times 10^{12} m^3$，占全国煤层气总资源量的 76%，主要分布于中西部地区，以山西、陕西和内蒙古等省份为主。2006 年以来我国煤层气勘探实现了规模开发。截至 2010 年，在鄂尔多斯、沁水、渤海湾 3 个盆地累计探明煤层气地质储量 $2734 \times 10^8 m^3$，发现了沁南、鄂东等煤层气田；煤层气累计钻井 4722 余口，其中，直井 4576 口、水平井（主要为多分支水平井）146 口。截至 2015 年，我国煤层气产量达 $44.25 \times 10^8 m^3$。

4. 页岩气藏（Shale Gas Reservoir）

页岩气藏一般是指渗透率小于 0.001md，赋存于富有机质泥页岩及其夹层中，以吸附或游离状态为主要存在方式的非常规天然气。

2014 年 2 月，EIA 对全球 41 个国家 137 套页岩气资源进行了评价，并预测全球页岩气技术可采资源量为 $206.88 \times 10^{12} m^3$，主要分布在北美、中亚和中国、中东和北非等地区。美国页岩气勘探开发的迅速发展阶段始于 2000 年左右，形成了巴奈特、费耶特维尔、伍德福德、海恩斯维尔、马塞勒斯、伊格福特等页岩气主产区。根据 EIA 2012 年的数据，美国页岩气产量高达 $2653 \times 10^8 m^3$，到 2015 年，美国页岩气产量达到了 $13651 \times 10^8 m^3$，占美国天然气总产量的 50%，预计到 2040 年将增长到 $28835 \times 10^8 m^3$。页岩气的大规模开发使美国改变了原引进 $5000 \times 10^4 t$ LNG 的计划，改变了天然气供给格局。美国页岩气开发取得成功后，加拿大、阿根廷、欧洲各国以及中国等开始重视页岩气资源的勘探开发并开展了大量工作。

---

① 数据来源：http://www.51report.com/free/3007750.html。

我国于 2004 年开始页岩气相关勘探工作，目前还处于勘探开发初期。截至 2015 年，我国页岩气可采资源量约为 $31 \times 10^{12} m^3$，页岩气产量达到 $44.71 \times 10^8 m^3$。目前已形成涪陵、长宁、威远和延长四大页岩气产区，年产能超过 $60 \times 10^8 m^3$。

5. 高温高压高含硫气藏（High Temperature-High Pressure-High Sulfur Content Gas Reservoir）

高温高压高含硫气藏一般指地层压力大于 70MPa、储层温度大于 150℃、H_2S 含量超过 2%或 $30g/m^3$ 的气藏，该类气藏埋藏深度往往超过 4000m，一般具有产量较高的工业气流。

高温高压高含硫气藏主要分布于美国、俄罗斯等国，其中俄罗斯阿斯特拉罕高含硫凝析气田储层达到 $3.8 \times 10^{12} \sim 4.2 \times 10^{12} m^3$。我国的高温高压高含硫气藏主要分布在四川盆地，盆地内现已探明的高含硫天然气储量超过 $9000 \times 10^8 m^3$，占全国同类天然气储量的比例超过 90%。该类气藏在工程作业中往往容易引发生产事故，如著名的"12·23"事故，中石油川东北气矿突然发生井喷事故，富含硫化氢的气体喷涌而出，导致在短时间内发生大面积灾害。又如清溪 1 井事故，该井四开钻进至井深 4285.38m 时发生溢流，经过初期两次压井和三次抢险压井，封井取得成功。高温高压高含硫气藏虽然储量巨大，但其三高特性非常容易带来高昂的开发成本并容易引发安全事故。

1.2　复杂油气藏钻井技术现状

我国自"八五"开始，钻井工程技术研究在岩石力学与井壁稳定、特殊工艺井钻井工艺、PDC 钻头技术、井下工程参数测量与控制以及高温高压高产气井井控技术等方面取得了显著进展。

1. 岩石力学与井壁稳定

岩石力学参数方面，可以根据地质资料、岩心实验、测井资料和矿场地应力测试对井周岩石力学参数进行测试和分析，对单井地应力大小及方位进行测量和分析。针对煤岩和页岩地层层理性力学特征，发展了考虑井眼轨迹和层理面各向异性岩石力学模型；针对高温高压高含硫的裂缝性气藏，发展了考虑不同地层倾角下多场耦合的裂缝性岩石井壁失稳模型。

泥页岩井壁失稳是钻井工程中经常遇到的复杂问题之一，泥页岩井壁稳定研究主要体现在三个方面：井壁稳定力学方法、钻井液化学影响研究和力学-化学耦合研究。井壁稳定力学方法是从岩石力学角度出发，采用弹性力学、塑性力学、弹塑性力学等力学方法研究井壁稳定性，弹性力学是最常用的方法之一，其主要过程：根据地质资料、岩心实验、测井资料和矿场地应力测试确定地应力剖面，建立井周应力分布模型，并采用适当的岩石强度准则（如 Mohr-Coulomb 准则、Drucker-Prager 准则和 Hoek-Brown 准则等）进行井壁稳定性判别，进一步研究井壁稳定性规律。钻井液化学影响研究的重点是页岩与钻井液发生的物理化学作用，其结果侧重于钻井液性能评价，其目的是通过评价找到稳定井壁的钻井液体系。力学-化学耦合研究的重点是物理化学联合作用下泥页岩的水化膨胀特性、弹性特性、强度特性、自由水扩散规律、孔隙压力传递规律等方面，研究目的是通过试验确定钻井液对泥页岩化学作用产生的力学效应，并将该力学效应引入到井壁稳定力学评价模型中，目前，真正能够用于定量计算的理论方法只有三种：热弹性比拟法、水分子自由能热动力学理论法和非平衡热动力学理论法。稳定井壁常常需要具备三个要素：即合理的钻井液密度、足够的钻井液抑制性和足够的钻井液封堵能力，但是，三要素的合理范围仍然无法确定，其主要原因是缺乏用于准确测量和评价其性能的手段和方法，也就无法建立坍塌压力与力学化学耦合间的定量关系，因此，现场只能依靠经验进行调整。

2. 特殊工艺井钻井技术

特殊工艺井钻井技术主要包括定向井、侧钻井、水平井、多分支井、丛式井及"井工厂"等特殊工艺钻井配套工艺技术。经过"八五"到"十二五"长时间的研究、应用与发展，特殊工艺井钻井技术已经成为开发复杂油气藏最有效的手段，主要体现在井眼稳定分析、井眼轨迹与井身结构优化设计、钻柱摩阻扭矩分析及钻柱结构优化设计、偏心环空流体力学分析与井眼净化、"井工厂"钻井技术等相关配套工艺技术的进步上。

国内超深水平井主要集中在水平位移较大的海上油田或滩海油田的大位移水平井和垂深较大的超深水平井。大位移水平井垂深较浅，水平位移大，主要技术问题是降低摩阻扭矩和保持井眼净化。大位移水平井通常采用合成基钻井液降低摩阻扭矩，采用井下闭环钻井工具控制井眼轨迹，同时通过监测井底压力、摩阻、扭矩、泵压、排量等钻井参数判断井下工况是否正常。对于类似于塔河油田和元坝气田的垂深较大的超深水平井，技术挑战主要出现在下部小井眼的钻井及完井问题，如小井眼条件下的管柱结构优化及环空压力监测问题、高温对井下测量及控制工具的影响问题、高温小间隙偏心环空固井问题。国内在应对超深水平井下部小井眼钻井及完井技术方面仍面临较大挑战。

从 20 世纪末开始，国内已完成不少超深水平井施工案例，主要分布在塔里木盆地和四川盆地，其垂深大都达到了世界级。2002 年的 TK636 井完钻井深 6001.76m，水平段长 244.09m，水平位移 510.20m。2006 年以来，普光气田完成了多口超深水平井，其中普光 204-2H 井井深为 7010m，垂深为 5942.18m，井底水平位移为 1628.10m，水平段长 453m。2009 年，中古 162-1H 井完钻井深 6780m，最大井斜 86.72°，最大水平位移 731.72m，水平段长 456m，创造了当时中石油超深水平井纪录。2010 年，中石化塔河油田完成了两口井深超过 7000m 的超深水平井。其中 TH12302CH 井井深 7047m，垂深 6359m，水平位移 892.72m，水平段长度 726.11m；TH12513CH 井井深 7099m，垂深 6592.98m，水平位移 1384.51m，水平段长度 291.88m。2010 年 8 月，塔河油田 TP111 井完钻井深 7426m，垂深 6735.52m，造斜点位置为 6625m，水平段长 610m。2009 年，中石化集团公司在元坝部署的 103H 井和 121H 井设计井深分别为 7861m 和 8158m，垂深分别为 6847m 和 7280m，完钻后将是世界垂深最深的两口水平井。至 2011 年 1 月，元坝 103H 的实钻井深 7729.8m，最大垂深 6761.5m，水平位移 1133m，水平段长 689m。该井是国内已完钻最深水平井，也是有资料可查的世界上最深的水平井。2010 年 5 月开钻的哈 901H 井设计井深 7120m，是塔里木油田最深的超深水平井。

特殊工艺井井眼轨迹及井身结构已经从常规二维的长、中、短半径水平井发展到三维定向井、侧钻水平井、大位移水平井、超深超短半径水平井、多分支井、丛式井以及"井工厂"技术等多种复杂结构的水平井钻井技术。钻柱摩阻扭矩分析及钻柱结构优化方面，从过去的微分方程解析法发展到有限元方法，从单一的钻柱结构发展到适用于不同钻井工况的可调整钻柱结构，并发展出水力加压器、水力振荡器等降摩减阻配套井下工具。井眼净化方面，从经验模型逐步过渡到通过模拟偏心环空速度场和压力场，进而通过环空岩屑力学分析，预测出保证井眼净化的最小环空返速和最小排量。

3. PDC 钻头技术

无论采用何种井身结构或钻井工艺，钻头都是决定钻速的核心因素。自 2000 年以来，由于 PDC 钻头技术的快速发展和推广应用，钻井速度有了大幅提升，PDC 钻头已经超越牙轮钻头成为最大且最重要的钻头品种。然而，随着特殊工艺井钻井工艺技术在深层、深水、非常规油气勘探开发领域的逐步发展，复杂难钻地层（特别是在深层）破岩效率低的问题仍然十分突出，对钻井效率的进一步提升形成了严重制约。

与牙轮钻头不同，金刚石钻头的刮切破岩机理使其对地层性质等钻井条件的变化十分敏感，必须针对性地开展科学的个性化设计才能达到好的钻进效果。然而，尽管我国的金刚石钻头制造企业已达上百家，但大多数金刚石钻头企业的产品开发模式仍是模仿设计，技术创新能力明显不足，西南石油大学钻头研究室研究开发成功了以"PDC 钻头数字实验室软件"为核心的 PDC 钻头个性化设计技术，已经在一些企业的钻头新产品开发中获得了成功应用。

围绕钻井提速降本的迫切需求，近年来国内外钻头技术发展较快，主要体现在以下几方面：其一，聚晶金刚石复合片性能进步明显，特别是脱钴技术显著提升了复合片的耐磨能力（特别是耐热磨损能力），不仅提升了 PDC 钻头的性能，而且对 PDC 钻头地层适应范围的拓展起到了重要作用；其二，各种复合切削结构钻头设计理念和新技术不断涌现，如以 PDC-牙轮复合钻头为代表的静态切削结构和运动切削结构相复合的新技术、PDC-孕镶复合钻头新技术、串行布齿 PDC 钻头新技术（表镶 PDC 齿与内镶 PDC 齿相复合）等，为复杂难钻地层的高效破岩提供了有效的技术手段；其三，辅助破岩工具与钻头相结合，形成了一些卓有成效的钻井提速新技术，代表性工具包括扭转冲击器和定向井、水平井钻柱延伸工具。这些新的技术进步为复杂结构井钻井效率的提升发挥了重要作用。

4. 井下工程参数测量与控制

井下工程参数测量的主要数据包括定向参数、钻井工程参数和地层参数。定向参数主要包括井斜、方位、工具面角等涉及井眼轨迹的参数，是定向井、水平井、大位移井等复杂结构井轨迹控制的关键基础参数，目前完全能够通过电子单点测斜仪、电子多点测斜仪、常规随钻测量（MWD）系统等进行测量，这类工具的基础理论与技术在国内外已经非常成熟。钻井工程参数主要包括井筒压力、钻井液体积流量、温度、钻压、扭矩、弯矩、转速、振动、冲击等涉及钻井工程安全控制的参数，这些参数的测量通常需要在下部钻具组合中安装特殊的测量仪器，之所以将这类测量仪器制作成专门的测量短节，是因为可以将这些特殊的测量仪器与 MWD 系统连接，实现数据的实时上传，不需要再配备单独的数据上传工具和系统，部分油田服务公司将测量传感器安装于 MWD 测量探管内部；测量井筒压力和温度等参数可以采用随钻压力测量仪器（PWD），测量钻压、扭矩、弯矩等工程参数可以采用工程参数测量仪器，测量转速、振动、冲击等动力学参数可以采用专门的振动、冲击测量仪器，目前国外油田技术服务公司已经成功研制出一系列性能较好的测量工具，而国内在井下工程参数测量领域的研究起步较晚，尚未形成系统、成熟的测量工具系列，仅仅开展了基础理论的研究和工具的预研发；此外，受限于现有 MWD 系统的数据上传速率，钻井工程参数的实时传输难度仍然较大。地层参数的测量通常被称为随钻测井（LWD），可以说 LWD 源自于常规的电缆测井，所以，LWD 测量的项目基本上可以包括全部的常规测井项目，如自然伽马、中子密度、孔隙度、电阻率、声波井径、电阻率成像、超声井下电视、核磁共振、地层压力等，但 LWD 工具研发难度却远高于常规电缆测井，因为要将原本实心的测量仪器布置在钻铤尺寸工具内部狭小的空间内，而且要保证该工具具有足够的工作强度，还需要克服钻井过程中遇到的高温、高压、剧烈振动和冲击等复杂环境；LWD 测量工具的研发将井眼轨迹控制从几何导向发展成为以实时调整地质目标的地质导向技术；目前国外油田技术服务公司已经成功研制出一系列性能较好的 LWD测量工具，而国内在该领域的研究起步较晚，尚未形成系统、成熟的测量工具系列，研发的工具稳定性较差、可靠性不高、测量精度较低。

5. 高温高压高产气井井控技术

复杂地层高温高压高产气井钻井过程中井下溢流等复杂情况频发，井喷失控风险较大。我国川东北地区、塔里木盆地属于典型的高温高压高产区块，地质条件复杂，储层埋深均大于 4500m，井控安全问题较为突出。1995 年，川东钻探公司所钻的渡 1 井，发生强烈井喷，造成钻机损坏，直接经济损失 1000 多万元；2001 年，塔里木油田迪那 2 井钻遇超高压油气层发生井喷失控，直接经济损失 8000 多万元；2003 年，罗家 16H 井发生特大井喷失控事故，造成 243 人死亡，直接经济损失 9000 多万元。

合理有效的井筒压力控制技术是确保高温高压高产气井安全高效生产的关键。现有压井方法可分为常规压井法和非常规压井法两类。常规压井法也称为井底常压法，即保持井底压力不变，通过循环排出井内气侵钻井液，重建井内压力平衡。目前，常用的常规压井法主要包括司钻法和工程师法。在高温高压高产气井中如果溢流发现及时，且钻柱位于井底或离井底不远的情况下，可采用常规压井法进行压井。非常规压井法是指发生井喷或井喷失控以后不具备常规压井方法所要求的条件时进行的压井作业，以及一些特殊情况下，为在井内建立液柱，恢复和重新控制地层压力所采用的压井方法。高温高压高产气井中常用的非常规压井方法主要包括动力压井法、平衡点法和直推法。一旦发生井内喷空的情况，需要快速建立井内压力系统平衡，如果此时钻柱在井底或离井底不远，可以采用动力压井法或平衡点法压井；如果井内无钻具不能进行循环压井，此时可采用直推法压井。

1.3　复杂油气藏钻井面临的主要技术难题

复杂油气藏开发需要采用特殊的钻井工艺技术,如页岩和煤层的井壁稳定问题、致密油、致密气、页岩气开发的"井工厂"钻井技术、复杂深层的提高钻速技术、高温高压高含硫气藏的非常规井控技术。常规的钻井技术难以满足复杂油气藏高效低成本的开发,在复杂油气藏勘探和开发过程中面临很多钻井技术的挑战,如煤层气藏储层煤岩表现出强应力敏感性、页岩储层页岩表现出强水敏性、高温高压高含硫气藏空井压井等。

我国在复杂油气藏钻井工艺技术上仍然面临一系列技术难题,主要表现为:钻遇地层地质力学环境复杂、钻柱失稳及破坏、深井超深井机械钻速慢、高温高压高产气井井控技术复杂以及钻井工程参数的测量与控制难度大等。

1. 地质力学环境复杂

复杂油气藏钻井过程中,常常会存在喷漏同存、井壁失稳严重、套管挤毁等问题。在复杂油气藏钻井过程中,一方面,需要尽可能地增大井眼在储层中的延伸距离和控制范围,在同一长裸眼井段,往往需要穿越多套不同压力系统。特别是高含硫裂缝性气藏在纵向上具有多个压力系统,且存在局部高压,再加上安全钻井液密度窗口窄,往往容易出现喷漏同存的井下复杂情况,钻井风险极大。另一方面,煤岩气藏、页岩气藏储层层理发育,产状多变,煤岩和页岩均表现出强非均质性、强水敏性,同时致密砂岩、页岩和煤岩存在应力敏感的特点,再加上地应力状态复杂,非常容易发生漏失和坍塌等井壁失稳问题;在深井超深井钻井过程中,盐岩层蠕变和较大的倾角产生了严重的应力集中问题,常常导致钻井过程中井眼缩径和卡钻。

2. 超深水平井复杂结构及复杂载荷导致的轨迹优化设计与轨迹控制面临挑战

越来越多的复杂油气藏在开发过程中采用如水平井、侧钻井、分支井、三维丛式水平井等特殊结构井进行开发,由于井眼轨迹和井身结构复杂、全井钻柱长度增加以及高温高压高含硫等因素的影响,超深水平井的结构和载荷变得越来越复杂,超深水平井的井眼轨迹设计、钻柱结构设计、下部钻具组合的设计需要新的理论支持。复杂的轨迹类型、复杂的钻柱结构以及变差的钻井液润滑性能使钻柱轴向摩阻增大;复杂的井眼轨迹和钻柱结构会造成钻柱的纵向振动、横向振动和涡动行为变得更为复杂,并伴随有钻柱与井壁或套管的接触碰撞。钻柱在井下的复杂力学环境使得钻柱失稳、疲劳破坏以及磨损的可能性大大增加。此外,当钻柱处于高温高压高含硫环境下,钻柱更易受到腐蚀和冲蚀,从而发生破坏。基于此,在复杂油气藏钻井过程中,需要合理地优化井眼轨迹、井身结构和钻柱结构,采用特殊的井下工具降低钻柱摩阻扭矩、控制有害振动、减小钻柱和套管磨损,同时优化钻柱结构和钻井参数,防止钻柱失效。

3. 机械钻速慢

当钻入深部地层,地层应力情况变得复杂,且地层研磨性变强、可钻性变差,钻头的损耗增大，加之高密度钻井液的使用和岩屑无法及时上返导致钻屑吸附于钻头形成强压持效应，进一步降低了钻头的破岩效率，钻头破岩效率是制约机械钻速的最主要因素。不仅如此，由于长水平位移水平井、超深水平井在复杂油气藏钻井中的应用，随着水平段长度的增加，为控制井斜和方位，需要交替采用滑动钻进和复合钻进技术，在滑动钻进过程中，由于钻柱与井壁或套管之间的摩擦是滑动摩擦而非滚动摩擦，使得施加到钻头上的有效钻压不足，导致机械钻速大大降低。此外，井斜方位控制和钻柱失效等因素也是制约机械钻速提高的重要因素。因此，需要从优化钻头类型、设计针对不同地层的个性化钻头、减少钻柱摩阻扭矩等方面出发，提高机械钻速。

4. 井控技术复杂

复杂地层钻井受地貌、构造、岩性的影响，井控技术难题主要表现在以下几个方面：一是地质条件复杂，钻井过程中常常钻遇多套不同压力系统且相差悬殊，地层相关压力参数的预测较为困难，一旦遇到异常高压气层，极易发生井下溢流等复杂情况，给钻井设计和施工安全带来极大挑战。二是由于储层埋藏较深，地层温度、压力高，产气量大，井下一旦发生溢流通常表现为量大、速度快、关井压力高等特点，如果处理不及时极易引发井喷或井喷失控，导致重大人员伤亡和财产损失。三是部分复杂气藏高含 H_2S，含硫气井井控安全级别较高。H_2S 在井筒中存在临界点附近的相态变化，由超临界态到液态再到气态，其体积会发生剧烈膨胀，影响井内液柱压力。此外，H_2S 属酸性气体，存在较强的腐蚀性和毒性，对井控设备要求较高。

5. 复杂油气藏钻井需要新型测量与控制技术

复杂油气藏钻井相较于常规油气藏钻井，钻柱长度和垂向深度都大大增加，信号传输距离和穿透的岩层数量与复杂度都相应增大，使得井下数据传输的实时性变差，井下数据不能及时反映到地面；同时，因为地层条件复杂，如温度、压力的升高和高含硫气藏的钻遇，井下测量工具和控制系统的力学性能、抗温抗高压性和耐久性均受到限制。此外，测量方面还存在 MWD/LWD 测量参数太少、测量精度不够高、抗干扰能力差、解释方法不够先进等问题，无法完整准确地反映井下动态情况；控制技术方面，垂直钻井系统关键部件依赖进口，旋转导向系统的自主化仍处于完善阶段。对于复杂油气藏钻井来说，需要研制新型井下测量与控制工具，提高工具对复杂油气藏钻井，特别是高温高压超深钻井的适应性。

第 2 章 复杂地层工程地质力学研究

2.1 深部砂泥岩地层岩石力学特征

深部砂泥岩地层一般埋藏深，所处的地质力学环境较为复杂，其力学特征主要表现为高强地应力。通常先开展岩石力学实验，然后基于岩心刻度测井技术，利用测井资料建立连续的岩石力学参数剖面和地应力剖面，以此来研究地层纵横向的分布变化特征并进行工程应用研究。本节以塔里木盆地 BD 区块的深层致密砂岩为例进行计算与分析。

2.1.1 深部砂泥岩地层的岩石力学参数和地应力实验研究

针对塔里木盆地 K1bs 层位井筒取心，钻取标准岩心样 11 块，开展模拟地层条件下的岩石力学和地应力测量实验，为建立连续的岩石力学-地应力剖面提供准确可靠的岩石物理刻度依据。

1. 实验方法及原理

实验岩心样品为 K1bs 钻井岩心取柱塞岩样 11 块，其中 BD302 井 4 块，层位 K1bs，井深 7235.72m。岩样测试分为：①岩石三轴实验，获取岩石强度、弹性模量、泊松比；②岩石地应力测试，获取岩石垂向、水平最大、水平最小地应力。

西南石油大学油气藏地质及开发工程国家重点实验室岩石力学实验分室对提供的库车地区白垩系巴什基奇克组岩样共 11 块（砂岩岩样）进行地应力测量实验，岩性有细砂岩、中砂岩。测试参数为三轴（围压 40MPa、温度 120℃）实验条件下抗压强度（S_c）、弹性模量（E）、泊松比（μ）和水平方向的最大、最小地应力。

1）实验设备

（1）岩石三轴力学测试设备是美国 GCTS 公司制造的 RTR-1000 型静（动）态三轴岩石力学伺服测试系统（图 2-1）。其最大轴向压力 1000kN，最大围压 140MPa，孔隙压力 140MPa，动态频率 10Hz，温度 150℃。实验控制精度为：压力 0.01MPa；变形 0.001mm。在岩石力学实验过程中，当岩石试件反馈的变形速率信号与预定的信号不一致时，伺服控制器会产生相应的比较信号，推动伺服阀动作，加大或减小加载装置的油源供给量，使岩石试件的变形速率始终控制在适当的范围内。当岩石试件发生破裂的瞬间，其承载能力减低，变形速率加大，这时伺服控制器会主动闭合伺服阀门，减少油源的供给量，起到主动"让压"的作用，使得岩石试件克服"爆裂"现象，因此能够得出岩石试件峰值以及峰值以后的变形信息。本实验采用侧向等压方式的三轴试验，示意图如图 2-2 所示。

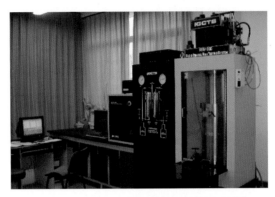

图 2-1 RTR/1000 型三轴岩石力学测试系统

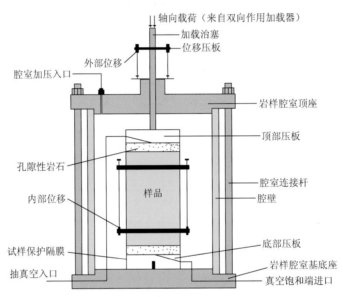

图 2-2 岩石力学三轴测试示意图

（2）岩石地应力测试实验设备是 SAEU2S 声发射仪，设备见图 2-3。

图 2-3 声发射测试系统

2）实验过程

岩石三轴压缩实验的试验程序为：试样塑封并加装各类传感器，装好后对传感器进行调零，将液压油装好，抽真空排除空气，编制实验控制程序（模拟地层温度），在施加轴向荷载的过程中，同步记录各级应力下的轴向和横向变形值。当温度达到实验要求值时，保温 15min 后，起动油泵，加 0.5MPa 差应力，加围压（$P_c = \sigma_2 = \sigma_3$）到指定值，保持围压不变，各类位移传感器清零，开始执行实验程序，实验控制采用应变控制，增加 σ_1 直至试样破坏。在三轴压缩实验中，实验围压确定的基本原则为有效应力理论，即

$$\sigma = \rho \cdot g \cdot h - \alpha \cdot G_p \qquad (2\text{-}1)$$

式中，σ 为有效应力，MPa；ρ 为地层平均密度，2.31g/cm^3；h 为岩样深度，m；α 为孔弹性系数，$0 \leqslant \alpha \leqslant 1$；$g$ 为重力加速度，m/s^2；P_p 为孔隙压力，MPa；G_p 为地层孔隙压力梯度，MPa/100m。本实验围压为上覆岩石压力减去孔隙压力，实验孔压为地层孔隙压力。

岩石地应力测试程序为：试样塑封，装好声发射传感器，将液压油装好，抽真空排除空气，编制实验控制程序（模拟地层温度），在施加轴向荷载的过程中，同步记录声发射的各项参数。当温度达到实验要求值时，保温 15min 后，起动油泵，加 0.5MPa 差应力，加围压（$P_c = \sigma_2 = \sigma_3$）到指定值，保持围压不变，实验采用应变控制，增加 σ_1 直至试样 Kaiser 点的出现。

3）岩石抗压强度、弹性模量和泊松比

通过对岩石进行三轴抗压实验，获取了岩石试件在模拟地层温度、压力的条件下应力-应变关系及岩石的三轴抗压强度。在岩石三（单）轴实验中，岩石试样的抗压强度由差应力（S_c）来表示：

$$S_c = \sigma_1 - \sigma_3 \qquad (2\text{-}2)$$

式中，σ_1 为轴向压力，MPa；$p_c = \sigma_2 = \sigma_3$（围压）。

本实验采用弹性阶段来计算岩石弹性模量（切线模量）和泊松比。弹性模量和泊松比计算公式分别为

$$\begin{cases} E = \dfrac{\Delta P \times H}{A \times \Delta H} \\[2mm] \mu = \dfrac{H \times d_L}{\pi \times D \times H_a} \end{cases} \qquad (2\text{-}3)$$

式中，ΔP 为载荷增量，N；H 为试样高度，m；A 为试样面积，m^2；ΔH 为轴向变形增量，m；d_L 为周向变形，m；D 为试样直径，m；H_a 为轴向变形，m。

4）水平最大、最小地应力

当岩石受力变形时，岩石中原有的或新产生的裂隙周围应力集中，应变能较高；当外力增加到一定大小时，有裂缝缺陷部位会发生微观屈服或变形，裂缝扩展，从而使得应力松弛，贮藏的部分能量将以弹性波的形式释放出来，这就是声发射现象（唐晓明和郑传汉，2004）。由此可知，声发射是在岩石受力和发生变形过程中产生的，可以根据岩石声发射数多少、能量大小、频率等参数了解到岩石的变形破坏过程。地应力实验有两种测试方法：波速各向异性法（赵军等，2005）和常规声发射 Kaiser 效应法（张景和等，1987）。

（1）波速各向异性法。全尺寸岩心被钻取后，其应力卸载的各向异性导致岩石声波速

度各向异性，反映到声波速度（即为沿原最大水平主应力方向上卸载程度最大）。所以，沿原最大水平主应力方向有最小声波速度，而沿原最小水平主应力方向有最大声波速度。利用这一原理，测得岩石周向方向上不同角度时纵波速度的大小，可确定水平最大、最小地应力的相对位置，对上述位置岩心进行取样，进行围压下的声发射 Kaiser 实验，就可测量出水平最大、最小地应力。

（2）常规声发射 Kaiser 效应法。常规声发射测试地应力有单轴声发射测试地应力法和三轴声发射测试地应力法。常规声发射测试地应力实验一般采用与钻井岩心轴线垂直的水平面内，增量为 45°方向钻取 3 块岩样，测出 3 个方向的正应力（图 2-4），然后由理论公式求出水平最大、最小主应力。

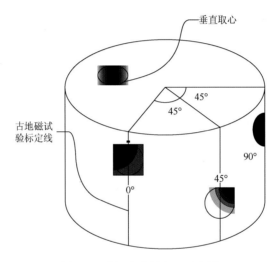

图 2-4   常规声发射取心示意图

①单轴声发射测试地应力法是在单轴试验机上进行，测定单向应力。对岩样进行压缩实验，岩样常在 Kaiser 点出现之前就发生破坏，采集到的信号大多是岩样破裂信号，而不是 Kaiser 效应信号，因此，就无法用声发射 Kaiser 效应准确地测定岩心所处地层的原地应力大小。

②三轴声发射测试地应力法。进行围压下的声发射 Kaiser 实验，旨在提高岩样抗压强度，准确测定岩心声发射 Kaiser 点对应的应力值，获得围压下 Kaiser 点应力与围压之间的关系式，即：

$$\sigma_{pc} = f(\sigma_0, p_c) \tag{2-4}$$

式中，P_c 为围压，MPa；σ_{pc} 为围压条件下的 Kaiser 点应力，MPa；σ_0 为真实有效应力值；f 为关系式。

围压下声发射 Kaiser 点由声发射能量和声发射振铃计数联合确定。在本实验中，采用的是三轴声发射测试地应力，模拟地层条件，实验围压 40MPa、温度 120℃。地应力计算公式为

$$\sigma_v = \sigma_\perp + \alpha P_p \tag{2-5}$$

$$\text{tg}2\beta = (\sigma_{0°} + \sigma_{90°} - 2\sigma_{45°}) / (\sigma_{0°} - \sigma_{90°}) \tag{2-6}$$

$$\sigma_H = \frac{\sigma_{0°} + \sigma_{90°}}{2} + \frac{\sigma_{0°} - \sigma_{90°}}{2}(1 + \tan^2 2\beta)^{\frac{1}{2}} + \alpha P_p \qquad (2\text{-}7)$$

$$\sigma_h = \frac{\sigma_{0°} + \sigma_{90°}}{2} - \frac{\sigma_{0°} - \sigma_{90°}}{2}(1 + \tan^2 2\beta)^{\frac{1}{2}} + \alpha P_p \qquad (2\text{-}8)$$

式中，σ_v 为垂向应力，MPa；σ_H、σ_h 为最大、最小水平主应力，MPa；P_p 为地层孔隙压力，MPa；α 为有效应力系数；$\sigma_\perp$ 为垂向 Kaiser 点应力，MPa；$\sigma_{0°}$、$\sigma_{45°}$ 和 $\sigma_{90°}$ 为水平方向 Kaiser 点应力，MPa。

关于岩石孔隙度及有效应力系数确定：将岩样孔隙度测量值代入式（2-5）～式（2-8），计算出的岩石有效应力系数（α）见表 2-1。

表 2-1　有效应力系数（α）统计结果

孔隙度均值/%	有效应力系数均值（α）
7.5	0.558

2. 实验结果及分析

岩石力学三参数测量结果见表 2-2。从测试结果可以看出，水平方向 0° 和 90° 的抗压强度差异较大，反映为岩石强度的各向异性。尤其是地层倾角较大时，沿着弱层理面的滑动会对井眼稳定性造成较大影响。

表 2-2　BD302 井岩石三轴实验结果（围压 40MPa，温度 120℃）

深度/m	地质层位	地层倾角/(°)	岩性	岩石编号	取心角度/(°)	泊松比	弹性模量/MPa	抗压强度/MPa
7210.06				1-a	垂直	0.254	34895.8	366.3
7212.96	K1bs	60	褐色细砂岩	1-b	0	0.218	38921.6	350.7
7247.08				1-c	45	0.248	36540.6	279.8
7247.11				1-d	90	0.237	38712.2	325.6

通过 Kaiser 地应力测试方法解释的实验结果可以看出，BD302 井的 $S_H > S_V > S_h$，三向地应力梯度高，且水平最大和最小地应力比值大于 1.4，水平向的地应力差异较大，不均衡性强。表 2-3 和表 2-4 分别是 BD302 井垂向地应力和水平地应力测量结果。

表 2-3　BD302 井垂向地应力测量结果

编号	井深均值/m	有效应力系数均值（α）	αp_p/MPa	K 值/MPa	垂向地应力/MPa	垂向地应力梯度/(MPa/100m)
1-a	7210.06	0.558	70.41	111.038	181.44	2.517

表 2-4　BD302 井 1#岩心水平地应力测量计算结果

地层倾角/(°)	K 值/MPa			αp_p/MPa	井深均值/m	最大地应力/MPa	最大地应力梯度/(MPa/100m)	最小地应力/MPa	最小地应力梯度/(MPa/100m)
	0°	45°	90°						
50～55	106.29	74.62	104.84	70.66	7235.72	207.19	2.86	145.27	2.01

图 2-5 为 BD 地区岩样三轴实验应力-应变图；图 2-6 为岩样在围压下声发射 Kaiser 点和应力值关系图；图 2-7 为不同岩性三轴岩石力学参数实验结果统计对比图。

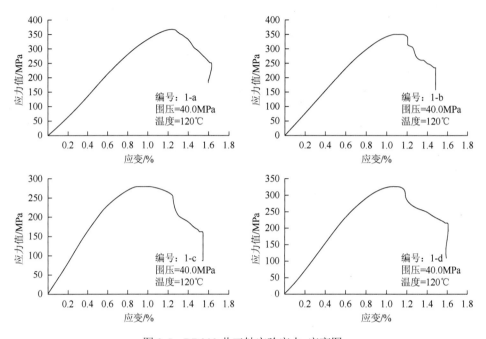

图 2-5　BD302 井三轴实验应力-应变图

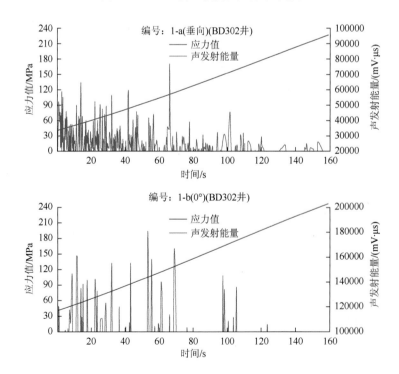

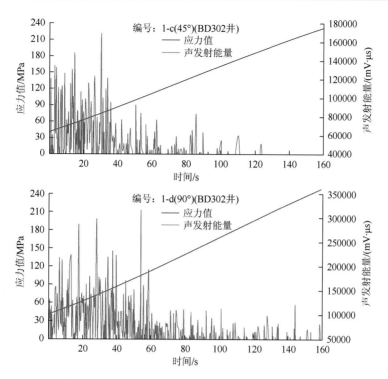

图 2-6　BD302 井岩样声发射 Kaiser 点和应力值关系图

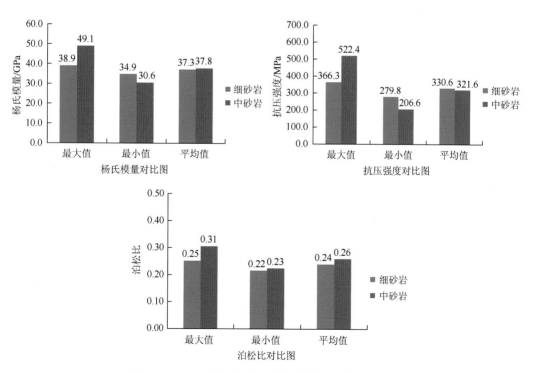

图 2-7　不同岩性杨氏模量、抗压强度和泊松比对比图

2.1.2　横波时差曲线提取或构建

测井计算岩石力学参数，必须有伽马曲线、密度曲线、纵波时差和横波时差曲线。如果进行了阵列声波测井（例如 DSI 偶极声波测井资料），可以采用 STC 法从中提取纵波时差和横波时差。

要准确计算岩石力学参数必须有横波 Δt_s 数据，但并非每个井段都测有 DSI/XMAC/WS 声波测井资料。为此，利用地区关键井已提取的纵横波时差与伽马数据，采用最优拟合技术建立如式（2-9）的横波时差估算方程构建一条横波 Δt_s 曲线，进而准确求取无 Δt_s 井段的泊松比、杨氏模量等岩石力学参数。

$$\Delta t_s = A * \Delta t_c + B * GR + C \tag{2-9}$$

式中，Δt_s 为横波时差，us/ft；Δt_c 为纵波时差，us/ft；GR 为地层伽马，API；A、B、C 为拟合系数。

根据 BD 地区实际情况，采用纵波 Δt_c 或（和）伽马 GR 曲线拟合横波时差，其公式为

$$\Delta t_s = 1.993 * \Delta t_c - 16.235 (N = 715,\ R = 0.910) \tag{2-10}$$

$$\Delta t_s = 1.967 * \Delta t_c + 0.0096 * GR - 15.502 (N = 715, R = 0.907) \tag{2-11}$$

图 2-8 为 BD 地区横波时差与纵波时差的关系图。BD 地区有大量的偶极声波测井资料，利用已有的纵、横波时差资料，构建无横波时差资料井的 ACS 曲线，从而为计算岩石力学参数提供基础数据。图 2-9 为实测与估算横波时差的对比结果，可以看出：实测值和估算值误差较小，可以推广使用。

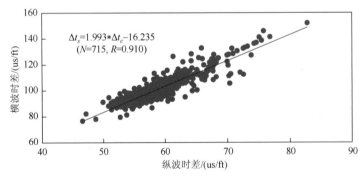

图 2-8　BD 地区纵、横波时差关系图

2.1.3　岩石力学参数的测井计算方法及实例

岩石力学参数主要有：泊松比、杨氏模量、剪切模量、体积模量、体积压缩系数、Biot 弹性系数、抗压强度、抗剪强度和抗张强度等。其中，剪切弹性模量和泊松比这两个参数是独立的，其他参数都可以通过这两个参数转换求得。岩石力学参数分为动态和静态两种参数，利用地层的纵横波时差和密度及伽马等测井资料计算得到的是动态岩石力学参

数（单钰铭和刘维国，2000），计算公式汇总见表 2-5。图 2-10 是 BD302 井 6510～6867m
测井计算的砂泥岩地层力学参数和地应力剖面。

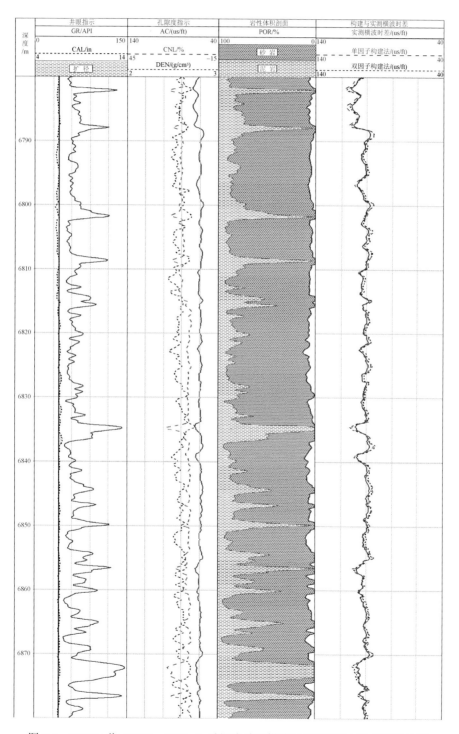

图 2-9　BD302 井（6780～6880m）砂泥岩地层横波时差实测值与估算值对比图

　　由表 2-6 和图 2-10 可知，利用测井资料计算的岩石力学参数与实测值的误差较小，说明测井计算的岩石力学参数可以应用于油气井工程和油气田开发工程。

表 2-5　岩石动态弹性参数的测井计算公式（模型集成汇总）

	动态岩石力学参数		计算公式
基础参数	泊松比 v	纵向应变与横向应变之比	$v = \dfrac{0.5\Delta t_s^2 - \Delta t_c^2}{\Delta t_s^2 - \Delta t_c^2}$
三模量	剪切模量 G	应力与切向应变之比	$G = \rho_b / \Delta t_s^2 \times \beta$
	杨氏模量 E	单向应力与法向应变之比	$E = 2G(1+v) = \rho_b \dfrac{(1+v)(1-2v)}{\Delta t_c^2(1-v)}$
	体积模量 K_b	流体静压力与体积应变之比	$K_b = \rho_b \left(\dfrac{1}{\Delta t_c^2} - \dfrac{4}{3\Delta t_s^2} \right) \times \beta$
三强度	单轴抗压强度 S_c	与泥质含量和杨氏模量的关系	砂岩 $S_c = 0.0045 \times E \times (1 - V_{sh}) + 0.008 \times E \times V_{sh}$ 碳酸盐岩 $S_c = 0.0026 \times E \times (1 - V_{sh}) + 0.008 \times E \times V_{sh}$
	抗剪强度 S_d	与单轴抗压强度（S_c）的关系	$S_d = S_c/(3.5 \sim 6.5)$　$C = (2.5 - 3.326) \times S_c \times k_b/10^5$
	抗张（拉）强度 S_t	与抗压强度、抗剪强度的关系	$S_t = S_c/(8 \sim 15)$ 经验公式：$S_t = 1.263 + 0.386 \times S_{st}$
其他参数	内摩擦角 ϕ	与孔隙度和黏土含量的关系	$\phi = 26.5 - 37.4 \times (1 - \phi - V_{sh}) + 62.1 \times (1 - \phi - V_{sh})^2$
	脆性系数 B	岩石受力后容易破坏变形的程度	$B = (\Delta E + \Delta v)/2 \times 100\%$
	体积压缩系数 C_b	体积应变与流体静压力之比	$C_b = 1/K_b$
	骨架压缩系数 C_{ma}	骨架体积变化与流体静压力之比	$C_{ma} = 1/[\rho_{ma}(1/\Delta t_{mac}^2 - 4/3\Delta t_{mas}^2) \times \beta]$
	流体压缩系数 Cf	用岩石体积模型计算	$Cf = 1/\phi \times [C_b - (1 - \phi - V_{sh})C_{ma} - V_{sh}C_{sh}]$
	Biot 弹性系数 α	与孔隙压力成正比	$\alpha = 1 - C_{ma}/C_b$
备注		若 ρ_b 以 g/cm³ 为单位，Δt 以 us/ft 为单位，则 E、K_b、G 需乘上转换因子 β，$\beta = 9.241379 \times 10^7$	

表 2-6　BD302 井深层砂泥岩地层岩石力学参数实测与测井计算值对比

深度/m	实测			测井计算					
	v	S_c/MPa	E/GPa	v	RE/%	S_c/MPa	RE/%	E/GPa	RE/%
7210.06	0.254	366.3	34.8958	0.241	5.0	299.521	18.2	42.053	20.5
7212.96	0.218	350.7	38.9216	0.242	10.8	298.692	14.8	33.457	14.0
7247.08	0.248	279.8	36.5406	0.238	4.0	334.123	19.4	36.611	0.2
7247.11	0.237	325.6	38.7122	0.238	0.6	336.748	3.4	40.261	4.0

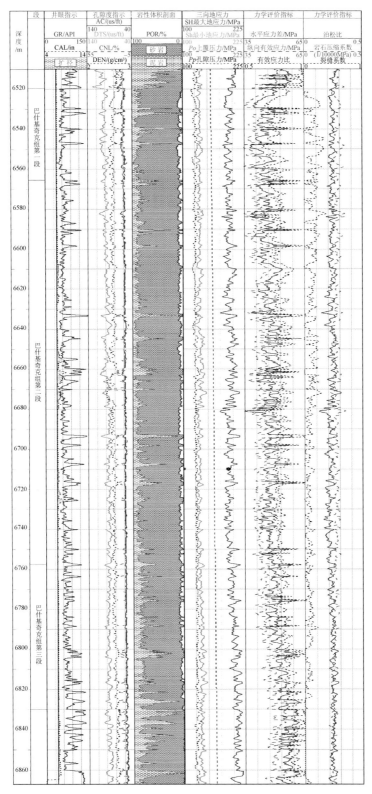

图 2-10　BD302 井 6510～6867m 测井计算的砂泥岩地层力学参数和地应力剖面

2.1.4　BD 地区井壁力学稳定性分析

通过多口井岩石力学参数、地应力和地层压力的测井资料解释与工程应用分析，发现采用改进的伊顿法（Eaton，1968）计算研究区地层的异常高压，效果优于等效深度法和层速度－有效应力关系法（夏宏泉等，2005）。另外，根据其地质构造和地应力分布状态优选黄氏模型（含模型参数）来计算水平主应力 σ_H、σ_h。经计算和统计分析，BD 研究区 E-K 系地层处于较强地应力状态，水平骨架应力非平衡构造因子为 1.5，构造应力系数为 0.3811 和 0.7399。这为地应力与储层有效性研究、井筒稳定性与地层出砂分析提供了重要参数。

针对 BD 地区地质构造高陡、地应力较强，且储层为超深、高温高压、低孔低渗的裂缝性砂砾岩地层，地层压力体系复杂，钻井过程中井筒稳定性较差，常出现井壁垮塌、井漏与缩径卡钻等现象，通过测井资料的精细处理与解释，主要从力学机理出发，研究井壁坍塌崩落等井壁稳定性问题，对易漏易塌层进行识别，为 BD 地区优质高效快速钻井提供决策依据。

1. 井壁应力状态方程建立

井眼未形成之前，地下应力环境处于相对稳定的状态（图 2-11）。在井眼形成过程中，井壁附近岩石主要受钻井液液柱压力 P_m、上覆岩层压力 P_o、孔隙流体压力 P_p 以及构造应力（水平最大主应力 σ_H 和水平最小主应力 σ_h）的作用，使井壁原地应力平衡状态发生变化，变化后的应力称为次生应力（图 2-12）。在柱坐标系 (r,θ,z) 中，井壁次生应力状态可用径向应力 σ_r、切向应力 σ_θ、轴向应力 σ_Z 以及剪应力 $\tau_{\theta Z}$、$\tau_{r\theta}$、τ_{rz} 这六个应力分量来表示（刘长新等，2006）。

如果岩石受力状态超过了由屈服破坏准则所确定的强度，岩石就会发生剪切或张性破坏。岩石中的应力由原地应力和流体流动所产生的应力组成，原地应力可由线-弹性理论来计算，而流体流动所产生的应力要用孔-弹性方程来求解。

在均质、各向同性的线-弹性地层中，井眼周围的应力分布可由 Fairhurst 方程表示：

$$\begin{cases} \sigma_r = \dfrac{\sigma_H + \sigma_h}{2}\left(1 - \dfrac{R^2}{r^2}\right) + \dfrac{\sigma_H - \sigma_h}{2}\left(1 + \dfrac{3R^4}{r^4} - \dfrac{4R^2}{r^2}\right)\cos 2\theta + \dfrac{R^2}{r^2}P_m \\[3mm] \sigma_\theta = \dfrac{\sigma_H + \sigma_h}{2}\left(1 + \dfrac{R^2}{r^2}\right) - \dfrac{\sigma_H - \sigma_h}{2}\left(1 + \dfrac{3R^4}{r^4}\right)\cos 2\theta - \dfrac{R^2}{r^2}P_m \\[3mm] \tau_{r\theta} = \dfrac{\sigma_H - \sigma_h}{2}\left(1 - \dfrac{3R^4}{r^4} + \dfrac{2R^2}{r^2}\right)\sin 2\theta \\[3mm] \sigma_Z = P_o \end{cases} \tag{2-12}$$

式中，σ_r 为距井轴 r 距离，并与 σ_H 按逆时针方向成 θ 角处的径向正应力，MPa；σ_θ 为距井轴 r 距离，并与 σ_H 按逆时针方向成 θ 角处的切向正应力，MPa；P_o 为上覆岩层压力，

MPa；$\tau_{r\theta}$ 为距井轴 r 距离，并与 σ_H 按逆时针方向成 θ 角处的剪切力分量，MPa；r 为径向距离，m；R 为井筒半径，m；P_m 为井筒中的液柱压力，MPa；θ 为井壁上某点与 x 轴的夹角，(°)。

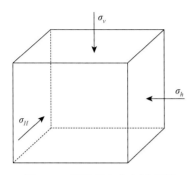

图 2-11　原地应力分布示意图

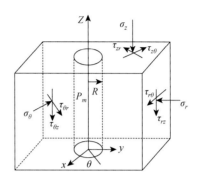

图 2-12　井壁次生应力分量

对于井壁上的点，令 r=R，井壁应力分布公式为

$$\begin{cases} \sigma_r = P_m \\ \sigma_\theta = \sigma_H + \sigma_h - 2(\sigma_H - \sigma_h)\cos 2\theta - P_m \\ \tau_{r\theta} = 0 \\ \sigma_Z = P_o \end{cases} \tag{2-13}$$

2. 井壁地层压裂漏失机理分析

1）地层破裂拉伸准则

式（2-13）中，当 θ =0°或 180°时，即在最大水平主应力方向上，有最小切向应力：

$$\sigma_\theta = 3\sigma_h - \sigma_H - P_m \tag{2-14}$$

在多孔连续介质中，地层岩石颗粒间的有效应力 σ_e 和孔隙压力 P_p 共同支撑上覆岩层压力 P_o，即：

$$\sigma_\theta = P_o - \alpha P_p \tag{2-15}$$

式中，α 为 Biot 系数（有效应力系数），$\alpha = 1 - C_{ma}/C_b$；C_{ma} 和 C_b 分别为岩石骨架压缩系数和体积压缩系数，1/MPa。

有效应力越大，岩石抵抗变形的能力就越强，因此，井壁稳定取决于有效应力。所以，对于井壁岩石骨架的最小有效切向应力 $\sigma_{\theta eff}$，还应该用最小切向应力 σ_θ 减去孔隙流体压力，即：

$$\sigma_{\theta eff} = 3\sigma_H - \sigma_h - P_m - \alpha P_p \tag{2-16}$$

从式（2-16）可知，随着钻井液液柱压力 P_m、孔隙流体压力 P_p 及水平主应力差的增大,有效切向应力将逐渐减小至零,甚至为负值,此时该切向应力就从对井壁的压应力(压缩)变为张应力(拉伸),如果张应力超过岩石的抗张强度 S_t,井壁岩石就会发生张性破裂。由最大拉应力理论可知钻井液压裂形成条件:

$$\sigma_{\theta eff} \geqslant -S_t \qquad (2-17)$$

满足式(2-17)的钻井液液柱压力 P_m 即为地层破裂压力 P_f。

2)地层破裂压力计算模型

有关地层破裂压力的预测模型已有较多报道,这些模型都有其特定的适用条件,主要适用于砂泥岩地层(黄贺雄,1993)。从形式上看可归纳为两大类。

$$P_f = \alpha P_p + \left(\frac{2v}{1-v} + \xi\right)(P_o - \alpha P_p) + S_t \qquad (2-18)$$

$$\begin{cases} P_{fu} = \dfrac{v}{1-v}P_o + \mu_b\left(\dfrac{1-2v}{1-v}\right)\left(1 - \dfrac{C_{ma}}{C_b}\right)P_p \\ P_{fd} = \dfrac{v}{1-v}P_o + \left(\dfrac{1-2v}{1-v}\right)\left(1 - \dfrac{C_{ma}}{C_b}\right)P_p \end{cases} \qquad (2-19)$$

式中,v 为岩石泊松比,无量纲;ξ 为地质构造应力系数,无量纲;μ_b 为地层水平骨架应力的非平衡因子,一般取 1.5,无量纲。

基于三向地应力模型建立适合于研究区地层特点的破裂压力计算模型:

$$P_f = P_p + \mu_b \frac{v}{1-v}(P_o - \alpha P_p) + C_1 C_2 \times S_t \qquad (2-20)$$

式(2-20)形式上类似式(2-18),公式第一项反映了地层孔隙压力对破裂压力的影响,第二项反映了由上覆地层压力和地层孔隙压力综合作用的垂直骨架应力对破裂压力的贡献,第三项反映了岩石抗张强度对破裂压力的影响,且 P_p、$P_o - \alpha P_p$、S_t 的系数项反映了它们对破裂压力所起作用的大小。式中:$C_1 = 1$ 表示非裂缝性地层或孔隙性储层,否则 $C_1 = 0$;$C_2 = 1$ 表示压裂施工时计算的地层破裂压力,$C_2 = 0$ 表示用于钻井中为防止钻井液密度过大压漏地层而需要忽略地层抗张强度时计算的地层自然破裂压力(或漏失压力)(Djurhuus and Aadnoy,2003)。由此根据式(2-20)可得到钻井时地层发生张性破裂时所对应的当量(等效)钻井液密度 FP_{GM} 值:

$$FP_{GM} = \frac{1000}{9.80665} \times \frac{P_f}{H} \qquad (2-21)$$

式中,FP_{GM} 为地层破裂压力当量钻井液密度,g/cm^3;H 为地层埋藏深度,m。

3. 井壁地层崩落坍塌机理分析

1)井壁崩落力学分析

在式(2-13)中,当 $\theta = 90°$ 或 $270°$ 时,即在最小水平主应力方向上,有最大切向应力:

$$\sigma_\theta = 3\sigma_H - \sigma_h - P_m \qquad (2\text{-}22)$$

井壁岩石的最大有效切向应力为

$$\sigma_{\theta eff} = 3\sigma_H - \sigma_h - P_m - \alpha P_p \qquad (2\text{-}23)$$

当最大有效切向应力 $\sigma_{\theta eff}$ 大于岩石固有剪切强度 τ_0 时，井壁会在最小水平主应力方向上发生剪切破坏，形成圆形崩落井眼。

圆形崩落井眼形成条件：

$$\sigma_\theta - \sigma_r/2 = \tau_0 \cdot \cos\varphi + [(\sigma_\theta + \sigma_r)/2]\sin\varphi \qquad (2\text{-}24)$$

式中，φ 为岩石内摩擦角，(°)。

井壁发生崩落形成椭圆井眼以后，井壁附近的应力会重新分布，在新应力场作用下，井壁可能处于平衡状态，也可能继续崩落，这就取决于井眼的形状大小、井壁附近岩石力学性质以及新应力场的状态等因素。判定其是否继续崩落的判别式为

$$\left(\sqrt{1+f^2}-f\right) \cdot (\sigma_H(1+2\cdot a/b) - \sigma_h + 2(P_l - q)\cdot a/b) - 2fq \geqslant 2\tau_0 \qquad (2\text{-}25)$$

式中，a 为椭圆井眼长半轴，m；b 为椭圆井眼短半轴，m；f 为岩石内摩擦系数；q 为流体压差，MPa；P_l 为流体自重，MPa。

2）地层坍塌压力计算模型

在钻井过程中，当井内的液柱压力 P_m 低于地层坍塌压力 P_c 时，井壁岩石将产生剪切破坏。塑性较软的岩石条件下，井内产生塑性变形而导致缩径；硬脆性岩石会引起坍塌掉块而造成扩径和卡钻等井下复杂情况（刘景武，2005），为此，将地层坍塌压力作为确定合理钻井液密度下限值的依据之一。

根据 Mohr-Coulomb 剪切破坏准则：

$$(\sigma_{\max} - \alpha P_p) = (\sigma_{\min} - \alpha \cdot P_p) \cdot \frac{1+\sin\varphi}{1-\sin\varphi} + 2\tau_0 \frac{\cos\varphi}{1-\sin\varphi} \qquad (2\text{-}26)$$

$$\text{或}\,(\sigma_{\max} - \alpha P_p) = (\sigma_{\min} - \alpha \cdot P_p) \cdot S\cot^2\left(45° - \frac{\varphi}{2}\right) + 2\tau_0\left(45° - \frac{\varphi}{2}\right) \qquad (2\text{-}27)$$

式中，$\sigma_{\max}$、$\sigma_{\min}$ 分别为井壁最大和最小主应力分量，MPa；P_p 为孔隙流体压力，MPa；τ_0 为岩石内聚力（岩石固有剪切强度），MPa；φ 为岩石内摩擦角（一般 φ 取 30°），(°)。

从式（2-13）中可以看出，岩石的剪切破坏主要受井壁最大和最小主应力分量控制，最大和最小主应力分量的差值越大，井壁越容易发生坍塌。对直井而言，从直井井壁的应力状态分析中可知，岩石最大和最小水平主应力分量分别为切向应力 σ_θ 和径向应力 σ_r，因此，$\sigma_\theta - \sigma_r$ 差值越大，井壁越易坍塌。

分析可知，在 $\theta = 90°$ 或 270°时，即在最小水平主应力方向上，σ_θ 值最大，在此位置

井壁最容易发生坍塌。

将式（2-13）、式（2-14）中的径向应力 σ_r 和切向应力 σ_θ 代入式（2-16）中，并令 $\cot\left(45° - \dfrac{\varphi}{2}\right) = K_0$，可得直井井壁发生坍塌时的钻井液液柱压力为

$$P_c = \frac{\eta(3\sigma_H - \sigma_h) + \alpha P_p(K_0{}^2 - 1) - 2\tau_0 K_0}{1 + K_0{}^2} \tag{2-28}$$

式中，η 为应力非线性修正系数，无量纲；τ_0 为岩石黏聚力，MPa；其他参数意义同上。此时的钻井液液柱压力即为井壁地层发生坍塌时的坍塌压力 P_c。

根据计算出的地层坍塌压力值 P_c，则可计算出坍塌压力当量钻井液密度 BP_{GM} 值：

$$BP_{GM} = \frac{1000}{9.80665} \times \frac{P_c}{H} \tag{2-29}$$

式中，BP_{GM} 为地层坍塌压力的当量钻井液密度，g/cm³；H 为地层埋藏深度，m。

4. 安全钻井液密度窗口的确定及实例分析

钻开地层形成井眼后，井眼周围产生应力集中，若钻井液密度不能有效地平衡井壁应力，则会出现井壁不稳定现象。分析可知，井壁不稳定有两种情况：一是钻井液密度过低，井内钻井液柱压力过低，使井壁周围岩石所受应力超过岩石本身的固有剪切强度产生剪切破坏（崩落坍塌），井壁坍塌主要取决于井壁围岩的应力状态和它的强度，而发生溢流和井喷的原因就在于地层孔隙压力远高于钻井液液柱压力；二是钻井液密度过高，即井内钻井液柱压力过高，井壁发生张性破坏（井漏）。

地层裂缝越发育，破碎程度越大，各向异性越强，两水平主应力差就越大，防止井壁坍塌所需的钻井液液柱压力大，安全钻井液密度下限就越高。在实际钻井过程中，既要防漏，又要防喷与防塌。安全钻井液密度的下限应取 $\max\{P_p, P_c\}$ 对应的当量钻井液密度，上限应取破裂压力（P_f）对应的当量钻井液密度。

典型井 E-K 系井地层壁稳定及安全钻井液密度窗口测井处理解释如图 2-13、图 2-14 所示。统计多口井处理结果，并结合实钻资料，给出 BD 研究区 E-K 系地层安全钻井液密度范围：E 系库姆格列木群的膏盐层为 2.0～2.2g/cm³，下部膏泥岩层为 1.9～2.1g/cm³；K 系巴什基奇克组地层为 1.73～2.25g/cm³。该区块 E 系地层岩性复杂，安全钻井液密度窗口较窄，易出现井漏和溢流、垮塌、缩径卡钻。K 系地层因构造高陡复杂且发育天然裂缝，需要以下限为参照调低钻井液密度，否则会出现井壁不稳定的现象，例如井漏和压差卡钻。BD6 井段易发生井壁垮塌卡钻。另外，实钻钻井液密度 1.78～1.88g/cm³，偏高，易引起压差卡钻等事故。从 BD302 井眼指示和实钻钻井液密度曲线可以看出，该井段发生井壁垮塌、卡钻等工程事故，与实钻情况相符合。7280～7284m 破碎带安全钻井液密度窗口很窄，难以控制钻井液密度，钻井时易发生井漏、垮塌等工程事故，并有可能出水。

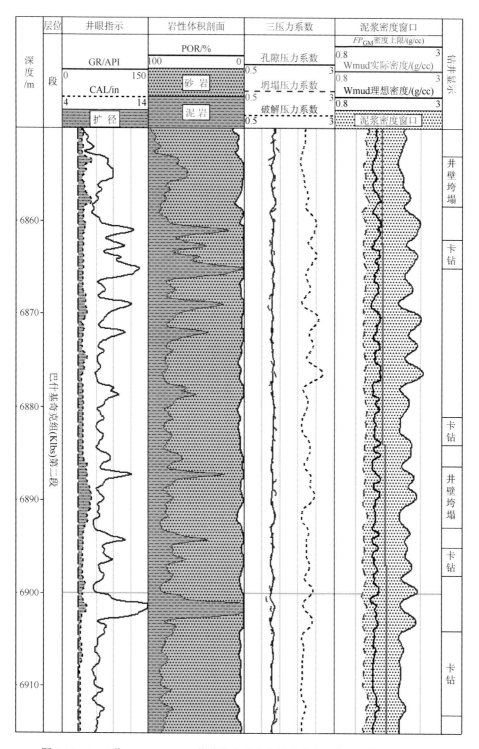

图 2-13　BD6 井 6850~6915m 井壁稳定及安全钻井液密度窗口测井解释成果图

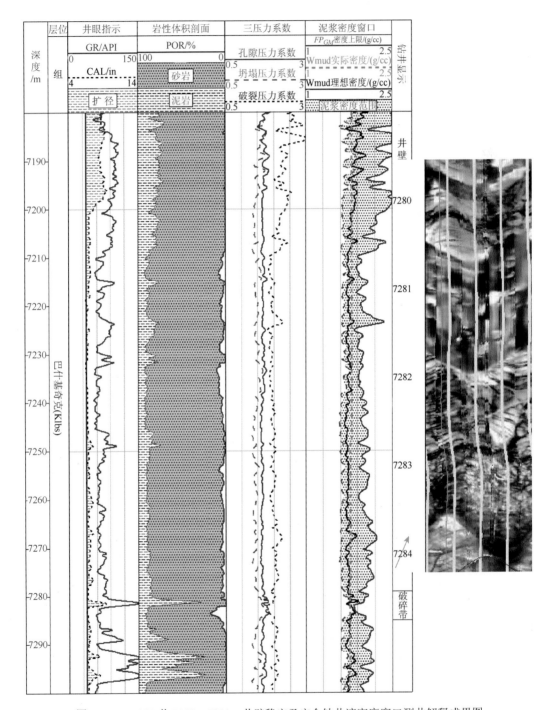

图 2-14 BD302 井 7180～7300m 井壁稳定及安全钻井液密度窗口测井解释成果图

2.2　盐膏层地层岩石力学特征

2.2.1　盐层塑性蠕动特征及规律分析

1. 盐层塑性蠕动特征

我国目前经常钻遇的深盐层、复合盐层，具有如下特征（曾义金等，2005）：深部盐层呈现塑性流动的性质，盐岩的塑性变形产生井径缩小；以泥岩为胎体，在其微观、宏观裂缝中充填了盐膏的含盐膏泥岩，存在于第二类或第三类盐之间，形成良好的圈闭，自由水在沉积过程中未完全运移出去，以"软泥"的形式深埋于地层中，蠕变速率极高；以盐为胎体或胶结物的泥页岩、粉砂岩或硬石膏团块，遇矿化度低的水会溶解，盐溶的结果导致泥页岩、粉砂岩、硬石膏团块失去支撑而坍塌；夹在盐岩层间的薄层泥页岩、粉砂岩，盐溶后上下失去承托，在机械碰撞作用下掉块、坍塌，多次构造运动所形成的构造应力加速复合盐层的蠕变和井壁失稳；无水石膏等吸水膨胀、垮塌。无水石膏等吸水变成二水石膏体积会增大26%左右，其他盐类如芒硝、氯化镁、氯化钙等也具有类似性质；盐层段非均匀载荷引起套管挤毁变形；石膏或含石膏的泥岩在井内钻井液液柱压力不能平衡地层本身的横向应力时，会向井内运移垮塌。

深部盐岩在高温高压下的塑性流动，会导致钻井过程中盐层部位井径缩小而发生卡钻。防止井眼缩径的有效办法是提高钻盐层的钻井液密度。根据实验资料和现场实践，国内外一般把盐岩井眼截面的蠕变收缩率限制在每小时0.1%，并按此计算确定钻不同深度盐岩所需用的钻井液密度。实践表明，每小时0.1%的井眼收缩蠕变对钻井作业并不构成威胁。

2. 盐层塑性蠕动规律

1）盐层岩石物理特性

（1）盐岩的强度很低，一般为5～16MPa。

（2）盐岩的泊松比较高，少数接近0.5。

（3）温度对盐岩的强度、弹性模量有明显的影响，强度和弹性模量随着温度的升高有减小的趋势，泊松比随着温度的升高而升高。

（4）围压的升高使得盐岩的强度、弹性模量和泊松比有增加的趋势。

（5）温度、应力水平与盐的蠕变特性密切相关。温度升高和应力水平的增高都使得盐岩的蠕变速率增加。

（6）在给定的温度和围压条件下，岩石蠕变各阶段的特征和转化条件与应力水平密切相关。

（7）不同应力、温度条件下的盐岩的蠕变规律取决于不同的变形机制。

2）盐层岩石理化性能的分析

盐层岩石理化性能是指岩石物理特性与化学组成，可通过相应的分析方法和相关的实验技术来测定（刘鸿燕，2011）。实践证明，对盐层岩石理化性能进行测定有助于分析井下复杂情况的原因及对策，特别对于适应于该类地层的钻井液优化设计非常重要，对顺利钻穿复杂盐层起着至关重要的作用，也有利于钻井液技术的科学化、标准化管理。

3）盐层蠕变规律

盐层蠕变变形导致钻井过程中阻卡、卡钻和套管损坏等工程问题频繁发生，使得钻井无法顺利进行，因此研究不同载荷水平和温度条件下的变形与稳定问题具有重要的现实意义。目前主要利用能进行温度控制、围压控制、轴压控制、孔隙压力控制和变形控制的三轴岩石试验装置，对试样进行各种温度条件下的三轴压缩蠕变实验研究，得到不同温度和压力水平下的岩石蠕变试验曲线，分析盐岩随时间变形的规律，确定维持盐岩地层适当缩径率的钻井液密度，选择合适的井身结构，设计适合盐岩地层的套管，优选钻井液体系。

岩石材料的蠕变是指岩石材料的应力、应变随时间变化的性质。所有的岩石在受载时都要发生蠕变，普通岩石的蠕变很小，而盐岩、泥岩等软岩对蠕变非常敏感。蠕变破坏是这类岩石的主要破坏形式（曾义金，2004）。

温度升高将降低岩石强度，增加其蠕变能力；围压的增加将降低蠕变速率、延长稳态蠕变时间和提高蠕变强度；作用于岩石的差应力越高，得到的蠕变速率越高。

流体应力的大小除影响岩石的宏观应变速率外，还影响岩石的蠕变机制。流体效应指地壳中流体对岩石蠕变的影响（刘绘新等，2002）。其机制有：

（1）吸附作用：液体缓慢渗透，降低破裂表面能引起脆性蠕变破坏。

（2）溶解作用：受定向作用的岩石在流体作用下溶解和沉淀。

（3）流体组分浓度差引起晶格扩散、生长及杂质组分进入晶格导致岩石强度缓慢降低，形成脆蠕破坏。

实践得知，盐岩在深层高温高压条件下其物理状态形似"面团"，当井内钻井液压力不能平衡上覆岩层压力（当减去岩层架应力值）时，盐岩就向井筒内蠕变缩径。目前通常采用的一种处理方法是，使用欠饱和盐水钻井液把蠕变缩径处的盐岩不断溶解，以弥补钻井液密度偏低的不足，达到井下盐岩井壁处蠕变速率与溶蚀的"动态平衡"。

采用电测方法获得的塔河油田某井盐层的实际蠕动速率见表2-7。

钻井液体系为欠饱和盐水钻井液，密度 $1.62\sim1.64g/cm^3$，漏斗黏度 $54\sim72s$，塑性黏度 $33\sim39MPa·s$，屈服值 $9\sim13Pa$，静切力 $2\sim3Pa$，API 失水 $4\sim6$ L/30min，HTHP 失水 12mL/30min，Cl 含量 $110000\sim160000mg/L$。

表 2-7 塔河油田某井盐层实测电测井径、蠕动速率表

第一次电测井径数据				第二次电测井径数据（间隔24h）			
井段/m	最大井径/mm	最小井径/mm	平均井径/mm	井段/m	最大井径/mm	最小井径/mm	平均井径/mm
5125～5150	448.488	393.421	420.954	5125～5150	443.357	373.786	410.210
～5175	475.869	417.982	436.372	～5175	474.370	399.999	424.180
～5200	487.934	418.186	439.420	～5200	485.394	404.063	426.720
～5225	487.934	408.076	442.468	～5225	476.504	394.970	431.800
～5250	528.193	431.394	454.482	～5250	520.192	418.795	442.722
～5262	508.457	426.568	463.550	～5262	500.685	415.849	456.895
最大井径528mm，最小井径393mm，平均井径442mm				最大井径520mm，最小井径374mm，平均井径432mm			
平均盐层蠕动速率=0.45mm/h，最大盐层蠕动速率=0.82mm/h							

2.2.2　盐岩位移的黏弹性解

假设盐岩层为均匀各向同性黏弹性连续介质,井眼垂直钻穿盐岩层。由于盐岩层一般较厚,根据弹性力学原理可将盐岩层蠕变视为平面应变问题(韩建增等,2004)。若 x 和 y 轴与水平地应力的主方向重合,x 和 y 方向的主应力分别为 σ_H 和 σ_h,则井眼缩径力学模型关于 x 和 y 轴对称。因此,可取井眼围岩的 1/4 为研究对象(林元华等,2005),如图 2-15 所示。

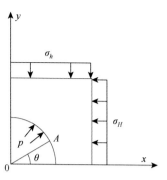

图 2-15　井眼缩径的力学模型

设井眼半径为 r,盐岩被钻开后在地应力 σ_H 和 σ_h 的作用下,井壁任意一点 A 的径向位移为

$$u_{r1} = -\frac{1-\mu^2}{E} r[(\sigma_H + \sigma_h) + 2(\sigma_H - \sigma_h)\cos 2\theta] \qquad (2\text{-}30)$$

式中,u_{r1} 为初始地应力 σ_H 和 σ_h 的作用下井壁径向位移,mm;μ 为地层泊松比;r 为井眼半径,mm;σ_H 为最大水平地应力,MPa;σ_h 为最小水平地应力,MPa;θ 为任意角度,(°)。

在井内液柱压力的作用下,井壁任意一点处径向位移为

$$u_{r2} = \frac{1+\mu}{E} r \rho_m g h \qquad (2\text{-}31)$$

式中,u_{r2} 为压力 P 作用下,井壁径向位移,mm;g 为重力加速度,m/s²;h 为井壁上改点的垂直井深,m;ρ_m 为钻井液密度,g/cm³。

在初始地应力 σ_H 和 σ_h 和井内液柱压力 P_m 的作用下,井壁任意一点处的径向位移为

$$u_r = u_{r1} + u_{r2} = \frac{1+\mu}{E} r\{P_m - (1-\mu)[(\sigma_H + \sigma_h) + 2(\sigma_H - \sigma_h)\cos 2\theta]\} \qquad (2\text{-}32)$$

式中,u_r 为合力作用下井壁任意一点的径向位移,mm。

假设地层蠕变是由 i 个弹性元件和 j 个黏性元件组成的模型,其本构关系可以变换为

$$\varepsilon(t) = \sigma_o \cdot J_t \qquad (2\text{-}33)$$

式中,J_t 为蠕变柔量,1/MPa;其值随时间变化而变化。

J_t 与材料的弹性系数 E 和黏性系数 η 的关系为

$$J_t = f(E_1, E_2, \cdots, E_i, \eta_1, \eta_2, \cdots, \eta_j, t) \qquad (2\text{-}34)$$

式中,E_i 为第 i 个弹性元件的弹性系数,kN/mm;η_j 为第 j 个黏性元件的黏性系数,kg/(m·s);t 为时间,s;J_t 为蠕变柔量,1/MPa。

对于常用黏弹性模型,其蠕变柔量与材料的弹性系数和黏性系数关系见表 2-8。

表 2-8　常用黏弹性模型的蠕变柔量

模型名称	蠕变柔量
Maxwell	$J_t = \dfrac{1}{E} + \dfrac{t}{\eta}$
Kelvin	$J_t = \dfrac{1}{E}\left[1 - \exp\left(-\dfrac{E}{\eta} t\right)\right]$

模型名称	蠕变柔量
Kelvin-Viogt	$J_t = \dfrac{1}{E_1} + \dfrac{1}{E_2}\left[1 - \exp\left(-\dfrac{E_2 t}{\eta}\right)\right]$
Burgers	$J_t = \dfrac{1}{E_1} + \dfrac{1}{\eta_1}t + \dfrac{1}{E_2}\left[1 - \exp\left(-\dfrac{E_2 t}{\eta}\right)\right]$
Boynting-Thomson	$J_t = \dfrac{1}{E_1} - \dfrac{E_2}{E_1(E_1 + E_2)}\exp\left[-\dfrac{E_2 E_1}{(E_1 + E_2)\eta_2}t\right]$

一般地层参数中泊松比 v 随时间变化的范围不大，因此，在对地层进行黏弹性分析时可将其视为常数。初始地应力 σ_H、σ_h 和井内钻井液压力 P_m 与时间无关，对式（2-33）做拉普拉斯变换有

$$\overline{u}_r = \frac{1+v}{\overline{E}}r\{P_m - (1-v)[(\sigma_H + \sigma_h) + 2(\sigma_H - \sigma_h)\cos 2\theta]\} \qquad (2\text{-}35)$$

式中，$\overline{u}_r$，$\overline{E}$ 表示拉普拉斯变换。

依据弹性-黏弹性对应原理，可得

$$u_r(t) = \frac{1+v}{E_t}r\{P_m - (1-v)[(\sigma_H + \sigma_h) + 2(\sigma_H - \sigma_h)\cos 2\theta]\} \qquad (2\text{-}36)$$

式中，E_t 为等效弹性模量，$E_t = 1/J_t$，MPa。

由此可见，油井围岩的缩径与岩盐特性参数和地应力状态及钻井液静液柱压力有关。在这些因素中，只有钻井液静液柱压力是人为可控因素。因此，合理确定钻井液密度是盐岩层钻井的关键，式（2-36）可作为确定钻井液密度的理论依据。

2.2.3　盐岩岩石力学参数反演分析

钻穿盐岩层后起钻，下多臂井径仪测井，可测得某一位置 n 个（$n = i + j$）不同时刻的井径变形量 $u_r(t_1)$ 和井眼径向位移 $u_r(t_i)$（曾德智，2005）。由式（2-35）可得岩盐蠕变柔量 J_t 的关系为

$$J_t = u_r(t) / \{r(1+v)\{P_m - (1-v)[(\sigma_H + \sigma_h) + 2(\sigma_H - \sigma_h)\cos 2\theta]\}\} \qquad (2\text{-}37)$$

在初始地应力 σ_H、σ_h 和井内钻井液柱压力 P_m 已知的条件下，由上式可求得不同时刻盐岩的蠕变柔量。进而可以求得盐岩黏弹性模型的蠕变参数 E 和 η 的方程组为

$$\begin{cases} f(E_1, E_2, \cdots, E_i, \eta_1, \eta_2, \cdots, \eta_j, t_1) = (J_t)_1 \\ f(E_1, E_2, \cdots, E_i, \eta_1, \eta_2, \cdots, \eta_j, t_2) = (J_t)_2 \\ \cdots\cdots\cdots\cdots\cdots\cdots\cdots\cdots\cdots\cdots\cdots\cdots\cdots\cdots\cdots \\ f(E_1, E_2, \cdots, E_i, \eta_1, \eta_2, \cdots, \eta_j, t_n) = (J_t)_n \end{cases} \qquad (2\text{-}38)$$

求解上式可得到蠕变参数 E_i 和 η_j，进而可以得到油井围岩在不同钻井液柱压力下随时间发生的蠕变量。

井壁任意一点处的径向位移为

$$u_r(t) = \frac{1+v}{E_t} r[2P - (\sigma_H + \sigma_h) - (3-4v)(\sigma_H - \sigma_h)\cos 2\theta]$$ （2-39）

根据塔河油田阿探区块穿盐井的测井数据分析表明,盐岩层井段在外载作用下初始变形速率较大,随着时间推移变形速率逐渐减小。由经验判断,该盐岩层蠕变属于黏弹性固体模型,可以采用 Kelvin 模型预测蠕变规律。

Kelvin 模型的 J_t 与材料的弹性系数 E 和黏性系数 η 的关系为

$$J_t = \frac{1 - e^{-E_t/\eta}}{E}$$ （2-40）

假设地层参数中黏性系数 η 随时间而变化的范围不大,在对地层进行黏弹性分析时可当作常数处理。地应力水平不随时间变化,则对井眼缩径变化进行分析时可依据弹性-黏弹性对应原理,对于 Kelvin 模型需要多个井径测量数据,根据式（2-40）建立方程组

$$\left.\begin{aligned} \frac{1}{E}\left[1 - \exp\left(-\frac{E}{\eta}t_1\right)\right] &= (J_t)_1 \\ \frac{1}{E}\left[1 - \exp\left(-\frac{E}{\eta}t_2\right)\right] &= (J_t)_2 \\ \cdots\cdots\cdots\cdots\cdots\cdots\cdots\cdots \\ \frac{1}{E}\left[1 - \exp\left(-\frac{E}{\eta}t_n\right)\right] &= (J_t)_n \end{aligned}\right\}$$ （2-41）

式中, E_{t1} 、E_{t2} 分别为 t_1 和 t_2 时的等效弹性模量,MPa。

根据不同时刻测得的井径,即可反算出蠕变性地层本构关系中的力学参数,进而预测出蠕变地层不同时刻的井径大小。

根据新疆油田某井数据反演求取的地层参数预测井眼直径随时间的变化趋势如图2-16 所示。从图 2-16 可以看出,随着钻井时间的增加,盐膏层缩径量增加,但无论多大钻井液密度,钻开盐膏层 50h 后,井径不再随着时间的增加而增加。同时,随着钻井液密度的增加,井眼缩径减小,说明增加钻井液密度是减少盐膏层蠕变的有效途径。

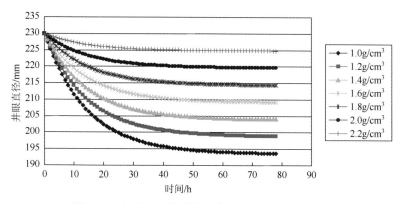

图 2-16　新疆油田某井盐岩井眼直径随时间的变化

　　图 2-17 是新疆油田某井钻井液密度为 $1.2g/cm^3$ 的情况下，不同初始井眼直径对盐膏层蠕变变形的影响。根据图 2-17 的计算结果，可以预测如果采用扩眼的钻井技术防止盐膏层卡钻需要扩眼的井眼直径。如图 2-17 的计算结果，在 Φ215.9mm 井眼，采用 $1.2g/cm^3$ 的钻井液密度，为防止卡钻，井眼直径至少需要扩眼到 250mm，如果要减小扩眼直径，则需要增加钻井液密度。

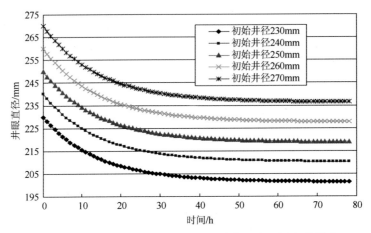

图 2-17　新疆油田某井盐岩初始井眼直径对盐层蠕变的影响

2.2.4　确定合理钻井液密度和安全钻井时间

　　防止盐岩卡钻传统的措施是采用饱和盐水钻井液，阻止盐岩溶解，加大钻井液密度，减缓盐岩向井眼方向的流动，防止缩径。但这种以提高钻井液密度为前提的盐层钻井在高温、高地应力区域，不能从根本上解决盐岩层卡钻的问题，因为实际钻井中钻井液密度不能无限制地增大，否则其他岩性层段易产生复杂情况，并且影响钻速。解决这类问题的有效方法之一是采用适当密度的欠饱和盐水钻井液，通过调整氯根（NaCl 浓度），让欠饱和盐水钻井液能满足井眼截面的盐溶解速率与盐层的缩径率平衡，从而达到防止盐岩卡钻的目的，并在实际钻井中得到较为有效的应用（郭春华和马玉芬，2004）。

1. 合理钻井液密度

　　根据盐层蠕变情况及上部地层承压能力，通过调节钻井液中盐的质量浓度及钻井液密度来平衡地层压力，保证钻井的顺利和井眼的稳定。

　　控制实际井眼截面收缩速率为 n 所需的钻井液密度计算公式（金衍和陈勉，2000）为

$$\rho_m = 100\left[\sigma_H - \int_a^\infty \frac{\sqrt{2}}{3}\frac{1}{Bl}\ln(M_1 + M_2)\mathrm{d}l\right]\bigg/H \tag{2-42}$$

其中，

$$M_1 = \frac{Da^2 n(2-n)}{2}\left(\frac{a}{l}\right)^2 \tag{2-43}$$

$$M_2 = \sqrt{\left[\frac{Da^2 n(2-n)}{2}\left(\frac{a}{l}\right)^4 + 1\right]} \tag{2-44}$$

$$\alpha = 0.1r \tag{2-45}$$

$$D = \frac{2}{\sqrt{3}A \cdot a^2} \exp\left|\frac{Ea}{RT}\right| \tag{2-46}$$

式中，ρ_m 为钻井液密度下限，g/cm^3；l 为距井轴距离，cm；T 为绝对温度，K；Ea 为岩盐的激活能，eV；R 为理想气体常数，$R=1.987$eV·K；n 为每小时井眼横截面收缩速率，1/h。

由上式分析可知，钻井液密度是地层参数（A、B、Q）、井眼截面收缩速率（n）、井深和地层温度的函数。即：

$$\rho_m = f(A,B,Q,n,H,T) \tag{2-47}$$

对于不同盐层，可根据不同温度、压力条件下的蠕变试验确定蠕变特性参数 A、B、Q，则盐岩蠕变产生的缩径率与钻井液密度的关系可以确定。

2. 氯根与缩径率的关系

采用欠饱和盐水钻井液来控制盐层缩径，主要是通过调整氯根，让欠饱和盐水钻井液能满足井眼截面的盐溶解速率与盐层的缩径率平衡，让盐水及时地溶解缩径部分的盐。氯根含量过低将会提高盐岩的溶解程度，造成夹层泥岩剥落、坍塌，导致阻卡事故；氯根含量过高，导致盐的溶解程度降低，盐层的蠕变会导致井眼缩径严重，引起遇阻、遇卡现象。不同氯根浓度下盐水钻井液的溶解速率经验关系为

$$V_{\text{(NaCl)}} = -29.3992 \times ([\text{Cl}^-])^{0.6} + 182.67 \tag{2-48}$$

式中，$[\text{Cl}^-]$ 为氯根浓度，10000ppm；$V_{\text{(NaCl)}}$ 为盐水钻井液的溶解速率，g/h。

不同缩径率下盐因蠕变注入井内的量：

$$V_{\text{(Creep)}} = \frac{\pi}{4}\varPhi_{\text{bit}}^2[1-(1-n)^2]\rho_{\text{NaCl}} \tag{2-49}$$

式中，$V_{\text{(Creep)}}$ 为注入井内的 NaCl 量，g/h；$\varPhi_{\text{bit}}$ 为钻头直径，cm；n 为井径收缩率；ρ_{NaCl} 为盐的密度，g/m^3。

氯根与缩径率的关系：$V_{\text{(NaCl)}} = V_{\text{(Creep)}}$，这样就可通过调整钻井液密度与氯根来控制盐层缩径。

3. 安全钻井时间

井内钻井液密度设计和盐层蠕动变形规律的分析是成功进行盐层钻井的关键。钻井过程中存在相当一段时间的裸眼期，在这段时期里，由于钻遇盐岩层存在很大的蠕变变形，造成重新下钻或钻井过程中卡钻事故的发生（吴应凯等，2004）。通常采用提高盐岩层的钻井液含盐量或提高钻井液密度来避免该事故的发生，从力学角度平衡盐岩层的蠕动压力，减少盐岩层的蠕动速率，保证钻井工作的顺利进行。

钻盐层时，在钻进过程中应做到以下几点：

（1）在钻台上做出盐层地质预告表。

（2）严格按设计下入钻具组合，并尽可能简化钻具组合，严把钻具入井关，二级以下钻杆杜绝入井。

（3）钻盐层时，每钻进 0.5m 上提 2m 划眼到底，如划眼无阻卡、无蹩泵显示，可逐渐增加段长和划眼行程，但每钻进 4～5m 至少划眼一次，每钻完一个单根，方钻杆提出转盘面，然后下放划眼到底；每钻进 4h 短起下钻过盐层顶部，全部划眼到底，若无阻卡显示，可适当延长短起下钻间隔，但坚持钻具在盐层作业时间不超过 24h。

（4）钻盐层时应调整钻井参数，控制钻时不低于 10min/m。

（5）注意钻速变化，若机械钻速减小，应立即上提划眼到底。

（6）密切注意各参数（扭矩、泵压）和返出岩屑情况的变化，若发现任何变化和异常，立即上提钻具划眼。

（7）盐层井段一定要保持钻具处于活动状态，特别是出现特殊情况时，一定要大幅度活动钻具，防止钻具静止而卡钻。

（8）发现有任何缩径井段都要进行短起钻到盐层顶，以验证钻头和扩孔器能否通过。钻穿盐层后应短起钻至套管内，静止一段时间后，再通井观察其蠕变情况，检查钻井液性能是否合适。

（9）钻进出现复杂情况时不要接单根，不宜立即停转盘、停泵，应维持转动和循环，待情况好转后，再上提划眼，判断分析复杂情况发生的原因。

（10）尽可能延长开泵的时间，特别是加单根时必须是钻具坐于吊卡上时方可停泵。

2.2.5　现场应用

取塔河油田一口实际井，井深 5340m、井径 Φ311mm，钻井液密度对盐层蠕变缩径率的影响如图 2-18 所示。

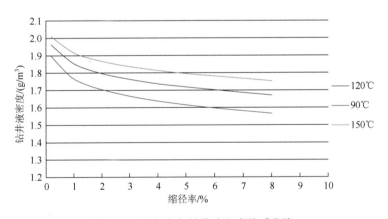

图 2-18　缩径率与钻井液密度关系曲线

由图 2-18 分析可知，对于不同的井段以及不同地应力水平状态所需的钻井液密度是不同的，钻井液密度是地层参数（A、B、Q）、井眼截面收缩速率（n）、井深、地层温度的函数。由于钻井液密度太高对钻井液性能以及设备要求较高，一般选取缩径率为 5% 时的钻井液密度。

取钻头直径为 Φ311mm，NaCl 的密度为 2.9g/m³ 时，氯根含量对盐层井眼缩径的影响关系曲线如图 2-19 所示。

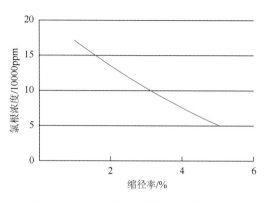

图 2-19　氯根含量与井眼缩径的关系曲线

采用饱和盐水钻井液并加大钻井液密度防止盐岩卡钻的传统措施，在高温、高地应力区域不能从根本上来解决盐岩层卡钻的问题，实际钻井中无限制地增大浆密度易使其他岩性层段产生复杂情况，并且影响钻速。采用适当密度的欠饱和盐水钻井液，通过调整氯根，让欠饱和盐水钻井液能满足井眼截面的盐溶解速率与盐层的缩径率平衡，从而达到防止盐岩卡钻与保持一定的缩径率的目的。

2.3　页岩气储层水平井井壁稳定力化耦合评价方法

2.3.1　井周围岩应力分布模型

1. 坐标系及其转化关系

为了建立井周应力分布模型，此处涉及 5 个坐标系及其转换（图 2-20）：①大地直角坐标系（N, E, Z）；②原地应力直角坐标系（x, y, z）；③井眼直角坐标系（x_b, y_b, z_b）；④井眼圆柱坐标系（r_b, θ_b, z_b）；⑤弱面坐标系（x_w, y_w, z_w）。

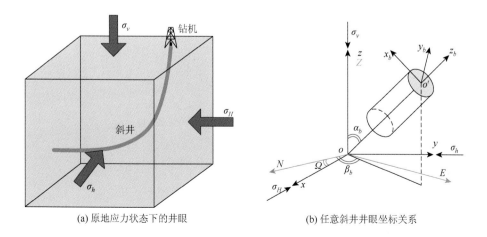

(a) 原地应力状态下的井眼　　　　　　　(b) 任意斜井井眼坐标关系

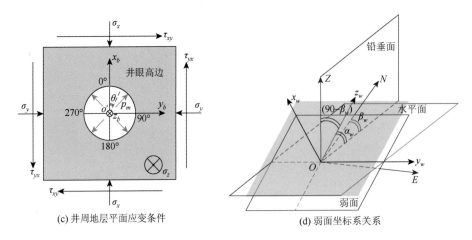

图 2-20　井周坐标转换关系

如图 2-20（a、b）所示，规定 Z 为垂直方向，N 和 E 在水平面内，通常垂向应力沿 Z 方向，而最大水平地应力与 N 方向呈夹角 Ω。因此，原地应力坐标系（x，y，z）与大地坐标系（N，E，Z）之间的转换矩阵为

$$\boldsymbol{E} = \begin{bmatrix} \cos\Omega & \sin\Omega & 0 \\ -\sin\Omega & \cos\Omega & 0 \\ 0 & 0 & 1 \end{bmatrix} \tag{2-50}$$

如图 2-20b 所示，井眼局部直角坐标系（x_b，y_b，z_b）是基于井眼轨迹建立的，规定 z_b 为井眼轴线方向，而在（x_b，y_b）处于井眼横截面内，定义井斜角（α_b）和井斜方位角（β_b）来表示井眼局部直角坐标系与原地应力坐标系之间的关系。因此，井眼局部直角坐标系（x_b，y_b，z_b）与大地坐标系（N，E，Z）之间的转换矩阵为

$$\boldsymbol{B} = \begin{bmatrix} \cos\beta_b\cos\alpha_b & \sin\beta_b\cos\alpha_b & \sin\alpha_b \\ -\sin\beta_b & \cos\beta_b & 0 \\ -\cos\beta_b\sin\alpha_b & -\sin\beta_b\sin\alpha_b & \cos\alpha_b \end{bmatrix} \tag{2-51}$$

此外，由于井周围压应力状态通常以圆柱坐标系表达（图 2-20c），因此，在井眼圆柱坐标系与井眼直角坐标系之间的转换矩阵可表示为

$$\boldsymbol{C} = \begin{bmatrix} \cos\theta & \sin\theta & 0 \\ -\sin\theta & \cos\theta & 0 \\ 0 & 0 & 1 \end{bmatrix} \tag{2-52}$$

如图 2-20d 所示，弱面坐标系（x_w，y_w，z_w）建立在弱面产状的基础之上，x_w 代表弱面的法线方向，而 $x_w y_w$ 处于弱面平面内，定义弱面倾角（α_w）和弱面倾向（β_w）来表示弱面坐标系与大地坐标系之间的关系。因此，弱面坐标系（x_b，y_b，z_b）与大地坐标系（N，E，Z）之间的转换矩阵为

$$\boldsymbol{W} = \begin{bmatrix} \cos\beta_w \sin\alpha_w & \sin\beta_w \sin\alpha_w & \cos\alpha_w \\ -\sin\alpha_w & \cos\beta_w & 0 \\ -\cos\beta_w \cos\alpha_w & -\sin\beta_w \cos\alpha_w & \sin\alpha_w \end{bmatrix} \qquad（2\text{-}53）$$

2. 地应力及井筒液柱诱导产生的井周应力

根据页岩岩石力学特征分析结果可知，页岩的弹性模量各向异性特征并不是十分显著，为此，忽略弹性各向异性特征的影响，假设页岩为孔隙线弹性多孔介质，则根据 Bradley（1979）给出的井周应力分布模型可以给出地应力及井筒液柱诱导产生的井周应力分布模型为

$$\begin{cases} \sigma_r = \dfrac{\sigma_{xx} + \sigma_{yy}}{2}\left(1 - \dfrac{r_w^2}{r^2}\right) + \dfrac{\sigma_{xx} - \sigma_{yy}}{2}\left(1 + 3\dfrac{r_w^4}{r^4} - 4\dfrac{r_w^2}{r^2}\right)\cos 2\theta + \tau_{xy}\left(1 + 3\dfrac{r_w^4}{r^4} - 4\dfrac{r_w^2}{r^2}\right)\sin 2\theta + \dfrac{r_w^2}{r^2}p_m \\[2mm] \sigma_\theta = \dfrac{\sigma_{xx} + \sigma_{yy}}{2}\left(1 + \dfrac{r_w^2}{r^2}\right) - \dfrac{\sigma_{xx} - \sigma_{yy}}{2}\left(1 - 3\dfrac{r_w^4}{r^4}\right)\cos 2\theta - \tau_{xy}\left(1 + 3\dfrac{r_w^4}{r^4}\right)\sin 2\theta - \dfrac{r_w^2}{r^2}\sin 2\theta \\[2mm] \sigma_z = \sigma_{zz} - 2\upsilon(\sigma_{xx} - \sigma_{yy})\dfrac{r_w^2}{r^2}\cos 2\theta - 4\upsilon\tau_{xy}\dfrac{r_w^2}{r^2}\sin 2\theta \\[2mm] \tau_{r\theta} = -\dfrac{\sigma_{xx} - \sigma_{yy}}{2}\left(1 + 2\dfrac{r_w^2}{r^2} - 3\dfrac{r_w^4}{r^4}\right)\sin 2\theta + \tau_{xy}\left(1 + 2\dfrac{r_w^2}{r^2} - 3\dfrac{r_w^4}{r^4}\right)\cos 2\theta \\[2mm] \tau_{rz} = \tau_{xz}\left(1 - \dfrac{r_w^2}{r^2}\right)\cos\theta + \tau_{yz}\left(1 - \dfrac{r_w^2}{r^2}\right)\sin\theta \\[2mm] \tau_{\theta z} = \tau_{yz}\left(1 + \dfrac{r_w^2}{r^2}\right)\cos\theta - \tau_{xz}\left(1 + \dfrac{r_w^2}{r^2}\right)\sin\theta \end{cases} \qquad（2\text{-}54）$$

其中，

$$\boldsymbol{\sigma}_{\text{in-situ-BCS}} = \begin{bmatrix} \sigma_{xx} & \sigma_{xy} & \sigma_{xz} \\ \sigma_{xy} & \sigma_{yy} & \sigma_{yz} \\ \sigma_{xz} & \sigma_{yz} & \sigma_{zz} \end{bmatrix} = \boldsymbol{BE}^{\mathrm{T}}\begin{bmatrix} \sigma_H & 0 & 0 \\ 0 & \sigma_h & 0 \\ 0 & 0 & \sigma_v \end{bmatrix}\boldsymbol{EB}^{\mathrm{T}} \qquad（2\text{-}55）$$

上式也可以写成分量表达的形式

$$\begin{cases} \sigma_{xx} = \sigma_H \cos^2\alpha_b \cos^2(\beta_b - \Omega) + \sigma_h \cos^2\alpha_b \sin^2(\beta_b - \Omega) + \sigma_v \sin^2\alpha_b \\[1mm] \sigma_{yy} = \sigma_H \sin^2(\beta_b - \Omega) + \sigma_h \cos^2(\beta_b - \Omega) \\[1mm] \sigma_{zz} = \sigma_H \sin^2\alpha_b \cos^2(\beta_b - \Omega) + \sigma_h \sin^2\alpha_b \sin^2(\beta_b - \Omega) + \sigma_v \cos^2\alpha_b \\[1mm] \tau_{xy} = -\sigma_H \cos\alpha_b \cos(\beta_b - \Omega)\sin(\beta_b - \Omega) + \sigma_h \cos\alpha \cos(\beta_b - \Omega)\sin(\beta_b - \Omega) \\[1mm] \tau_{yz} = -\sigma_H \sin\alpha_b \cos(\beta_b - \Omega)\sin(\beta_b - \Omega) + \sigma_h \sin\alpha_b \cos(\beta_b - \Omega)\sin(\beta_b - \Omega) \\[1mm] \tau_{xz} = \sigma_H \cos\alpha_b \sin\alpha_b \cos^2(\beta_b - \Omega) + \sigma_h \cos\alpha_b \cos\alpha_b \sin^2(\beta_b - \Omega) - \sigma_v \sin\alpha_b \cos\alpha_b \end{cases} \qquad（2\text{-}56）$$

式中，σ_r、σ_θ、σ_z 分别为径向应力、环向应力和轴向应力分量，MPa；$\tau_{\theta z}$、$\tau_{r\theta}$、τ_{rz} 为三个剪切应力分量，MPa；θ 为井周任意位置对应的圆周角，（°）；r_w 为井眼半径，m；r 为井

周任意位置距离井眼轴线的半径，m；υ 为泊松比，无因次；σ_{xx}，σ_{yy}，σ_{zz}，σ_{xy}，σ_{yz}，σ_{xz} 为井眼直角坐标系下的地应力分量，MPa；σ_H，σ_h，σ_v 分别为最大、最小水平地应力和垂向地应力，MPa；α_b 为井斜角，(°)；β_b 为井斜方位角，(°)；Ω 为水平最大地应力方位角，(°)；p_m 为井筒压力，MPa。

3. 化学作用诱发产生的井周应力

1）井周孔隙压力传递模型

当地层被钻开并与钻井液接触后，容易诱发孔隙压力传递而导致井眼坍塌等事故的发生，Mody 和 Hale（1993）假设页岩地层具有半透膜性质，导致溶质和溶液在页岩中传递的驱动力包括水力压差、化学势差、电势梯度、温度梯度等，通常只考虑水力压差和化学势差的耦合作用，而忽略电势和温度的影响，因此，页岩与钻井液的化学势差造成的渗透压为

$$p - p_0 = I_m \frac{RT}{V} \ln\left(\frac{a_{\text{shale}}}{a_{\text{mud}}}\right) \tag{2-57}$$

式中，p 为孔隙压力，MPa；I_m 为膜效率，无因次；T 为绝对温度，K；R 为理想气体常数；V 为水的片摩尔体积；a_{shale} 为页岩中水的活度；a_{mud} 为钻井液中水的活度；p_0 为原始地层孔隙压力，MPa。

（1）水在页岩中传输的控制方程。

根据质量守恒方程、状态方程和容积流量方程可以导出水在页岩中传输的控制方程为

$$\frac{\partial p}{\partial t} + \frac{1}{c_\rho}(-k_1 \nabla^2 p - nRTk_2 \nabla^2 C_s) = 0 \tag{2-58}$$

式中，k_1 为水力扩散系数，m²/（Pa·s）；k_2 为膜效率系数，m²/（Pa·s）；n 为溶质浓度的摩尔数；C_s 为孔隙中溶质的溶度，mol/L；c_ρ 为流体的压缩系数，MPa⁻¹；t 为时间，s。

通常井眼周围地层中孔隙压力传递被简化为平面二维问题，因此，式（2-58）可以表示为圆柱坐标的形式：

$$\frac{\partial p}{\partial t} + \frac{k_1}{c_\rho}\left[\frac{1}{r}\frac{\partial}{\partial r}\left(r\frac{\partial p}{\partial r}\right)\right] + \frac{nRTk_2}{c_\rho}\left[\frac{1}{r}\frac{\partial}{\partial r}\left(r\frac{\partial C_s}{\partial r}\right)\right] \tag{2-59}$$

（2）离子在页岩中传输的控制方程。

离子在页岩中的传输也会导致页岩中溶质浓度的改变，从而影响孔隙压力的分布，因此，可以用材料 Fick 扩散方程描述离子在页岩中的传输：

$$\frac{\partial C_s}{\partial t} - D_{\text{eff}} \nabla^2 C_s = 0 \tag{2-60}$$

式中，C_s 为孔隙中溶质的溶度，mol/L；D_{eff} 为离子的扩散系数，m²/s。

同理，离子在页岩中传输的控制方程也可以表示为圆柱坐标的形式：

$$\frac{\partial C_s}{\partial t} - D_{eff} \left[\frac{1}{r} \frac{\partial}{\partial r} \left(r \frac{\partial C_s}{\partial r} \right) \right] = 0 \tag{2-61}$$

（3）边界条件和初始条件。

$$内边界 \begin{cases} C_s(r = r_w, \theta, \gamma, t) = C_m \\ p(r = r_w, \theta, \gamma, t) = p_m \end{cases} \tag{2-62}$$

$$外边界 \begin{cases} C_s(r_e \to \infty, \theta, \gamma, t) = C_0 \\ p(r_e \to \infty, \theta, \gamma, t) = p_0 \end{cases} \tag{2-63}$$

$$初始条件 \begin{cases} C_s(r, \theta, \gamma, t = 0) = C_0 \\ p(r, \theta, \gamma, t = 0) = p_0 \end{cases} \tag{2-64}$$

式中，C_m 为钻井液中溶质浓度，mol/L；p_m 为井筒压力，MPa；r_e 为外边界半径，m；C_0 为孔隙内初始溶质浓度，mol/L；p_0 为初始孔隙压力，MPa。

2）模型求解

从式（2-59）、式（2-61）不难看出，二者存在耦合关系，为了解耦通常先求解溶质浓度剖面，再求解孔隙压力分布剖面，此处用材料差分方法进行求解。首先划分差分网格，由于式（2-59）、式（2-61）为平面对称问题，其实际上是一种拟二维问题，因此，差分网格采用等距网格：

$$\begin{cases} r_i = r_w + (i-1)h \\ t_k = k\tau \end{cases} \tag{2-65}$$

其中，

$$\begin{cases} h = \dfrac{r_e - r_w}{n} \\ \tau = \dfrac{t}{m} \end{cases} \tag{2-66}$$

式中，τ 为时间步，s；h 为空间步，m；m 为时间步数量；n 空间步数量；i 为空间网格节点，$i = 1, 2, 3, \cdots, n+1$；k 为时间网格节点，$k = 0, 1, 2, 3, \cdots, m$。

因此，差分方程可写成：

$$C_{s,i}^{k-1} = -\frac{D_{eff}\tau}{r_i h^2} r_{(i+0.5)} C_{s,(i+1)}^k + \left(1 + \frac{2D_{eff}\tau}{h^2}\right) C_{s,(i+1)}^k - \frac{D_{eff}\tau}{r_i h^2} r_{(i-0.5)} C_{s,(i-1)}^k \tag{2-67}$$

$$p_i^{k-1} + \frac{nRTk_2\tau}{r_i h^2 c_p} [r_{(i+0.5)} C_{(i+1)}^k - 2r_i C_i^k + r_{(i-0.5)} C_{(i-1)}^k] =$$
$$-\frac{k_1\tau}{r_i h^2 c_p} r_{(i-0.5)} P_{(i-1)}^k + \left(1 + \frac{2k_1\tau}{h^2 c_p}\right) p_i^k - \frac{k_1\tau}{r_i h^2 c_p} r_{(i-0.5)} P_{(i+1)}^k \tag{2-68}$$

根据边界条件和初始条件可以写出对应的边界节点表达式为

$$\begin{cases} C_{s,1}^k = C_m \\ C_{s,(n+1)}^k = C_0 \\ C_{s,i}^0 = C_0 \end{cases}, \quad \begin{cases} p_{s,1}^k = p_m \\ p_{s,(n+1)}^k = p_0 \\ p_{s,i}^0 = p_0 \end{cases} \tag{2-69}$$

3）孔隙压力传递诱发产生的井周应力

根据 Yu 等（2003）给出的方程，井周压力传递诱发产生的井周应力可写成：

$$\begin{cases} \sigma_r'(t) = \dfrac{\alpha_p(1-2\upsilon)}{1-\upsilon} \dfrac{1}{r^2} \int_{r_w}^{r} (p(r,t)-p_0) r\mathrm{d}r \\[3mm] \sigma_\theta'(t) = \dfrac{\alpha_p(1-2\upsilon)}{1-\upsilon} \left[\dfrac{1}{r^2} \int_{r_w}^{r} (p(r,t)-p_0) r\mathrm{d}r - (p(r,t)-p_0) \right] \\[3mm] \sigma_z'(t) = \dfrac{\alpha_p(1-2\upsilon)}{1-\upsilon} (p(r,t)-p_0) \end{cases} \tag{2-70}$$

4. 井周围岩应力分布

综合考虑地应力、井筒压力、化学作用及有效应力定律，经过线性叠加后，可以得到井周围压所受的有效应力分量为

$$\begin{cases} \sigma_{re}(r,\theta,t) = \sigma_r(r,\theta) + \sigma_r'(r,\theta,t) - \alpha_p p(r,\theta,t) \\ \sigma_{\theta e}(r,\theta,t) = \sigma_\theta(r,\theta) + \sigma_\theta'(r,\theta,t) - \alpha_p p(r,\theta,t) \\ \sigma_{ze}(r,\theta,t) = \sigma_x(r,\theta) + \sigma_z'(r,\theta,t) - \alpha_p p(r,\theta,t) \\ \tau_{r\theta e}(r,\theta,t) = \tau_{\theta z}(r,\theta) \\ \tau_{rze}(r,\theta,t) = \tau_{rz}(r,\theta) \\ \tau_{\theta ze}(r,\theta,t) = \tau_{\theta z}(r,\theta) \end{cases} \tag{2-71}$$

因此，井周围压所受的有效应力张量可表示为

$$\sigma_{ccs}(r,\theta,t) = \begin{bmatrix} \sigma_{re}(r,\theta,t) & \sigma_{r\theta e}(r,\theta,t) & \sigma_{rze}(r,\theta,t) \\ \sigma_{r\theta e}(r,\theta,t) & \sigma_{\theta e}(r,\theta,t) & \sigma_{\theta ze}(r,\theta,t) \\ \sigma_{rze}(r,\theta,t) & \sigma_{\theta ze}(r,\theta,t) & \sigma_{ze}(r,\theta,t) \end{bmatrix} \tag{2-72}$$

2.3.2　井壁稳定性判别模型

1. 页岩强度弱化规律

闫传梁等（2013）研究了页岩浸泡后强度实验，浸泡液体包括水基钻井液和油基钻井液，使用材料非线性拟合方法对实验结果进行拟合，发现页岩强度弱化规律满足 Logistic 模型，其拟合结果如图 2-21 和表 2-9 所示。不难看出，水基钻井液浸泡后页岩的强度弱化效应更加显著，而油基钻井液浸泡后弱化效应相对较弱。

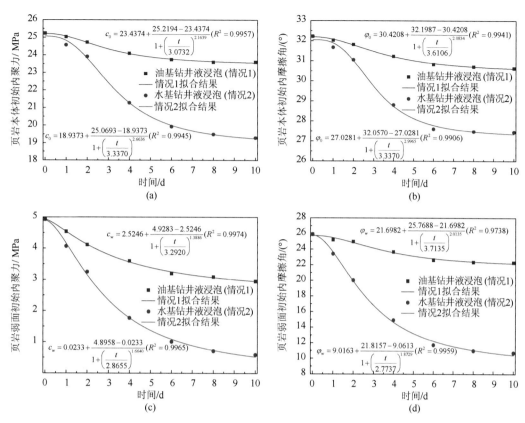

图 2-21 页岩强度弱化演化方程拟合结果

表 2-9 页岩强度弱化演化方程

序号	页岩强度参数演化方程	拟合度（R^2）	浸泡液体
1	$c_0(t) = 23.4374 + \dfrac{1.7820}{1+(t/3.0732)^{2.1639}}$	0.9957	
2	$\varphi_0(t) = 30.4208 + \dfrac{1.7779}{1+(t/3.6106)^{2.0834}}$	0.9941	
3	$c_w(t) = 2.5246 + \dfrac{2.4037}{1+(t/3.2920)^{1.3886}}$	0.9974	油基钻井液（OBM）
4	$\varphi_w(t) = 21.6982 + \dfrac{4.0706}{1+(t/3.7135)^{2.0135}}$	0.9738	
5	$c_0(t) = 18.9373 + \dfrac{6.1320}{1+(t/3.3370)^{2.6636}}$	0.9945	
6	$\varphi_0(t) = 27.0281 + \dfrac{5.0289}{1+(t/3.0872)^{2.9965}}$	0.9906	
7	$c_w(t) = -0.0233 + \dfrac{4.8725}{1+(t/2.8655)^{1.6640}}$	0.9965	水基钻井液（WBM）
8	$\varphi_w(t) = 9.0163 + \dfrac{12.7544}{1+(t/2.7737)^{1.8729}}$	0.9959	

2. 井眼稳定性判别准则

页岩力学特征实验研究表明，在深部地层条件下，页岩的破坏模式主要分为两种：沿弱面剪切滑移和穿过页岩本体发生破坏，因此，需要对应这两种情况分别建立强度准则进行稳定性判别。

1）单组弱面破坏准则

Jaeger 建立了横观各向同性岩石材料的破坏准则，该准则描述了岩石材料沿弱面剪切滑移破坏的临界状态，可表示为

$$\tau_w = c_w + \sigma_{nw} \tan \varphi_w \tag{2-73}$$

由于弱面的产状通常可以通过测井、地质踏勘等方式获得，因此，剪切应力和法向应力的作用面是确定的，为此，可以直接采用式（2-73）进行求解，从而根据井周围压有效应力分布模型可得弱面上作用的剪切应力和法向应力为

$$\begin{cases} \sigma_{nw} = \sigma_{xx}^w \\ \tau_w = \sqrt{(\tau_{xy}^w)^2 + (\tau_{xz}^w)^2} \end{cases} \tag{2-74}$$

其中，

$$\boldsymbol{\sigma}_{\text{ccs-wcs}} = \begin{bmatrix} \sigma_{xx}^w & \tau_{xy}^w & \tau_{xz}^w \\ \tau_{xy}^w & \sigma_{yy}^w & \tau_{yz}^w \\ \tau_{xz}^w & \tau_{yz}^w & \sigma_{zz}^w \end{bmatrix} = \mathbf{WB}^T\mathbf{C}^T\boldsymbol{\sigma}_{\text{ccs}}(r,\theta,t)\mathbf{CBW}^T \tag{2-75}$$

式中，τ_w 为作用在弱面上的剪切应力，MPa；σ_{nw} 为作用在弱面上的法向应力，MPa；c_w 为弱面内聚力，MPa；φ_w 为弱面内摩擦角，（°）。

考虑到钻井液与页岩地层接触后产生的页岩强度弱化效应，强度准则可改写为

$$\tau_w = c_w(t) + \sigma_{nw} \tan \varphi_w(t) \tag{2-76}$$

2）页岩本体破坏准则

井壁稳定性研究中最常用的强度准则为 Mohr-Coulomb 准则，对于页岩本体破坏我们也采用 Mohr-Coulomb 准则，该准则可以表示为

$$\tau_0 = c_0 + \sigma_{n0} \tan \varphi_0 \tag{2-77}$$

式中，τ_0 为剪切应力，MPa；σ_{n0} 为法向应力，MPa；c_0 为内聚力，MPa；φ_0 为内摩擦角，（°）。

考虑到钻井液与页岩地层接触后产生的页岩强度弱化效应，强度准则可改写为

$$\tau_0 = c_0(t) + \sigma_{n0} \tan \varphi_0(t) \tag{2-78}$$

实际应用时由于很难确定剪切应力的作用面，为此，通常将上式表示成最大、最小主应力的形式：

$$\sigma_1 = \frac{2c_0(t)\cos \varphi_0(t)}{1 - \sin \varphi_0(t)} + \frac{1 + \sin \varphi_0(t)}{1 - \sin \varphi_0(t)} \sigma_3 \tag{2-79}$$

而根据井周围压有效应力分布模型，可得最大、最小主应力分别为

$$\begin{cases} \sigma_1 = \dfrac{2}{\sqrt{3}}\sqrt{J_2}\cos\left(\varpi - \dfrac{\pi}{3}\right) + \dfrac{1}{3}I_1 \\ \sigma_3 = \dfrac{2}{\sqrt{3}}\sqrt{J_2}\cos\varpi + \dfrac{1}{3}I_1 \end{cases} \tag{2-80}$$

其中，

$$\varpi = \frac{1}{3}\cos^{-1}\left(-\frac{3\sqrt{3}}{2}\frac{J_3}{J_2\sqrt{J_3}}\right) \tag{2-81}$$

式中，σ_1 为最大主应力，MPa；σ_3 为最小主应力，MPa；I_1 为应力张量第一不变量；J_2 为应力偏量第二不变量；J_3 为应力偏量第三不变量。

2.3.3　实例分析

1. 基础参数（表 2-10）

表 2-10　基础参数

序号	参数/单位	数值
1	测深（MD）/m	2420
2	垂深（TVD）/m	1610
3	井眼尺寸/m	0.216
4	最大水平地应力/MPa	85.43
5	最大水平地应力方位/（°）	N109°W
6	最小水平地应力/MPa	45.98
7	垂向地应力/MPa	62.44
8	初始孔隙压力/MPa	26.65
9	钻井液密度/（g/m³）	1.80
10	孔隙流体溶质浓度/（mol/L）	1.00
11	水基钻井液溶质浓度/（mol/L）	0.75
12	油基钻井液溶质浓度/（mol/L）	1.25
13	溶质扩散系数/（m²/s）	4.9E～10
14	水力扩散系数/[m²/（Pa·s）]	8.41E～18
15	膜效率系数/[m²/（Pa·s）]	−4.97E～17
16	孔隙流体压缩系数/MPa⁻¹	1.45E～4
17	地层温度/K	323.15
18	孔隙度/%	5.00
19	泊松比	0.22
20	Biot 有效应力系数	0.80
21	页岩本体初始内聚力/MPa	25.24

序号	参数/单位	数值
22	页岩本体初始内摩擦角/(°)	32.23
23	页岩弱面初始内聚力/MPa	4.93
24	页岩弱面初始内摩擦角/(°)	25.92
25	弱面倾角/(°)	7.00
26	弱面倾向/(°)	N132°E
27	井斜角/(°)	0～100
28	井斜方位/(°)	0～360
29	时间/h	0～720

2. 井周孔隙压力分布特征

1）水基钻井液条件下孔隙压力分布特征

图 2-22 展示了水基钻井液条件下的孔隙压力剖面分布特征，不难看出：由于地层中

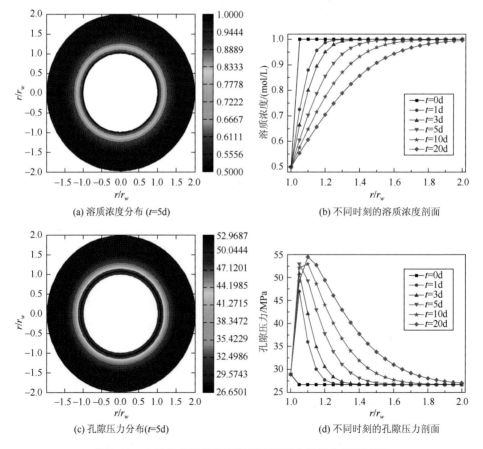

(a) 溶质浓度分布 (t=5d)　　　　　　(b) 不同时刻的溶质浓度剖面

(c) 孔隙压力分布(t=5d)　　　　　　(d) 不同时刻的孔隙压力剖面

图 2-22　水基钻井液条件下溶质浓度和孔隙压力剖面特征

溶质浓度高于钻井液中溶质浓度，导致溶质向井筒内传输，即溶质浓度逐渐降低，并逐步向地层深部传播；近井壁地层中孔隙压力迅速增加，随着时间的增加，地层孔隙压力最高值出现的位置逐步向地层深部扩散；根据半透膜理论，溶质在向井筒流动的过程中，导致井筒内的自由水向地层中传输，而页岩地层致密，进入的自由水不能迅速扩散，进而导致孔隙压力大幅增加，同时还受水力压差的作用。但是，根据计算结果可以看出，水力压差的贡献明显低于溶质浓度势差的贡献，即井周地层孔隙压力增加主要由浓度势差引起。

　　2）油基钻井液条件下孔隙压力分布特征

　　图 2-23 展示了油基钻井液条件下的孔隙压力剖面分布特征，不难看出：由于地层中溶质浓度低于钻井液中溶质浓度，导致溶质向地层内传输，即溶质浓度逐渐增加，并逐步向地层深部传播；近井壁地层中孔隙压力迅速降低，随着时间的增加，地层孔隙压力最低值出现的位置逐步向地层深部扩散；根据半透膜理论，溶质向地层传输的过程中，导致地层内的自由水向井筒传输，进而导致孔隙压力大幅降低，同时还受水力压差的作用。但是，根据计算结果可以看出，水力压差的贡献明显低于溶质浓度势差的贡献，即井周地层孔隙压力降低主要由浓度势差引起。

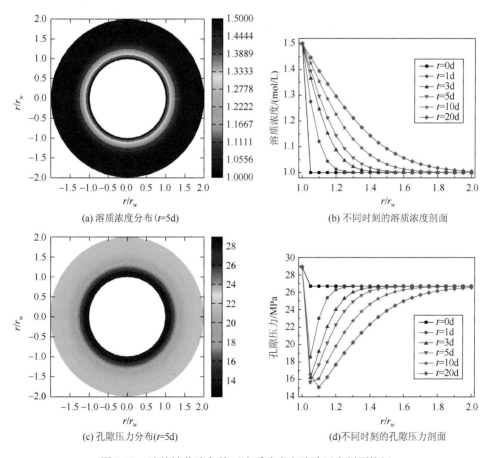

(a) 溶质浓度分布(t=5d)　　　　　　(b) 不同时刻的溶质浓度剖面

(c) 孔隙压力分布(t=5d)　　　　　　(d) 不同时刻的孔隙压力剖面

图 2-23　油基钻井液条件下溶质浓度和孔隙压力剖面特征

3. 井周地层失稳区域预测

为了研究水平井钻进方位对井壁稳定性的影响，模拟了水平井井周地层失稳区域的分布特征及其随时间的演化规律，分析结果如图 2-24～图 2-27 所示（图中右侧为井壁失稳指数，其数值越高，则越容易失稳）。通过分析不难发现：

（1）在层理等弱面影响下，水平井井周地层更加容易沿弱面剪切滑移破坏，加剧了页岩水平井井周地层失稳的风险，井周区域扩大显著，而且失稳区域的形状并不是传统的"狗耳朵"形状，失稳后的井眼形状类似于长方形。这与 Okland 和 Cook（1998）的实验结果、Lee 等（2012）的计算结果基本吻合。Okland 和 Cook 采用与井下岩样性质相似的露头开展厚壁圆筒测试，发现层理与厚壁圆筒轴向夹角对井眼稳定影响较大：当厚壁圆筒轴向垂直于层理时井眼相对稳定；当厚壁圆筒轴向平行于层理时井眼十分不稳定，此时将形成比"狗耳朵"形状更大、更复杂的崩落区域，该崩落区域呈轴对称分布，垮塌后的井眼形状类似于方形。造成这种现象的原因：①井周地层沿层理等弱面剪切滑动；②钻井液侵入导致流体渗入及压力增加，从而造成垮塌；③存在多个层面造成碎裂而崩落，如层理面、节理和裂缝等；④破碎性地层井眼高边在重力作用下的垮塌。此外，根据应力状态分析，实际上井周地层的失稳区呈现出两对对称分布的区域，这两对区域分别受控于原地应力状态和弱面，即其中一对失稳区域由原地应力状态引起，而另一对由弱面破坏引起。

（2）井周失稳区域逐渐扩大，失稳区域增长幅度最大的是在前 5d，此外，页岩强度演化规律、CT 扫描实验得出的结论均表明页岩在前 5d 强度降低幅度最大，此后逐渐趋于平衡，说明强度弱化对井壁失稳的影响十分显著。

（3）井周孔隙压力传递也是影响井壁稳定的主要原因，孔隙压力对井壁稳定的影响原理如图 2-28 所示。当孔隙压力增加时，对于页岩本体而言导致 Mohr 应力圆向左移动，这样就更加容易使得 Mohr 应力圆超出强度包络线而发生本体剪切破坏而失稳；对于页岩弱面而言导致 Mohr 应力圆向左移动，这样就更加容易使得 Mohr 应力圆中更多角度暴露在强度包络线之上，即更加容易发生弱面剪切滑移破坏而失稳。当孔隙压力降低时，则会发生与上述过程相反的作用，此时，有利于井壁稳定。

（4）在油基和水基钻井液条件下井周失稳区域均逐渐扩大，其中水基钻井液条件下的失稳区域比油基钻井液条件下高很多，这主要是由于水基钻井液钻进过程中井周孔隙压力增加、页岩强度大幅度弱化所致，而油基钻井液钻进过程中孔隙压力却降低，页岩强度弱化幅度也更低。因此，油基钻井液比水基钻井液钻进页岩水平井效果更好，井壁稳定性更好。

（5）随着时间的增加，我们不难看出，井壁失稳不仅仅发生在井壁上，还可以发生在地层中，这一分析结果与 Yu 等得出的典型结果一致，而出现这一问题的主要原因在于井周压力传递，当井周压力升高使得地层内部的抗剪能力比井壁抗剪能力更低时，随即可能导致地层内的页岩发生本体剪切破坏和弱面剪切滑移破坏，从而诱发井壁失稳事故，这也是出现周期性坍塌的主要诱因之一。

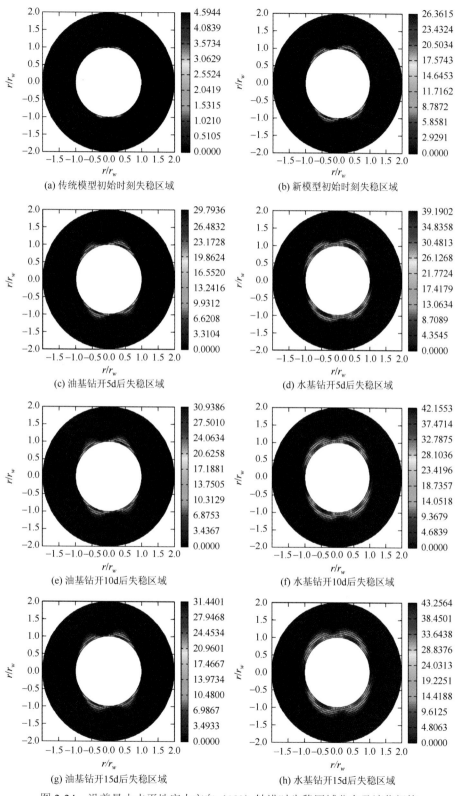

(a) 传统模型初始时刻失稳区域

(b) 新模型初始时刻失稳区域

(c) 油基钻开5d后失稳区域

(d) 水基钻开5d后失稳区域

(e) 油基钻开10d后失稳区域

(f) 水基钻开10d后失稳区域

(g) 油基钻开15d后失稳区域

(h) 水基钻开15d后失稳区域

图 2-24　沿着最小水平地应力方向（19°）钻进时失稳区域分布及演化规律

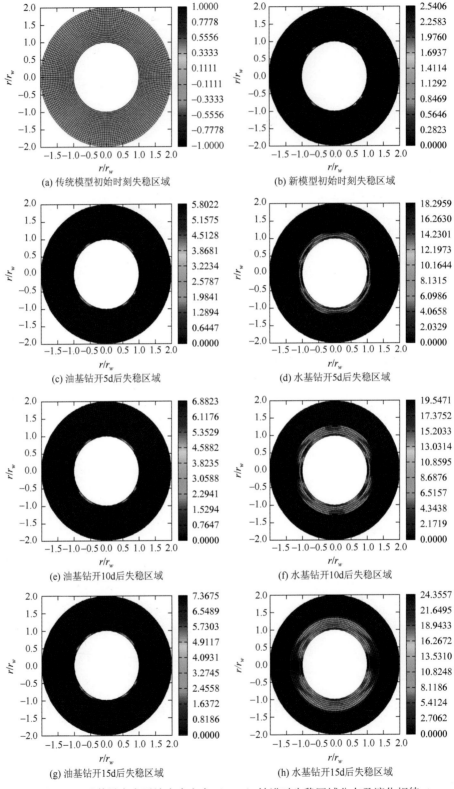

图 2-25 沿着最大水平地应力方向（109°）钻进时失稳区域分布及演化规律

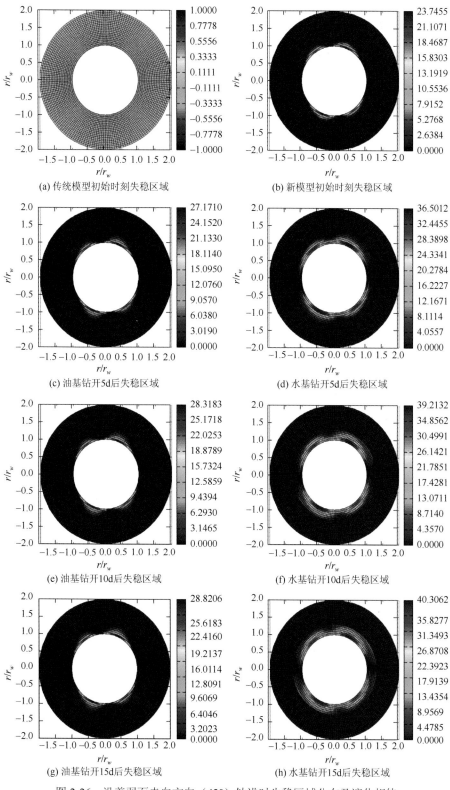

图 2-26　沿着弱面走向方向（42°）钻进时失稳区域分布及演化规律

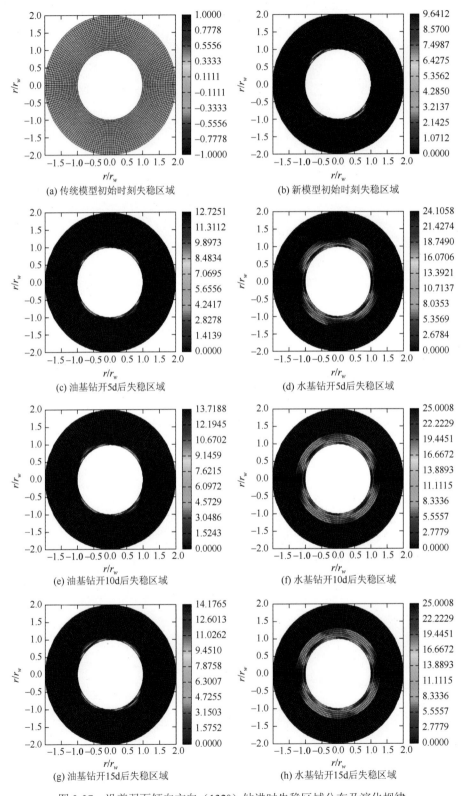

图 2-27　沿着弱面倾向方向（132°）钻进时失稳区域分布及演化规律

（6）井壁失稳的主要原因仍然是原地应力、孔隙压力传递、强度各向异性、强度弱化效应等，其中原地应力仍然控制着最优的钻进方位，根据计算结果不难看出，沿着最大水平地应力方向的稳定性最好，而沿着最小水平地应力方向的稳定性最差。

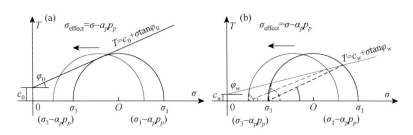

图 2-28　孔隙压力变化对井壁稳定影响的作用原理

4. 实际水平井井眼的临界坍塌密度及失稳区域

川南长宁—威远国家级页岩气示范区某井页岩气储层为志留系龙马溪组，该井基础地质力学参数和地层强度参数见表 2-10，该井实际钻进方位为 25°。为此，分析了该井的临界坍塌密度、失稳区域分布特征及其演化规律（图 2-29～图 2-31），该井实际情况如图 2-32 所示。理论与实钻对比分析表明：

（1）随着时间由 0d 增加至 5d、10d，在水基钻井液条件下临界坍塌压力迅速增加，其中，钻开地层 5d 的增幅为 0.19～0.26g/cm³，钻开地层 10d 的增幅为 0.31～0.43g/cm³。而随着时间由 0d 增加至 5d、10d，在油基钻井液条件下临界坍塌压力缓慢增加，其中，钻开地层 5d 的增幅为 0.03～0.04g/cm³，钻开地层 10d 的增幅为 0.04～0.05g/cm³。总体来看前 5d 坍塌压力的增幅最大。

（2）对于 X201-H1 井在水基钻井液钻进条件下，采用常规模型计算得到的初始坍塌压力为 1.72g/cm³，为了防止井眼周围地层沿层理等弱面剪切破坏而发生井眼失稳，当 $t=0$d 时所需最低钻井液密度约为 2.00g/cm³，当 $t=5$d 时所需最低钻井液密度约为 2.21g/cm³，当 $t=10$d 时所需最低钻井液密度约为 2.32g/cm³，整体来看坍塌密度增长较快。在油基钻井液钻进条件下，采用常规模型计算得到的初始坍塌压力为 1.72g/cm³，为了防止井眼周围地层沿层理等弱面剪切破坏而发生井眼失稳，当 $t=0$d 时所需最低钻井液密度约为 2.00g/cm³，当 $t=5$d 时所需最低钻井液密度约为 2.03g/cm³，当 $t=10$d 时所需最低钻井液密度约为 2.05g/cm³，整体来看坍塌密度增长缓慢。

（3）当沿着 X201-H1 井实际钻进方位（25°）钻进水平井时，采用新模型计算得到的失稳区域为 4 个（2 对），而常规模型计算结果仅为一对对称分布的"狗耳朵"形状，说明强度各向异性对井壁稳定的影响显著。随着时间的推移，失稳区域逐渐扩大，在钻开地层的初期失稳区域扩大率最高，尤其是钻开地层前 5d。相同时刻，水基钻井液失稳区域比油基更大。同时，井壁失稳区域不仅发生在井壁表面，同时还会发生在地层中。

（4）X201-H1 井在油基钻井液条件下防止本体剪切破坏的最低密度为 1.72g/cm³，新模型计算的最低坍塌密度为 2.05g/cm³，实际采用密度为 1.32～1.89g/cm³ 的油基钻井液钻进至 1500～2720m 时，实际的钻井液密度低于临界坍塌密度，导致大量的井壁失稳事故发生，如井壁崩落、卡钻、划眼等。当采用高密度稠浆（2.19～2.32g/cm³）反复循环洗井时，返出岩屑 15～18m³，其最大尺寸约 10cm。说明新模型分析结果与实际情况吻合较好，新模型得到了较好的检验。

（5）需要采用合理钻井液密度（应力支撑）、合理钻井液体系（低活度，化学抑制）、必要的强化封堵措施（加入超细碳酸钙、石墨、纤维、沥青等封堵剂，物理封堵）等钻井液技术措施综合处理，方可确保页岩井眼稳定。

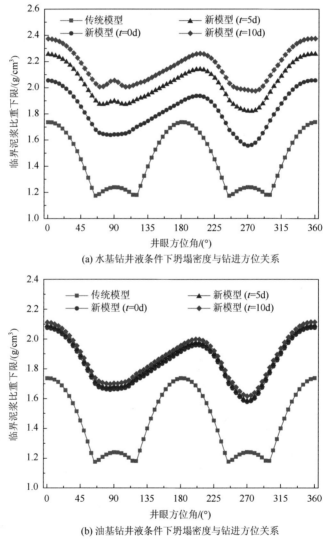

(a) 水基钻井液条件下坍塌密度与钻进方位关系

(b) 油基钻井液条件下坍塌密度与钻进方位关系

图 2-29　坍塌密度与钻进方位的关系及其演化规律

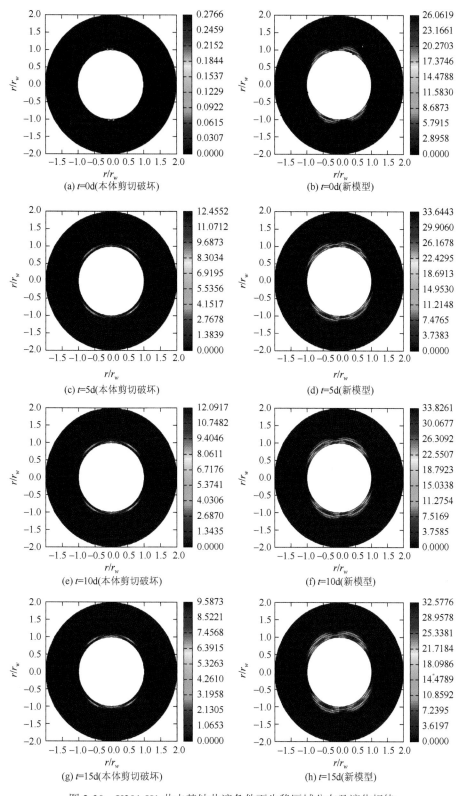

图 2-30　X201-H1 井水基钻井液条件下失稳区域分布及演化规律

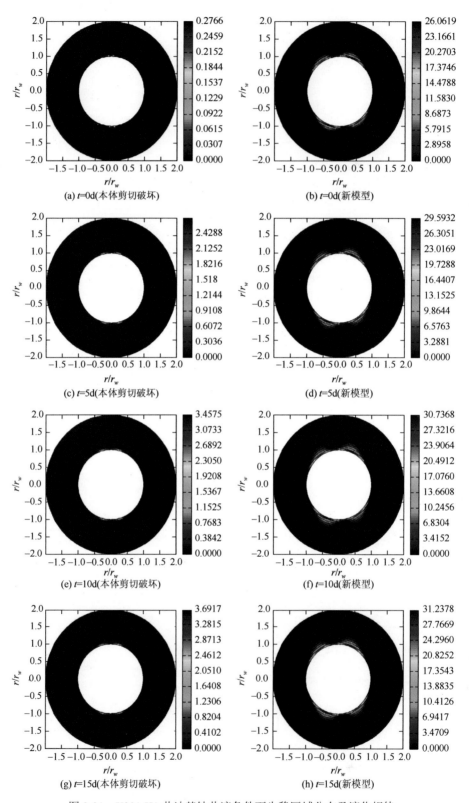

图 2-31 X201-H1 井油基钻井液条件下失稳区域分布及演化规律

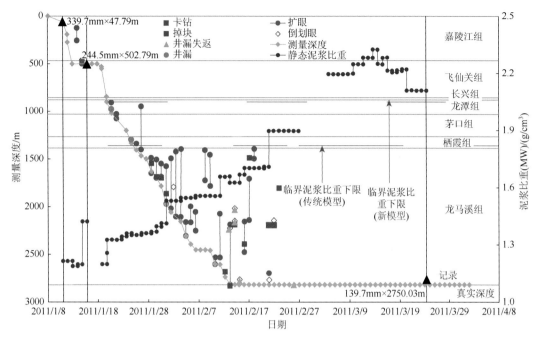

图 2-32　X201-H1 井井壁稳定性分析结果

参 考 文 献

单钰铭, 刘维国. 2000. 地层条件下岩石动静力学参数的实验研究[J]. 成都理工学院学报, 27（3）：249-254.

郭春华, 马玉芬. 2004. 塔河油田盐下区块盐膏层钻井液技术[J]. 钻井液与完井液, 21（6）：19-22.

韩建增, 李中华, 练章华. 2004. 盐岩层井眼缩径粘弹性分析[J]. 岩石力学与工程学报, 23（14）：2370-2373.

黄贺雄. 1993. 对国内外几种预测地层破裂压力模型的认识[J]. 国外测井技术, 8（3）：11-14.

金衍, 陈勉. 2000. 盐岩地层井眼缩径控制技术新方法研究[J]. 岩石力学与工程学报, 19（s1）：1111-1114.

林元华, 曾德智, 施太和, 等. 2005. 岩盐层蠕变规律的反演方法研究[J]. 石油学报, 26（5）：111-114.

刘长新, 郭清宾, 赵元良, 等. 2006. 测井新技术对井眼稳定性的评价研究[J]. 测井技术, 30（2）：168-172.

刘鸿燕. 2011. 盐膏层钻井液的作用机理及性能研究[D]. 武汉：中国地质大学.

刘绘新, 张鹏, 盖峰. 2002. 四川地区盐岩蠕变规律研究[J]. 岩石力学与工程学报, 21（9）：1290-1294.

刘景武. 2005. 硬地层中用多极子阵列声波资料计算力学参数及识别裂缝[J]. 测井技术, 29（2）：137-140.

唐晓明, 郑传汉. 2004. 定量测井声学[M]. 北京：石油工业出版社.

吴应凯, 石晓兵, 陈平, 等. 2004. 深部盐膏层安全钻井技术的现状及发展方向研究[J]. 天然气工业, 24（2）：67-69.

夏宏泉, 游晓波, 凌忠, 等. 2005. 基于有效应力法的碳酸盐岩地层孔隙压力的测井计算[J]. 钻采工艺, 28（3）：28-30.

闫传梁, 邓金根, 蔚宝华, 等. 2013. 页岩气储层井壁坍塌压力研究[J]. 岩石力学与工程学报, 32（8）：1595-1602.

曾德智. 2005. 流变地层套管挤毁失效机理研究[D]. 成都：西南石油大学.

曾义金, 王文立, 石秉忠. 2005. 深层盐膏岩蠕变特性研究及其在钻井中的应用[J]. 石油钻探技术, 33（5）：48-51.

曾义金. 2004. 深部盐膏层蠕变关系研究[J]. 石油钻探技术, 32（3）：5-7.

张景和, 刘翔鄂, 刘勇谦. 1987. 利用岩石声发射 Kaiser 效应测地应力的新方法[J]. 岩石力学与工程学报, 6（4）：347-356.

章成广, 李维彦, 樊小意, 等. 2004. 用全波列测井资料预测地层破裂压力的应用研究[J]. 工程地球物理学报, 1（2）：120-124.

赵军, 秦伟强, 张莉, 等. 2005. 偶极横波各向异性特征及其在地应力评价中的应用[J]. 石油学报, 26（4）：54-57.

Bradley W B. 1979. Failure of Inclined Boreholes[J]. Journal of Energy Resources Technology, 101（4）：232-239.

Djurhuus J，Aadnoy B S. 2003. In situ stress state from inversion of fracturing data from oil wells and borehole image logs[J]. Journal of Petroleum Science & Engineering，38（3）：121-130.

Eaton B A. 1968. Fracture gradient prediction techniques and their application in drilling，stimulation，and secondary recovery operations[R]. Continental Oil Co.

Lee H，Ong S H，Azeemuddin M，et al. 2012. A wellbore stability model for formations with anisotropic rock strengths[J]. Journal of Petroleum Science & Engineering，96（19）：109-119.

Mody F K，Hale A H. 1993. Borehole-Stability Model To Couple the Mechanics and Chemistry of Drilling-Fluid/Shale Interactions[J]. Journal of Petroleum Technology，45（11）：1093-1101.

Okland D，Cook J M. 1998. Bedding-related borehole instability in high-angle wells[C]//SPE/ISRM rock mechanics in petroleum engineering. Society of Petroleum Engineers.

Yu M，Chenevert M E，Sharma M M. 2003. Chemical-mechanical wellbore instability model for shales：accounting for solute diffusion[J]. Journal of Petroleum Science & Engineering，38（3）：131-143.

第3章 特殊结构井钻井技术

特殊结构井是指常规直井之外的井，主要包括侧钻井、水平井、大位移井、分支井等类型。在提高采收率、减少布井数量、减小环保压力、节约开发投资等方面，特殊结构井具有直井无法比拟的优势。近20年来，特殊结构井钻井技术在世界范围内得到了迅猛发展和广泛应用（周英杰，2008）。

3.1 特殊结构井钻井工程优化设计

3.1.1 特殊结构井井眼轨迹设计

井眼轨迹设计是指在已知井口坐标参数、井身剖面参数（井深、井斜、方位、北坐标、东坐标、垂深）和靶点参数（井深、井斜、方位、北坐标、东坐标、垂深）的情况下，设计出从井口到靶点合理的轨道剖面，保证设计出的剖面既能满足地质目标的要求，又能满足施工工艺技术的要求（韩志勇，2007）。对于普通的水平井井眼轨迹设计，井眼轨迹通常都是在一个二维的铅垂平面内，设计方法较为简单，但对于侧钻水平井、分支井、"井工厂"作业的丛式水平井组，由于起点和靶点不在同一铅垂面内，常常需要进行扭方位作业，现有的二维平面轨迹设计的方法已不能满足侧钻井、分支井、"井工厂"开发的页岩气丛式水平井等特殊要求水平井轨迹设计的需要，有必要研究满足靶区三维空间位置和方向约束的三维剖面设计方法。

1. 三维轨迹设计理论模型

国内外许多学者针对三维井眼轨迹设计做了大量的研究，建立了不同的轨迹设计算数学模型。刘根梅和卢发掌（1990）研究了两种三维轨迹设计方法：水平投影法和空间斜平面法；Guo 等（1992）讨论了三种三维轨迹设计方法：常曲率法、曲率半径法和常变方位率法。孙国华（1992）和李枝林（2004）分别提出了不同的三维绕障多目标的井眼轨迹设计方法。目前水平井轨迹控制多采用导向钻具组合在滑动钻进方式下进行作业，由于螺杆钻具造斜率较高且造斜率比较稳定（王宗成和尹昕，2005），实际井眼轨道的形态与空间圆弧法设计的轨迹类似，因此，三维水平井常采用空间斜平面方向法进行设计，井斜和方位变化井段的轨迹是空间斜平面内的一段圆弧，其井眼曲率为常数。

在建立空间斜平面圆弧模型之前，首先要建立空间斜平面坐标系，即一个整体坐标系 $O-XYZ$，一个局部坐标系 $A-\xi\eta\zeta$，另一个局部坐标系 $C-\xi\eta\zeta$，图 3-1 即为建立的空间坐标系示意图。

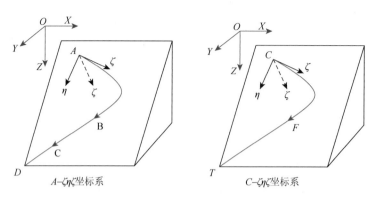

图 3-1　局部坐标系示意图

在坐标系中，整体坐标系 $O-XYZ$ 以井口（或侧钻点）为原点 O，X 为北坐标，Y 为东坐标，Z 为垂深；局部坐标系 $A-\xi\eta\zeta$ 是以起始造斜点 A 为原点来建的右手法则直角坐标系，其中，井眼切线方向为 ξ 轴的方向，η 轴与 ξ 轴垂直，ζ 轴垂直于斜平面。局部斜平面坐标系 $C-\xi\eta\zeta$ 与 $A-\xi\eta\zeta$ 局部坐标系基本相同，不同之处在于 $C-\xi\eta\zeta$ 坐标系的原点为 C 点。

在局部坐标系 $A-\xi\eta\zeta$ 中，假设 ξ 坐标轴上的单位坐标矢量为 $\vec{a}$，η 坐标轴上的单位坐标矢量为 $\vec{b}$，ζ 坐标轴上的单位坐标矢量为 $\vec{c}$。由空间解析几何关系可知，矢量 $\vec{a}$ 可由式（3-1）来确定。

$$\begin{cases} a_X = \sin\alpha_A \cos\varphi_A \\ a_Y = \sin\alpha_A \sin\varphi_A \\ a_Z = \cos\alpha_A \end{cases} \tag{3-1}$$

A 点到 D 点的单位矢量 $\vec{d}$ 可以由式（3-2）表示：

$$\begin{cases} d_X = (X_D - X_A)/d \\ d_Y = (Y_D - Y_A)/d \\ d_Z = (Z_D - Z_A)/d \end{cases} \tag{3-2}$$

$$d = \sqrt{(X_D - X_A)^2 + (Y_D - Y_A)^2 + (Z_D - Z_A)^2} \tag{3-3}$$

同时垂直于空间斜平面内 $\vec{a}$ 矢量和 $\vec{d}$ 矢量的法向矢量 $\vec{c}$ 即为空间斜平面的法向矢量，因为 $\vec{c} = \vec{a} \times \vec{d}$，所以可知 $\vec{c}$ 的方向余弦为

$$\begin{cases} c_X = (a_Y d_Z - d_Y a_Z)/c \\ c_Y = (a_Z d_X - d_Z a_X)/c \\ c_Z = (a_X d_Y - d_X a_Y)/c \end{cases} \tag{3-4}$$

$$c = \sqrt{(a_Y d_Z - d_Y a_Z)^2 + (a_Z d_X - d_Z a_X)^2 + (a_X d_Y - d_X a_Y)^2} \tag{3-5}$$

又因为 $\vec{a}$、$\vec{c}$ 均为单位矢量，同时垂直 $\vec{a}$、$\vec{c}$ 的单位矢量 $\vec{b} = \vec{c} \times \vec{a}$，所以 $\vec{b}$ 的方向余弦为

$$\begin{cases} b_X = (c_Y a_Z - a_Y c_Z) \\ b_Y = (a_X c_Z - a_Z c_X) \\ b_Z = (c_X a_Y - a_X c_Y) \end{cases} \tag{3-6}$$

因此，由式（3-6）可以得到任意一点 P 从整体坐标系 $O-XYZ$ 到局部坐标系 $A-\xi\eta\zeta$ 的坐标转换公式：

$$\begin{bmatrix} \xi_P \\ \eta_P \\ \zeta_P \end{bmatrix} = \begin{bmatrix} a_X & a_Y & a_Z \\ b_X & b_Y & b_Z \\ c_X & c_Y & c_Z \end{bmatrix} \begin{bmatrix} X_P - X_A \\ Y_P - Y_A \\ Z_P - Z_A \end{bmatrix} \tag{3-7}$$

同样，可由式（3-7）反推得到任意一点 P 从局部坐标系 $A-\xi\eta\zeta$ 到整体坐标系 $O-XYZ$ 的坐标转换公式：

$$\begin{bmatrix} X_P - X_A \\ Y_P - Y_A \\ Z_P - Z_A \end{bmatrix} = \begin{bmatrix} a_X & a_Y & a_Z \\ b_X & b_Y & b_Z \\ c_X & c_Y & c_Z \end{bmatrix}^{-1} \begin{bmatrix} \xi_P \\ \eta_P \\ \zeta_P \end{bmatrix} \tag{3-8}$$

建立空间坐标 $O-XYZ$，空间斜平面圆弧轨迹设计数学模型如图 3-2 所示。

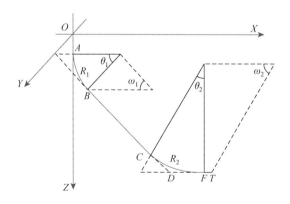

图 3-2　空间斜平面圆弧轨迹设计数学模型示意图

在模型中，已知终点的坐标 (X_T, Y_T, Z_T)、井斜角 α_T、方位角 ϕ_T，以及最后稳斜段长度 Δl_t，可以根据井眼轨迹设计的方向，过 T 点作井眼轨迹的切线，在井眼方向的反向延长线上，为确定 D 点的位置，可以取长度值 μ_0，所以 D 点的坐标可以表示为

$$\begin{cases} X_D = X_T - (\Delta l_t + \mu_0)\sin\alpha_T\cos\phi_T \\ Y_D = Y_T - (\Delta l_t + \mu_0)\sin\alpha_T\sin\phi_T \\ Z_D = Z_T - (\Delta l_t + \mu_0)\cos\alpha_T \end{cases} \tag{3-9}$$

D 点坐标得到之后，起始点 A 的井眼切线与 D 点构成一个三维空间斜平面，即坐标系 $A-\xi\eta\zeta$ 的 $\xi\eta$ 坐标面（图 3-3）。

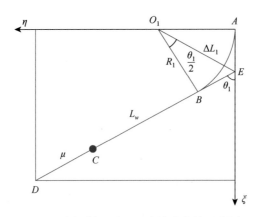

图 3-3　空间斜平面 $A\eta\xi$ 内轨迹曲线示意图

从而由坐标转换可得 D 点在局部空间斜面坐标系 $A-\xi\eta\zeta$ 中的坐标为

$$\begin{bmatrix} \xi_D \\ \eta_D \\ \zeta_D \end{bmatrix} = \begin{bmatrix} a_X & a_Y & a_Z \\ b_X & b_Y & b_Z \\ c_X & c_Y & c_Z \end{bmatrix} \begin{bmatrix} X_D - X_A \\ Y_D - Y_A \\ Z_D - Z_A \end{bmatrix} \tag{3-10}$$

由图 3-3 中所示解析几何关系可以推出：

$$\xi_D = R_1 \tan\frac{\theta_1}{2} + \eta_D / \tan\theta_1 \tag{3-11}$$

由式（3-11）可以求得

$$\tan\frac{\theta_1}{2} = \begin{cases} \dfrac{\xi_D - \sqrt{\xi_D{}^2 + \eta_D{}^2 - 2R_1\eta_D}}{2R_1 - \eta_D}, \text{当} \eta_D \neq 2R_1 \\[3mm] \dfrac{\eta_D}{2\xi_D}, \text{当} \eta_D = 2R_1 \end{cases} \tag{3-12}$$

式中，当 $\xi_D{}^2 + \eta_D{}^2 - 2R_1\eta_D \geqslant 0$ 时才能成立；当 $\xi_D{}^2 + \eta_D{}^2 - 2R_1\eta_D < 0$ 时，说明此井身剖面不存在。

由式（3-12）计算出 θ_1 之后，则稳斜段在空间斜面局部坐标系 $A-\xi\eta\zeta$ 下的方向矢量可以表示为

$$\vec{w} = \cos\theta_1 \vec{a} + \sin\theta_1 \vec{b} \tag{3-13}$$

由式（3-1）、式（3-4）可得

$$\vec{a} = \sin\alpha_A \cos\varphi_A \vec{i} + \sin\alpha_A \sin\varphi_A \vec{j} + \cos\alpha_A \vec{k} \tag{3-14}$$

$$\vec{b} = b_X \vec{i} + b_Y \vec{j} + b_Z \vec{k} \tag{3-15}$$

把式（3-14）和式（3-15）带入式（3-13）得到

$$\vec{w} = (\cos\theta_1 a_X + \sin\theta_1 b_X)\vec{i} + (\cos\theta_1 a_Y + \sin\theta_1 b_Y)\vec{j} + (\cos\theta_1 a_Z + \sin\theta_1 b_Z)\vec{k} \tag{3-16}$$

稳斜段的井斜角 α_W 和方位角 ϕ_W 可由式（3-17）和式（3-18）确定：

$$\cos\alpha_W = \cos\theta_1 a_Z + \sin\theta_1 b_Z \tag{3-17}$$

$$\tan\phi_W = \frac{a_Y + b_Y \tan\theta_1}{a_X + b_X \tan\theta_1} \tag{3-18}$$

因为 C 点在稳斜井段，所以 C 点的井斜及方位分别为 α_W 和 ϕ_W。

建立第二局部空间斜平面坐标系 $C-\xi\eta\zeta$，第二斜平面内的轨迹曲线如图 3-4 所示。

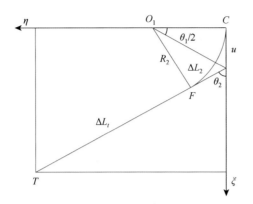

图 3-4　第二空间斜平面 $C\eta\xi$ 内轨迹曲线示意图

由最小曲率法中狗腿角的计算公式以及几何关系可以得到

$$\cos\theta_2 = \cos\alpha_w \cos\alpha_T + \sin\alpha_w \sin\alpha_T \cos(\varphi_T - \varphi_w) \tag{3-19}$$

由式（3-19）计算得到 θ_2 后，即可根据图 3-4 中所示几何关系计算得到第二圆弧切线段长度：

$$u = R_2 \tan\frac{\theta_2}{2} \tag{3-20}$$

由于上述计算过程中 D 点的位置由 u_0 确定，因此过程中需要迭代求解。首先要给定一个计算精度 ε，如果 $|u-u_0|<\varepsilon$，那么迭代计算停止，如果 $|u-u_0|\geqslant\varepsilon$，则继续令 $u_0=u$，重复计算。

迭代计算完成即可确定第二圆弧的切线长，可根据图 3-3 中所示几何关系求得第一圆弧段长度 ΔL_1 及稳斜段长度 L_w。

$$\Delta L_1 = \theta_1 R_1 \tag{3-21}$$

$$L_w = \sqrt{\xi_D^2 + \eta_D^2 - 2R_1\eta_D} - u \tag{3-22}$$

再根据图 3-4 中所示几何关系可以计算得到第二圆弧段长度 ΔL_2。

$$\Delta L_2 = \theta_2 R_2 \tag{3-23}$$

至此，整个三维井眼轨迹设计的主要参数就已经确定了。

2. 设计实例

JM 致密油田，JM001 井靶点垂深 2559.5m，海拔 612.45m，入靶点北坐标–377.71m，东坐标–532.75m，垂深 3171.45m；靶点 B 北坐标–1085.74m，东坐标–1623.02m，垂深 3225.53m。该井的井身剖面采用"直-增-稳-扭-增-水平"轨迹剖面进行设计，由于水平段长，绕障距离大，为了保证后期完井管柱顺利下入，设计井眼曲率小于 7°/30m。JM001 井轨迹设计分段剖面数据见表 3-1。

表 3-1　　JM001 井井眼轨迹剖面数据表

井深/m	井斜角/ (°)	方位角/ (°)	垂深/m	北坐标/m	东坐标/m	井眼曲率/ (°/30m)	备注
2790.00	0.00	0.00	2790.00	27.05	−377.62	0	造斜点
3093.76	55.92	180.28	3047.78	−109.79	−378.28	5.5	增斜段
3113.28	55.92	180.28	3058.71	−125.96	−378.36	0	稳斜段
3444.85	86.90	237.00	3171.45	−377.71	−532.75	5.5	A 点
4746.13	89.69	237.00	3225.35	−1085.74	−1623.02	0	B 点

JM001 井设计轨迹水平投影图如图 3-5 所示。

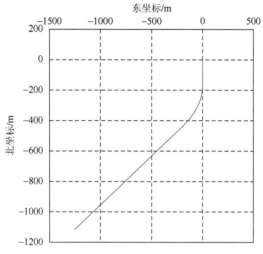

图 3-5　JM001 井设计轨迹水平投影示意图

JM001 井设计轨迹垂直投影图如图 3-6 所示。

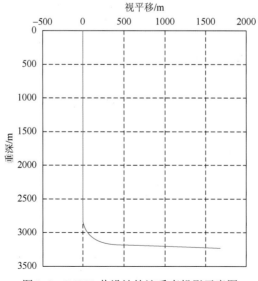

图 3-6　JM001 井设计轨迹垂直投影示意图

3.1.2　特殊结构井钻柱优化设计

钻柱设计是否合理是水平井钻井能否成功的关键技术之一（夏忠跃等，2008）。对于垂深较浅的大位移井，由于其水平位移大、井斜角大、稳斜段长，导致钻井过程中钻柱在井眼中摩阻和扭矩很大，钻柱摩阻扭矩问题突出。对于垂深很深的超深水平井，由于下部井段采用小尺寸钻杆，钻柱下部可能屈曲，钻柱上部应力较大，钻井安全问题比较突出；对于垂深较深且水平位移较大的致密油、致密气、页岩气丛式水平井，钻柱安全和摩阻扭矩问题均较为突出。同时，由于滑动工况下，钻柱摩阻较大，钻柱重量难以传递到钻头，钻头获得的有效钻压降低，导致机械钻速慢。因此，钻柱优化设计的重点是在满足钻柱强度要求的情况下，应尽可能地减小钻柱的摩阻和扭矩。

1. 钻柱三维摩阻扭矩计算模型

摩阻和扭矩是大位移井钻井的两个突出问题，对摩阻扭矩的预测和控制是成功钻成大位移井的关键和难点所在。摩阻扭矩分布于整个钻柱上，其影响主要体现在轴向载荷和扭矩载荷的变化上。国内外学者对摩阻扭矩进行了大量研究，并建立了不同的力学模型，归纳起来可分为软杆和刚杆两大类型：

一类是不考虑管柱刚度影响的软杆模型。Johansick（1984）通过对全井钻柱受力的分析，建立了微单元力学模型，根据单元的力学平衡，推导了钻柱摩阻扭矩计算公式。由于模型中没有考虑钻柱的刚度，一般将这种模型称为软杆模型。Maida 和 Wojatanowicz（1987）又在此基础上，建立了应用于现场的二维和三维的数学模型。

另一类是考虑管柱刚度影响的刚杆模型。何华山（1988）据大变形理论，给出了一个改进的钻柱受力分析模型。其模型考虑了钻柱的刚性对拉力、扭矩的影响，一般称这种模型为刚杆模型。

1）钻柱摩阻扭矩软杆模型

为了建立钻柱摩阻扭矩分析力学模型，对钻柱在井眼中的情况需要作适当的简化：

（1）计算单元段的井眼曲率是常数。

（2）管柱接触井壁的上侧或下侧，其曲率与井眼的曲率相同。

（3）忽略钻柱横截面上的剪切力，不考虑钻柱刚度的影响，但可以承受轴向压力。

（4）计算单元段处在某一空间斜平面上。

在钻井作业中，钻柱与井壁的摩擦力分布于整个钻柱上，其影响主要体现在大钩载荷和扭矩载荷的变化上，为了便于分析，将整个钻柱分为若干杆柱单元段，通过对每段单元杆柱进行受力分析，考虑不同工况下钻头处载荷，从而求得大钩载荷和扭矩载荷。

取任一单元杆柱 L_i，如图 3-7 所示，作用在单元杆柱上的力有：$\vec{F}_i$，$\vec{F}_{i-1}$：单元杆柱上下端的拉力，N；$\vec{N}_g$，$\vec{N}$：单元杆柱在钻井液中的重力分布和正压力分布，N/m；$\vec{f}_\mu$：单元杆柱上摩擦力分布，N/m。

根据基本假设，L_i 位于空间斜平面 R_i 上，为了便于分析，分别以集中力代替分布力，并以单元杆柱的中点为原点建立笛卡儿坐标系——xyz 坐标系（图 3-8），x 轴为切线方向，xy 平面与 R_i 平面重合，z 轴与 R_i 平面垂直向下。在 xyz 坐标系中，根据力平衡原理有如下方程：

$$(\vec{F}_i)_x - (\vec{F}_{i-1})_x - (\vec{N}_g)_x - (\vec{f}_\mu)_x = 0 \tag{3-24}$$

$$(\vec{F}_i)_y + (\vec{F}_{i-1})_y - (\vec{N}_g)_y + (\vec{N})_y = 0 \tag{3-25}$$

$$(\vec{N}_g)_z - (\vec{N})_z = 0 \tag{3-26}$$

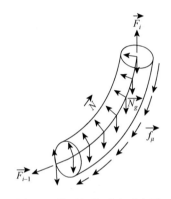

图 3-7　单元杆柱受力示意图

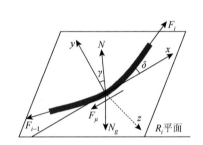

图 3-8　单元杆柱笛卡尔坐标系

在大地坐标系中，向量 $\vec{F}_i$、$\vec{F}_{i-1}$ 可分别表示为

$$\vec{F}_i = (F_i \sin\alpha_i \sin\varphi_i, F_i \sin\alpha_i \cos\varphi_i, -F_i \cos\alpha_i)$$

$$\vec{F}_{i-1} = (F_{i-1} \sin\alpha_{i-1} \sin\varphi_{i-1}, F_{i-1} \sin\alpha_{i-1} \cos\varphi_{i-1}, F_{i-1} \cos\alpha_{i-1})$$

其中，α_i，α_{i-1} 分别为第 i 单元段上端和下端井斜角，（°）；φ_i，φ_{i-1} 分别为第 i 单元段上端和下端方位角，（°）。

利用余弦定理，以上两向量的夹角 2δ 可表示为

$$2\delta = \arccos\left(\frac{\left|\vec{F}_i\right|^2 + \left|\vec{F}_{i-1}\right|^2 - \left|\vec{F}_i - \vec{F}_{i-1}\right|^2}{2\left|\vec{F}_i\right|\left|\vec{F}_{i-1}\right|}\right) \tag{3-27}$$

斜平面 R_i 的倾角 θ 为合向量 $\vec{F}_{i-1} \times \vec{F}_i$ 与向量 $\vec{N}_g$ 的夹角，可由下式求解：

$$\theta = \arccos\left(\frac{\left|\vec{N}_g\right|^2 + \left|\vec{F}_{i-1} \times \vec{F}_i\right|^2 - \left|\vec{N}_g - \vec{F}_{i-1} \times \vec{F}_i\right|^2}{2\left|\vec{N}_g\right|\left|\vec{F}_{i-1} \times \vec{F}_i\right|}\right) \tag{3-28}$$

式（3-28）可以表示为如下形式：

$$F_i \cos \delta = F_{i-1} \cos \delta + N_g \cos \alpha + F_\mu \tag{3-29}$$

$$F_i \sin \delta + F_{i-1} \sin \delta - N_g \sin \theta \sin \beta + N \cos \gamma = 0 \tag{3-30}$$

$$N_g \cos \theta - N \sin \gamma = 0 \tag{3-31}$$

其中，γ 为正压力 N 与 y 轴的夹角；消除 γ 可得单元钻柱轴向载荷的求解模型：

$$F_i \cos \delta = F_{i-1} \cos \delta + N_g \cos \alpha + F_\mu \tag{3-32}$$

$$F_i \sin \delta + F_{i-1} \sin \delta - N_g \sin \theta \sin \beta + \sqrt{N^2 - N_g^2 \cos^2 \theta} = 0 \tag{3-33}$$

$$F_\mu = \pm \mu_f N \tag{3-34}$$

$$N_g = W_e \Delta L \left(1 - \rho_m / \rho_s\right) \tag{3-35}$$

注：管柱向上运动时取 "$+$" 号，向下运动时取 "$-$" 号

　　当已知单元杆柱下端的轴向力 F_{i-1}，则由上述方程组可求出单元杆柱上端的轴向力 F_i，由此向上计算，可求得井口的大钩载荷。

　　式中，μ_f 为管柱摩擦系数，无因次单位；W_e 为计算单元段在空气中的单位重量，N/m；ΔL 为计算单元段的长度，m；N_g 和 N 分别是斜平面内重力方向上管柱与井壁之间的接触力和管柱与井壁之间总的接触力，N/m；β 为重力分量 N_g 在 R_i 平面上的投影与 x 轴的夹角；ρ_m 为钻井液密度，g/cm^3；ρ_s 为钻柱密度，g/cm^3。

$$\beta = \pi - \arccos \left(\frac{\cos \alpha}{\sin \theta}\right) \tag{3-36}$$

　　当旋转钻进、划眼或倒划眼时，除了沿钻柱轴向的摩擦力外，由于钻柱的旋转作用，在钻柱的周向也存在摩擦力的作用，该摩擦力表现为扭矩的增加。对于钻柱单元段，其上下端的扭矩 T_i 和 T_{i-1} 有如下关系成立：

$$T_i = T_{i-1} + \mu_t r N \tag{3-37}$$

式中，r 为单元杆柱的半径，m；μ_t 为周向摩擦系数，当钻柱旋转钻进、划眼或倒划眼时，其周向运动线速度远大于轴向运动速度，此时杆柱与井壁的摩擦对轴向载荷的影响很小，主要体现在扭矩载荷的增加上，此时 $\mu_t = \mu_f$。

　　2）钻柱摩阻扭矩刚杆模型

　　基本假设：

　　（1）计算单元段的井眼曲率是常数。

　　（2）管柱接触井壁的上侧或下侧，其曲率与井眼的曲率相同。

　　（3）计算单元段处在某一空间斜平面上。

　　在井眼轴线坐标系上任取一弧长为 ds 的微元体 AB，并对其进行受力分析，以 A 点为始点，其轴线坐标为 s，B 点为终点，其轴线坐标为 $s+\mathrm{d}s$，此单元体的受力如图 3-9 所示。图 3-9 和图 3-7 比较相似，只是增加了因钻具刚度引起的弯矩和剪力的作用（何华山，1988）。

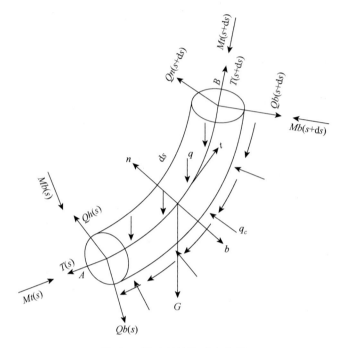

图 3-9　微元段钻柱受力分析

曲线坐标 S 处（A 点）的集中力 $\vec{F}$（s）为

$$\vec{F}(s) = (-T(s) \cdot Qn(s) \cdot Qb(s)) \begin{bmatrix} \vec{t}(s) \\ \vec{n}(s) \\ \vec{b}(s) \end{bmatrix} \qquad (3\text{-}38)$$

微元段 $s+ds$ 处（B 点）的集中力 $\vec{F}$（$s+ds$）为

$$\vec{F}(s + ds) = ((T(s + dT) - (Qn + dQn) - (Qb + dQb)) \cdot \begin{bmatrix} \vec{t}(s) + d\vec{t} \\ \vec{n}(s) + d\vec{n} \\ \vec{b}(s) + d\vec{s} \end{bmatrix} \qquad (3\text{-}39)$$

微元段 ds 上的均布接触力 $\vec{q}_c(s)$ 为

$$\vec{q}_c(s) = (\pm \mu_a N \cdot N_n \cdot N_b) \begin{bmatrix} \vec{t}(s) \\ \vec{n}(s) \\ \vec{b}(s) \end{bmatrix} \qquad (3\text{-}40)$$

单位长度钻柱浮重 $\vec{W}_p$ 为

$$\vec{W}_p = q_m \cdot K_f \qquad (3\text{-}41)$$

式中，K_f 为浮力系数，$K_f = 1 - \gamma_m / \gamma_s$；$\gamma_m$ 为钻井液密度，g/cm^3；γ_s 为钻柱材料密度，g/cm^3。

由微元段 ds 的受力平衡条件，即：

$$\vec{F}(s) + \vec{F}(s + ds) + \vec{q}_c ds + \vec{W}_p ds = 0 \qquad (3\text{-}42)$$

式（3-42）略去微量的乘积得

$$-T\vec{t} + Qn\vec{n}Qb\vec{b} + T\vec{t} + \mathrm{d}T\vec{t} - Qn\vec{n} - \mathrm{d}Qn\vec{n} - Qb\vec{b}\mathrm{d}Q\vec{b}\langle \pm \mu N\vec{t}\mathrm{d}s + N\vec{n}\mathrm{d}s + N_b\mathrm{d}s\vec{b} + \vec{q}_m k_j \mathrm{d}s = 0$$

化简整理可得

$$\frac{\mathrm{d}T}{\mathrm{d}s}t - \frac{\mathrm{d}Qn^*}{\mathrm{d}s}n - \frac{\mathrm{d}Qb^*}{\mathrm{d}s}\vec{b} \pm \mu_a N\vec{t} + N_n\vec{n} + Nb\vec{b} + \vec{q}_m k_f = 0 \qquad （3-43）$$

根据式（3-43）结合弗朗内-塞雷公式：

$$\frac{\mathrm{d}}{\mathrm{d}s}\begin{pmatrix} \vec{t} \\ \vec{b} \\ \vec{n} \end{pmatrix} = \begin{pmatrix} 0 & K & 0 \\ -K & 0 & -\tau \\ 0 & \tau & 0 \end{pmatrix}\begin{pmatrix} \vec{t} \\ \vec{b} \\ \vec{n} \end{pmatrix} \qquad （3-44）$$

并将力向主副法线和切线方向轴上投影可得

$$\begin{cases} \dfrac{\mathrm{d}T}{\mathrm{d}s} + KQ_n \pm \mu_a N - q_m k_f \cos\alpha \\[2mm] -\dfrac{\mathrm{d}Q_n}{\mathrm{d}s} + K \cdot T + \tau \cdot Qb + N_n - q_m k_f \cos\alpha \dfrac{k_a}{k} \\[2mm] -\dfrac{\mathrm{d}Qb}{\mathrm{d}s} - Qn \cdot \tau + N_b - q_m k_f \sin^2\alpha \dfrac{K\phi}{k} = 0 \end{cases} \qquad （3-45）$$

现有微元段上的力矩平衡，可得

$$\begin{cases} \dfrac{\mathrm{d}M_t}{\mathrm{d}s} = \mu_t \cdot R \cdot N \\[2mm] \dfrac{\mathrm{d}M_b}{\mathrm{d}s} = Q_n \\[2mm] \tau \cdot M_b + K \cdot M_t = Q_b \end{cases} \qquad （3-46）$$

其中：$N^2 = N_n^2 + N_b^2$。式中，Q_n、Q_b 为曲线坐标 S 处的主法线和副法线方向的剪切力，N；N_n、N_b 为主法线和副法线方向的均布接触力，N/m；R、μ_t 为钻柱外半径，m，提管柱时取"+"号，相反取"–"号。

整理可得大位移井全刚度钻柱摩阻计算模式：

$$\begin{cases} \dfrac{\mathrm{d}T}{\mathrm{d}s} + K\dfrac{\mathrm{d}M_b}{\mathrm{d}s} \pm \mu_f N - q_m K_f \cos\alpha = 0 \\[2mm] \dfrac{\mathrm{d}M_t}{\mathrm{d}s} = \mu_f \cdot R \cdot N \\[2mm] -\dfrac{\mathrm{d}^2 M_b}{\mathrm{d}s^2} + K \cdot T + \tau\left(\tau \cdot M_b + K \cdot M_t\right) + N_n - q_m K_f \cos\alpha \dfrac{K_a}{k} = 0 \\[2mm] -\dfrac{\mathrm{d}\left(\tau M_b + K M_t\right)}{\mathrm{d}s} - \tau\dfrac{\mathrm{d}M_b}{\mathrm{d}s} + N_b - q_m K_f \sin^2\alpha \dfrac{K_\varphi}{k} = 0 \\[2mm] N^2 = N_n^2 + N_b^2 \end{cases} \qquad （3-47）$$

其中：

$$K = | \frac{\mathrm{d}^2 \vec{\gamma}}{\mathrm{d}s^2} | = \sqrt{K_a^2 + K_\phi^2 \sin^2 \alpha}$$

$$K_\alpha = \frac{\mathrm{d}\alpha}{\mathrm{d}s}$$

$$K_\varphi = \frac{\mathrm{d}\phi}{\mathrm{d}s}$$

$$K_f = 1 - \frac{\gamma_m}{\gamma_s}$$

式中，K_α 为井斜变化率，γ_{ad}/m；K_φ 为方位变化率，γad/m；K 为井眼曲率，γad/m；τ 为井眼挠率，γad/m；q_m 为钻柱单位长度重量，kN/m；M_b 为钻柱微段上的弯矩，kN·m；α 为井斜角，γad；μ_f 为摩阻系数；M_t 为钻柱所受扭矩，kN·m；$\mathrm{d}T$ 为钻柱轴向力增量，kN；T 为微元段上的轴向力，kN。

由于假设相邻两测点间的井眼轴线为空间斜平面上的一段圆弧，井眼挠率始终位于密切面内，由密切面定义可知 $\tau=0$。则式（3-47）变为

$$\begin{cases} \dfrac{\mathrm{d}T}{\mathrm{d}s} + K \dfrac{\mathrm{d}M_b}{\mathrm{d}s} \pm \mu_f N - q_m K_f \cos \alpha = 0 \\ \dfrac{\mathrm{d}M_t}{\mathrm{d}s} = \mu_f \cdot R \cdot N \\ -\dfrac{\mathrm{d}^2 M_b}{\mathrm{d}s^2} + K \cdot T + \tau\left(\tau \cdot M_b + K \cdot M_t \right) + N_n - q_m K_f \cos \alpha \dfrac{K_\alpha}{k} = 0 \\ -K \dfrac{\mathrm{d}M_b}{\mathrm{d}s} + N_b - q_m K_f \sin^2 \alpha \dfrac{K\phi}{k} = 0 \\ N^2 = N_n^2 + N_b^2 \end{cases} \quad (3\text{-}48)$$

整理变形可得

$$\begin{cases} \dfrac{\mathrm{d}T}{\mathrm{d}s} = q_m K_f \left(\sin^2 \alpha \dfrac{K\phi}{K} \right) \cos \alpha \pm \mu_f N - N_b \\ \dfrac{\mathrm{d}M_t}{\mathrm{d}s} = \mu_f \cdot R \cdot N \\ -\dfrac{\mathrm{d}^2 M_b}{\mathrm{d}s^2} + K \cdot T + N_n - q_m K_f \cos \alpha \dfrac{K_\alpha}{k} = 0 \\ \dfrac{\mathrm{d}^2 M_b}{\mathrm{d}s^2} = KT + N_b - q_m K_f \sin^2 \alpha \dfrac{K\phi}{k} \\ N^2 = N_n^2 + N_b^2 \end{cases} \quad (3\text{-}49)$$

式（3-49）为非线性方程组，本书采用解非线性方程组的拟牛顿迭代法进行迭代求解，首先应用有限差分中的差分公式：

$$\frac{\mathrm{d}T}{\mathrm{d}s} = \frac{T(s+1) - T(s)}{h(2+1) - h(s)}$$

$$\frac{\mathrm{d}M_t}{\mathrm{d}s} = \frac{Mt(s+1) - Mt(s)}{h(s+1) - h(s)}$$

$$\frac{\mathrm{d}Mb}{\mathrm{d}s} = \frac{Mb(s+1) - Mb(s)}{h(s+1) - h(s)} \qquad (3\text{-}50)$$

$$\frac{\mathrm{d}Mb^2}{\mathrm{d}s} = \frac{Mb(s+2) - 2Mb(s+2) + Mb(s)}{[h(s+1) - h(s)]^2}$$

其中，$Mb(s) = E \cdot I \cdot K(s)$。

式中，E 为弹性杨氏模量，kN/m^2；I 为钻柱惯性矩，m^4；$h(s+1)$，$h(s)$ 为各段的段长，m。

把常微分方程离散化，求得 $T(s+1)$，$Mt(s+1)$，$Mb(s+1)$，$Mb(s+2)$，然后将其代入非线方程组求解，得出主副法线方向上的均布接触力后，即可计算出距钻头任意井深处的摩阻力 F_μ，摩擦扭矩 Mt，大钩载荷及转盘扭矩，其公式形式为

$$\begin{cases} F_\mu = \mu_\partial \int_0^s |N| \mathrm{d}s \\ Mt = \mu_t \int_0^s R|N| \mathrm{d}s \\ T = \int_0^s q_m k_f \cos\alpha \mathrm{d}s \pm F_\mu \end{cases} \qquad (3\text{-}51)$$

式中，"$\pm$" 代表起下钻，起钻取 "$+$"，下钻取 "$-$"，后同。

具体工况分别为：

起下钻：

$$T = \int_0^s q_m k_f \cos\alpha \mathrm{d}s \pm F_\mu \qquad (3\text{-}52)$$

空转：

$$\begin{cases} T = \int_0^s q_m k_f \cos\alpha \mathrm{d}s \\ M_t = \mu_t R \int_0^s |N| \mathrm{d}s \end{cases} \qquad (3\text{-}53)$$

转盘钻进（划眼起下钻）：

$$\begin{cases} T = \int_0^s q_m k_f \cos\alpha \mathrm{d}s - \mu_\alpha \int_0^s |N| \mathrm{d}s + \mathrm{WOB} \\ M_t = \mu_f R \int_0^s |N| \mathrm{d}s \end{cases} \qquad (3\text{-}54)$$

滑动钻进：

$$\begin{cases} T = \int_0^s q_m k_f \cos\alpha \mathrm{d}s - \mu_\alpha \int_0^s |N| \mathrm{d}s + \mathrm{WOB} \\ M_t = 0 \end{cases} \qquad (3\text{-}55)$$

2. 钻柱强度校核

钻柱强度校核首先必须通过摩阻模型计算出沿井深分布的轴向力 $P(z)$ 和扭矩 $M(z)$，

然后计算相应的拉（压）应力和剪应力，再根据第四强度理论校核其强度。轴向力 $P(z)$ 和扭矩 $M(z)$ 沿轴向分布的理论计算参见摩阻扭矩预测部分。

沿钻柱轴向的拉（压）应力分布为

$$\sigma(z) = \frac{P(z)}{A(z)} \tag{3-56}$$

沿钻柱轴向的剪应力分布为

$$\tau(z) = \frac{M(z)}{W_n(z)} \tag{3-57}$$

式中，$P(z)$ 为轴向拉（压）力，N；$M(z)$ 为轴向扭矩，N·m；$A(z)$ 为管柱的横截面积，m^2；$W_n(z)$ 为管柱截面抗扭模量，m^3。

由轴向拉（压）力产生的主应力为

$$\sigma_1 = -\sigma(z) \tag{3-58}$$

剪应力 $\tau(z)$ 产生互相垂直的 2 个主应力 σ_2、σ_3，其大小为

$$\sigma_2 = \tau(z) \tag{3-59}$$

$$\sigma_3 = -\tau(z) \tag{3-60}$$

根据第四强度理论：

$$\sqrt{\frac{1}{2}(\sigma_1 - \sigma_2)^2 + (\sigma_2 - \sigma_3)^2 + (\sigma_3 - \sigma_3)^2} \leqslant [\sigma] \tag{3-61}$$

将主应力代入强度公式，有

$$\sigma(z)^2 + 3\tau(z)^2 \leqslant [\sigma]^2 \tag{3-62}$$

每个截面的安全系数由下式决定：

$$n(z) = \frac{Y_m}{\sqrt{\sigma(z)^2 + 3\tau(z)^2}} \tag{3-63}$$

式中，$[\sigma]$ 为材料许用应力，MPa；Y_m 为材料屈服极限，MPa。

根据安全系数的大小可以确定钻柱使用是否安全。

3. 降低摩阻扭矩的钻柱组合设计

降低摩阻扭矩的钻具组合设计可以从以下两个方面进行考虑：

（1）合理的钻柱结构。合理设计钻柱结构主要是确定钻杆、加重钻杆、钻铤在钻柱中的位置及相应的长度，是否合理主要是看钻柱在不同工况下摩阻和扭矩的大小。因此，以降低摩阻和扭矩为出发点的钻柱优化设计的理论基础是摩阻扭矩的预测。

（2）钻柱中加入减摩工具。在大位移井钻井过程中，如果在处于上层套管段中的钻杆上加入钻杆非旋转护箍，可以大大降低摩擦扭矩，据商家介绍，这种护箍将摩擦扭矩降低了 30%～40%，同时还可以减少套管磨损。理论上讲，钻杆非旋转护箍对轴向摩擦力的影响不大。在裸眼段，也应使用类似的减摩工具。此外，为降低摩阻和扭矩，还应尽量保持井眼净化及提高井眼的光滑程度。

4. TKCH1 侧钻井摩阻扭矩分析

TKCH1 侧钻水平井于 Φ177.8mm 油层套管内开窗侧钻，侧钻点深度为 5452m。造斜段钻具组合为：Φ149.2mm 钻头+Φ120mm（3°）弯外壳螺杆+Φ120mmMWD 无磁钻铤+无磁承压钻杆+Φ88.9mm 钻杆 24 根+Φ89mm 加重钻杆 24 根+Φ88.9mm 钻杆。

水平井井段钻具组合为：Φ149.2mmPDC 钻头+Φ120mm 马达（1.25°）×5.42m+Φ120mm MWD 无磁钻铤×2.37m+Φ120mm 无磁承压钻杆×8.76+Φ89mm 斜坡钻杆×74.84m+Φ89mm 加重钻杆×87.6m+Φ89mm 钻杆。

计算参数：钻井液密度取 1.18g/cm³，TOB=2.5kN·m，WOB=40kN，转速 30r/min，起钻、下钻、倒划眼管柱运动速度 0.17m/s，钻进 0.01m/s，裸眼摩擦系数 0.35，套管摩擦系数 0.25。

图 3-10 和图 3-11 分别是 TKCH1 侧钻水平井不同工况下井口大钩载荷和扭矩随深度的变化，计算结果表明，在塔河油田侧钻水平井施工过程中，即使采用滑动钻井调整井眼轨迹，井口也有足够的载荷克服摩阻的影响，不会导致"拖压"现象，且扭矩均较小。

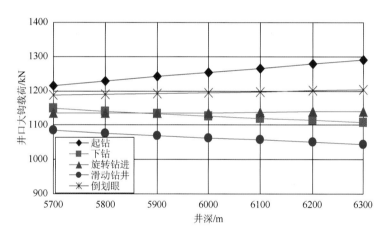

图 3-10　TKCH1 井 Φ149.2mm 不同工况下大钩载荷随井深变化

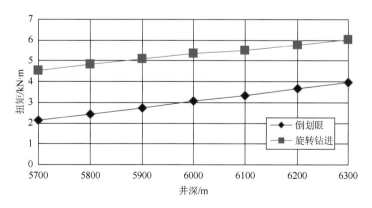

图 3-11　TKCH1 井 Φ149.2mm 不同工况下扭矩随井深变化

3.2　特殊结构井轨迹控制

控制理论中控制的定义，是指被控制对象中某一（某些）被控制量，克服干扰影响达到预先要求状态的手段（或操作）。井眼轨迹控制就是在钻井施工过程中通过一定的手段使实钻井眼轨迹尽量符合设计的井眼轨道，最终保证中靶的过程。

一般来说，影响井眼轨道的因素有三类：一是下部钻具组合的结构（包括钻头类型）和变形边界条件（即井身条件如井斜角、方位角、井眼曲率等）；二是地层特性，如地层倾角、走向等；三是工艺参数（如钻压、转速、钻井液性能及排量等）。井眼轨道控制技术的任务，就是在已定的地层条件下，通过合理设计钻具组合和采取合理的工艺参数及技术措施，利用或克服地层力的影响，控制钻头上三维力的值，从而控制相应的三维位移，以确定钻头的实际轨道（苏义脑，2008）。

3.2.1　特殊结构井轨迹控制模型的建立

1. 变截面纵横弯曲梁力学模型

1）变刚度梁均布载荷和弯矩同时作用下端部转角计算

图 3-12 是均布载荷和弯矩同时作用下的力学模型示意图（唐雪平，1999）。

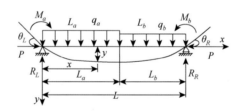

图 3-12　轴向载荷与横向均布载荷及弯矩联合作用情况

根据纵横弯曲理论，推导出变刚度梁左端转角为

$$\theta^L = y_a^{'}\Big|_{x=0} = Ak_a - \frac{R_L}{P_{zz}} = A_a^L M_a + A_b^L M_b + A_c^L$$

$$= \frac{M_a L}{3EI} \cdot \frac{3}{2u}\left(\frac{1}{2u} - \frac{1}{tg\,2u}\right) + \frac{M_b k}{6EI} \cdot \frac{3}{u}\left(\frac{1}{\sin 2u} - \frac{1}{2u}\right) + \frac{qL^3}{24EI} \cdot \frac{3(tgu - u)}{u^3} \tag{3-64}$$

$$u = \frac{L}{2}\sqrt{\frac{P_{zz}}{EI}} \tag{3-65}$$

变刚度梁右端转角为

$$\theta^R = A_a^R M_a + A_b^R M_b + A_c^R$$

$$= \frac{M_b L}{3EI} \cdot \frac{3}{2u}\left[\frac{1}{2u} - \frac{1}{tg\,2u}\right] + \frac{M_a k}{6EI} \cdot \frac{3}{u}\left(\frac{1}{\sin 2u} - \frac{1}{2u}\right) + \frac{qL^3}{24EI} \cdot \frac{3(tgu - u)}{u^3} \tag{3-66}$$

式中，P_{zz} 为同一跨梁的平均轴向力，N；E 为管柱刚度，N/m；I 为截面惯性矩，m^4；L 为梁的长度，m；M_a 和 M_b 分别是同一跨梁左端和右端弯矩，N·m；R_L 和 R_R 分别是梁的左端支反力和右端支反力，N；q_a、q_b 分别是梁单位长度的重量，N/m。

2）集中载荷作用下的力学模型

对于螺杆钻具组合，如不加上稳定器或上稳定器为变径稳定器处于最小工位时，因螺杆钻具的抗弯刚度和其上所加钻具的抗弯刚度一般不相等，便成为一个变刚度问题。同时由于螺杆钻具存在结构弯角，可根据弯矩相等将其等效为有一等效集中载荷作用在结构弯角处来进行处理。图 3-13 是轴向载荷与集中载荷 Q 联合作用情况示意图。

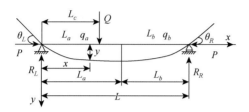

图 3-13　轴向载荷与集中载荷联合作用情况

在集中载荷作用下，变刚度梁左端和右端转角分别为

$$\theta^L = \frac{Q\sin k(L - L_c)}{P_{zz}shkL} - \frac{Q(L - L_c)}{P_{zz}L} \tag{3-67}$$

$$\theta^R = \frac{QshkL_c}{P_{zz}shkL} - \frac{QL_c}{L} \tag{3-68}$$

式中，Q 为集中载荷，N；L_c 为集中载荷作用点到左边支座间的距离，m。

3）纵横弯曲连续梁理论中的连续条件

对 N 跨连续梁中的第 i 支座，其左右两端转角的绝对值必然是相等的（白家祉和苏义脑，1990），即

$$\theta_i^R = -\theta_{i+1}^L \tag{3-69}$$

式中，θ_{i+1}^L 为第 $i+1$ 跨梁柱的左端（L）转角，rad；θ_i^R 为第 i 跨梁柱的右端（R）转角，rad。

4）三弯矩方程组

对于单弯螺杆钻具组合，根据纵横弯曲原理，得到的三弯矩方程为

$$\frac{M_1 L_1}{3EI_1} \cdot Y(u) + \frac{M_0 k}{6EI_1} \cdot Z(u) + \frac{q_1 L_1^3}{24EI_1} X(u) = -\left(A_a^L M_1 + A_b^L M_2 + A_c^L\right) - \delta\theta_2^L + \frac{e_1 - e_0}{L_1} - \frac{e_2 - e_1}{L_2} \tag{3-70}$$

$$A_a^R M_1 + A_b^R M_2 + A_c^R - \frac{e_2 - e_1}{L_2} + \delta\theta_2^R = K(L_1 + L_2) \tag{3-71}$$

式中，$\delta\theta_2^L$，$\delta\theta_2^R$ 为弯角在梁柱端部产生的附加转角；e_0、e_1 分别为钻头和稳定器处间隙，m。

5）钻头侧向力和钻头倾角的计算

根据三弯矩方程，在计算出钻头之上第一个约束点处的弯矩 M_1 后，即可计算钻头侧向力和钻头倾角：

$$P_\alpha = -\frac{1}{L_1}\left[-P_0 e_1 + \frac{q_1 L_1^2}{2} - M_0 + M_1\right] \qquad (3\text{-}72)$$

$$A_t = \frac{q_1 L_1^3}{24EI_1}X(u) + \frac{M_0 L_1}{3EI_1}Y(u) + \frac{M_1 L_1}{6EI_1}Z(u) + \frac{e_1 - e_0}{L_1} \qquad (3\text{-}73)$$

2. 钻柱初弯曲的等效处理

在弯曲井段中，由于井眼的限制，钻柱将产生一定的初弯曲。具有初弯曲的梁柱，在受纵向力作用下，其初弯曲曲率对挠度的影响有很大的改变（Timoshenko，1970）。铁摩辛柯用三角级数和变形能原理推出了具有初弯曲梁柱在受纵横载荷作用下的挠曲线方程。修正初弯曲影响的方法是以一相当的横向载荷所产生的影响来代替初弯曲对挠度的影响，并要求相当的横向载荷所产生的弯矩图与初弯曲时轴力所产生的弯矩图相同。为了考虑初弯曲对钻柱变形所产生的影响，需要对其进行等效处理。

对于具有初曲率的梁柱，可以用横向均布载荷来等效。设钻柱初弯曲曲率等于井眼曲率，且初挠度曲线为一抛物线，其近似方程为：

$$y_0 = \frac{x(L-x)}{2R} \qquad (3\text{-}74)$$

式中，R 为井眼曲率半径，m；L 为跨长，m。

根据变形能相等的等效法则，可将轴力对钻柱初弯曲的影响等效为附加一线重量为 q_d 的梁柱来处理，其等效力学模型如图 3-14 所示。

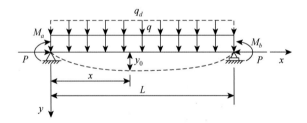

图 3-14　等效横向均布载荷法

由等效横向均布载荷 q_d 对直梁柱所产生的变形能为

$$u_q = \int_0^L \frac{M_q^2(x)}{2EI}\mathrm{d}x = \int_0^L \frac{1}{2EI}\left(\frac{q_d L}{2}x - \frac{q_d}{2}x^2\right)^2 \mathrm{d}x = \frac{q_d^2 L^5}{240EI} \qquad (3\text{-}75)$$

由轴向力 P 对具有初弯曲梁柱所产生的变形能为

$$u_p = \int_0^L \frac{M_p^2(x)}{2EI}\mathrm{d}x = \int_0^L \frac{1}{2EI}\left(P_{zz}y_0\right)^2 \mathrm{d}x = \frac{P_{zz}^2 L^5}{240R^2 EI} \qquad (3\text{-}76)$$

根据变形能相等，即 $u_q = u_p$ 可求得等效横向均布载荷为

$$q_d = \frac{P_{zz}}{R} = P_{zz}K \qquad (3\text{-}77)$$

式中，P_{zz} 为轴向载荷，N；K 为井眼曲率，°/30m；对于一跨内为变街面梁柱的情况同样成立。

3. 初始结构弯角的等效处理

对于结构上存在初始结构弯角的处理可用一当量横向集中载荷 Q_d 作用在弯曲点处的直梁柱代替弯角对曲梁柱变形的影响（白家祉和苏义脑，1990）。

在造斜螺杆钻具中，一跨内可存在多个结构弯角（图 3-15）。

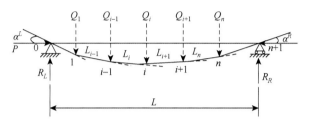

图 3-15　初始弯角的等效处理

根据静力平衡关系可求得支座两端的支反力为

$$R_L = \frac{1}{L} \sum_{i=1}^{n} Q_i \sum_{j=i+1}^{n+1} L_j \tag{3-78}$$

$$R_R = \frac{1}{L} \sum_{i=1}^{n} Q_i \sum_{j=1}^{i} L_j \tag{3-79}$$

由于结构弯角一般小于 3°，故有以下关系：

$$\alpha^L = \frac{1}{L} \sum_{i=1}^{n} \gamma_i \sum_{j=i+1}^{n+1} L_j \tag{3-80}$$

$$\alpha^R = \frac{1}{L} \sum_{i=1}^{n} \gamma_i \sum_{j=1}^{i} L_j \tag{3-81}$$

由等效集中力在弯角 i 处所引起的弯矩为

$$M_i^Q = R_L \sum_{j=1}^{i} L_j - \sum_{j=1}^{i-1} Q_j \sum_{k=j+1}^{i} L_k = \frac{1}{L} \sum_{i=1}^{n} Q_i \sum_{j=i+1}^{n+1} L_j \sum_{j=1}^{i} L_j - \sum_{j=1}^{i-1} Q_j \sum_{k=j+1}^{i} L_k \tag{3-82}$$

由轴向力在弯角 i 处所引起的弯矩为

$$M_i^p = P_{zz} \left(\alpha_L \sum_{j=1}^{i} L_j - \sum_{j=1}^{i-1} \gamma_j \sum_{k=j+1}^{i} L_k \right) = P_{zz} \left(\frac{1}{L} \sum_{i=1}^{n} \gamma_i \sum_{j=i+1}^{n+1} L_j \sum_{j=1}^{i} L_j - \sum_{j=1}^{i-1} \gamma_j \sum_{k=j+1}^{i} L_k \right) \tag{3-83}$$

根据弯矩等效有

$$M_i^Q = M_i^P \tag{3-84}$$

由此解得

$$Q_i = P_{zz} \gamma_i \tag{3-85}$$

由此可得出结论，无论是何种结构形式的跨内结构弯角，其附加的等效集中载荷等于该跨的轴向力乘以所对应的结构弯角。结构弯角取代数值（对反向双弯组合，下弯弯角取正值，上弯弯角取负值），集中载荷的正负表明了该力在坐标系中的方向并影响 $\delta\theta_i$ 的转向（实际上，Q_i 的方向均与 γ_i 顶点对跨内梁柱轴线的偏离位移一致）。

4. 单弯单稳螺杆钻具组合受力与变形力学模型

装置角 $\Omega=0$，井眼曲率 $K\neq0$。

上边界条件为：$\theta_2^R = K(L_1+L_2)$，$M_2 = M_T = EI_bK$。

连续条件为：$\theta_1^R = -\theta_2^L$。

根据初弯曲纵横弯曲梁的等效载荷法公式，对井眼曲率为 K 梁柱的处理：

$$q_{d1} = \frac{P_1}{R} = P_1K, q_{d2} = \frac{P_2}{R} = P_2K \tag{3-86}$$

三弯矩方程组：

$$\frac{M_1L_1}{3EI_1}\cdot Y(u) + \frac{M_0k}{6EI_1}\cdot Z(u) + \frac{q_1L_1^3}{24EI_1}X(u) = -\left(A_a^LM_1 + A_b^LM_2 + A_c^L\right) - \delta\theta_2^L + \frac{e_1-e_0}{L_1} - \frac{e_2-e_1}{L_2} \tag{3-87}$$

$$A_a^RM_1 + A_b^RM_2 + A_c^R - \frac{e_2-e_1}{L_2} + \delta\theta_2^R = K(L_1+L_2) \tag{3-88}$$

三弯矩方程组中共有 2 个方程，其中未知数为 M_1 和 L_2，因而是定解的。

钻头侧向力和钻头倾角的计算有

$$P_\alpha = -\frac{1}{L_1}\left[-P_0e_1 + \frac{q_1L_1^2}{2} - M_0 + M_1\right] \tag{3-89}$$

$$A_t = \frac{q_1L_1^3}{24EI_1}X(u) + \frac{M_0L_1}{3EI_1}Y(u) + \frac{M_1L_1}{6EI_1}Z(u) + \frac{e_1-e_0}{L_1} \tag{3-90}$$

在以上各式中，

$$P_i = P_{i-1} - \frac{1}{2}w_{i-1}L_{i-1}\cos(a_{i-1})_m - \frac{1}{2}w_iL_i\cos(a_i)_m \tag{3-91}$$

$$e_1 = \frac{1}{2}(D_0 - D_{S1}), e_2 = \frac{1}{2}(D_0 - D_{c2}), e_0 = 0 \tag{3-92}$$

式中，e_1，e_2 表示稳定器直径 D_{s1} 和上切点钻具直径 D_{c2} 与井径 D_0 的差值之半，即支座处的径向间隙。

$\delta\theta_2^L$，$\delta\theta_2^R$ 为弯角在梁柱端部产生的附加转角，$\delta\theta_2^L$，$\delta\theta_2^R$ 的求法同前。

$$q_1 = w_1\sin(a_1)_m + q_{d1}, w_2 = (w_aL_a + w_bL_b)/L_2 \tag{3-93}$$

$$q_a = q_a + q_{d2}, q_b = q_b + q_{d2}, k_a = \sqrt{\frac{p_2}{EI_a}}, k_b = \sqrt{\frac{p_2}{EI_b}} \tag{3-94}$$

其中 $(a_i)_m$ 表示第 i 跨梁柱中点的井斜角：

$$(a_i)_m = a_0 - K\sum_{i=1}^{i-1}L_i - \frac{KL_i}{2} \tag{3-95}$$

式中，w_i 为每跨梁单位长度钻具在钻井液中的重量，N/m。

假设 $w_0=0$，$L_0=0$，$P_0=P_B$，$\alpha_0=\alpha_B$（钻头处的井斜角），钻头处的弯矩 $M_0=0$。

极限曲率是指下部钻具组合的侧向力为零时所对应的井眼曲率值。通常采用极限曲率法预测造斜工具的造斜能力（Birades et al.，1988）。

3.2.2　特殊结构井轨迹控制影响因素分析

极限曲率是下部钻具组合的侧向力为零时所对应的井眼曲率值。计算中通过改变井眼曲率，计算钻头侧向力，通过迭代方法就可以求出满足钻头侧向力为零的井眼曲率，该曲率就是弯外壳螺杆钻具所能达到的最大造斜率。

弯外壳螺杆钻具的力学特性主要包括结构参数（如弯角的大小和位置、下稳定器的位置和直径、上稳定器的位置和直径、钻具刚度等）、井眼几何参数（井斜角、井眼曲率等）和工艺参数（如钻压）对钻头侧向力和钻头倾角的影响（卫增杰，2005）。

对于随着扩眼井眼轨迹控制，扩孔钻头，扩眼后的井眼直径达到 165～170mm，处于随钻扩孔井眼内的弯外壳螺杆钻柱的力学特性不同于常规的侧钻水平井内弯外壳螺杆钻具的力学特性。

1. 螺杆钻具造斜率影响因素分析

利用双中心钻头弯外壳螺杆钻具的随钻扩眼钻具组合，其造斜能力受到井斜角、钻压和扩眼直径的影响。在 Φ177.8mm 套管内使用的扩眼钻具组合为：Φ120.65mm×Φ165.1mm 双中心扩眼钻头+Φ120mm 可调式单弯螺杆（1.5°）×7.95m+无磁钻铤 1 根×9.37m+Φ88.9mm 无磁承压钻杆 1 根×9.42m+Φ88.9mmDP15 根×144.70m+Φ88.9mmHWDP30 根×278.16m+Φ88.9mmDP。

1）随钻扩眼井段螺杆钻具造斜能力分析

螺杆钻具造斜率预测的输入参数为钻压 30kN，井斜角 40°，工具面角 0°，结构弯角 1.5°，扩眼后井眼直径 Φ170mm，钻井液密度 1.2g/cm³。图 3-16～图 3-19 分别是在保持基本输出参数不变的前提下，改变结构弯角、井斜角、钻压和井眼直径后弯外壳螺杆钻具的造斜率的变化趋势。

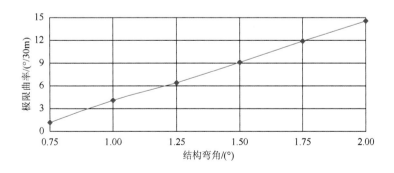

图 3-16　Φ120mm 螺杆极限曲率随结构弯角的变化趋势

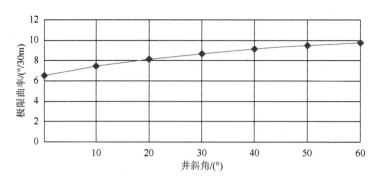

图 3-17　Φ120mm 螺杆极限曲率随井斜角的变化趋势（结构弯角 1.5°）

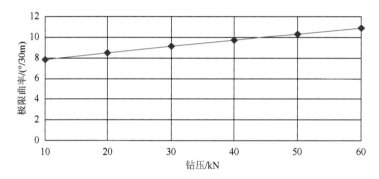

图 3-18　Φ120mm 螺杆极限曲率随钻压的变化趋势（结构弯角 1.5°）

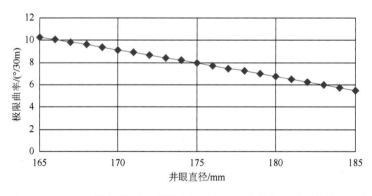

图 3-19　Φ120mm 螺杆极限曲率随井眼直径的变化趋势（结构弯角 1.5°）

螺杆结构弯角为 1.5°时，螺杆结构弯角对其极限曲率的影响见图 3-16。计算结果表明，随着结构弯角增大，极限曲率不断增加。从图 3-17 可以看出，刚开始造斜时，井斜角较小，造斜率在 6°/30m～8°/30m，当井斜角超过 20°后，预测的造斜率在 6°/30m～8°/30m。由图 3-18 可知，钻压对螺杆钻具造斜率的影响较大，增大钻压有利于提高造斜率。图 3-19 的计算结果表明，扩眼钻具的井眼直径对弯外壳螺杆钻具的影响较大，如果井眼直径大于 180mm，造斜钻具的极限曲率可能低于 6°/30m。

2）Φ130mm 井眼 Φ105mm 弯外壳螺杆钻具造斜能力分析

Φ139.7mm 实体膨胀管膨胀后的内径为 134mm，其后使用 Φ130mm 钻头进行第二次造斜及水平段钻进。在 Φ130mm 井眼，采用 Φ105mm 弯外壳螺杆。螺杆钻具造斜率预测的输入参数为钻压：40kN，井斜角：60°，工具面角：0°，结构弯角：1.75°，钻井液密度：1.12g/cm³。图 3-20～图 3-23 分别是在保持基本输入参数不变的前提下，改变结构弯角、井斜角、钻压和井眼直径后弯外壳螺杆钻具的造斜率的变化趋势。

　　从图 3-20～图 3-23 可以看出，Φ105mm 弯外壳螺杆的造斜率较高，但造斜率受井眼扩大的影响较大。计算结果对 Φ130mm 井眼 Φ105mm 弯外壳螺杆结构弯角的选择有重要参考意义。如 Φ130mm 井眼造斜率为 20°/30m～25°/30m，考虑井眼扩大或者调整井眼轨迹的需要，可以选择 1.5°或者 1.75°的弯外壳螺杆。

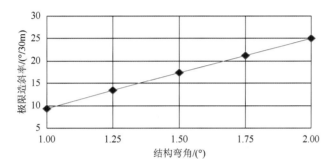

图 3-20　Φ105mm 螺杆造斜率随结构弯角的变化

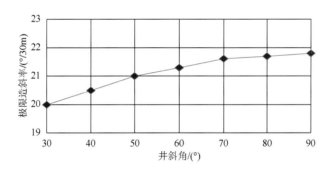

图 3-21　Φ105mm 螺杆造斜率随井斜角的变化

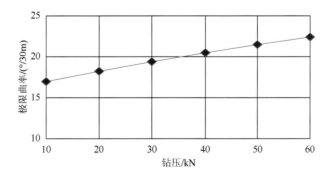

图 3-22　Φ105mm 螺杆造斜率随钻压的变化

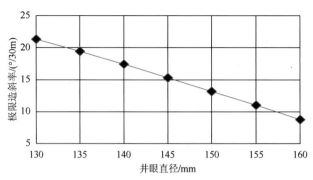

图 3-23　Φ105mm 螺杆造斜率随井眼直径的变化

2. 轨迹控制/现场应用

1）TKCH2 井

塔河油田 TKCH2 井采用 5-7/8″牙轮钻头自 5695m 处侧钻过渡井段至 5712m（钻具组合为：5-7/8″HJ517 钻头+3º 螺杆+无磁钻铤 1 根+悬挂+120.6mm 无磁+88.9mmHWDP30 根+88.9mmDP），循环钻井液，起钻。起钻完，下入 1.5°弯外壳螺杆带双中心钻头的随钻扩眼钻柱，钻具组合为：5-3/4″×6 1/2″×4-3/4″CSDR5211S-B2 型随钻扩孔钻头×0.43m+Φ120mm 可调式单弯螺杆×7.95m+无磁钻铤 1 根（带悬挂短节）×9.37m+Φ88.9mm 无磁承压钻杆 1 根×9.42m+Φ88.9mmDP15 根×144.70m+Φ88.9mmHWDP30 根×278.16m+Φ88.9mmDP 从 5712m 井深开始扩孔钻出新井眼，至 5865m 结束，扩眼井段长度 153m。从侧钻点到扩眼完成（5695～5865m）井段的井斜角和井眼曲率沿井深的变化如图 3-24 所示。

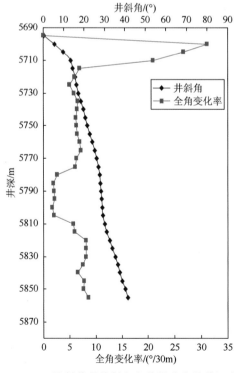

图 3-24　TKCH2 造斜井段井斜角和井眼曲率随井深变化趋势

在图 3-24 中，采用牙轮钻头配 3° 单弯螺杆钻进的井段（5695～5712m），造斜率较高，局部井段的造斜率高达 20°/30m～30°/30m。随后采用 1.5°弯外壳螺杆带双中心钻头的随钻扩眼钻具组合，从 5712m 造斜并随钻扩眼钻至 5770m，井斜角从 15°增加到 30°，造斜率稳定在 6.5°/30m 左右。在 5780～5805m，造斜率降至 2°/30m，井斜角大于 30°以后，造斜率稳定在 7.5°/30m～8.5°/30m。

塔河油田 TKCH2 侧钻井钻压为 20～40kN。井斜角较小，理论造斜率为 6°/30m～8°/30m，井斜角较大时，理论造斜率为 8°/30m～10°/30m，考虑到预测出的曲率是极限曲率，加之井眼扩大因素的影响，通过理论预测的双中心钻头弯外壳螺杆造斜率结果满足随钻扩眼轨迹控制的要求。

2）TKCH3 井

TKCH3 井 Φ149.2mm 井眼采用的是钻后扩眼技术，因此，前期采用的是常规牙轮钻头或 PDC 钻头配弯外壳螺杆的造斜钻井技术，TKCH3 井实钻井眼曲率及井斜角与井深变化趋势见图 3-25。

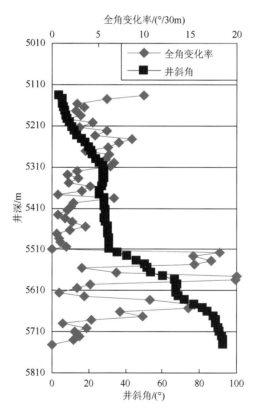

图 3-25　TKCH3 井造斜段井斜角和井眼曲率随井深变化趋势

TKCH3 井在 Φ149.2mm 井眼，采用牙轮钻头配 2.5° 单弯螺杆从 5133m 钻至 5141.67m，井斜角从 3.8°增至 5.72°，最大造斜率为 10°/30m。在 5141～5316m，采用 1.5°弯外壳螺杆

带 PDC 钻头，井斜角从 5.72°增至 28.45°，造斜率为 6°/30m～7°/30m；在 5316.48～5347.20m，采用 1.25°弯外壳螺杆带 PDC 钻头的钻具组合，井斜角从 28.45°降至 27.92°，造斜率在 2°/30m 左右。在 5347～5510m，采用 1.5°弯外壳螺杆带 PDC 钻头钻进，井斜角从 27.45°增至 31.26°，最大造斜率为 6.8°/30m。

TKCH3 井在 5080～5508m 井段下入 Φ139.7mm 实体膨胀管后，内径膨胀至 134mm，采用 Φ130mm 的钻头继续造斜钻进。

TKCH3 井在 Φ130mm 井眼，采用 PDC 钻头配 2° 单弯螺杆从 5508m 钻至 5544m，井斜角从 31.26°增至 50.9°，最大造斜率为 18.15°/30m；在 5544～5564m，采用 1.5°弯外壳螺杆带 PDC 钻头钻进，井斜角从 50.9°增至 54.2°，最大造斜率为 15.497°/30m；在 5564～5586.06m，采用 1.75°弯外壳螺杆带 PDC 钻头钻进，井斜角从 54.2°增至 67°，最大造斜率为 20°/30m；在 5586.06～5740m，采用 1.5°弯外壳螺杆带 PDC 钻头钻进，井斜角从 67°增至 92.7°，最大造斜率为 15.4°/30m。

TKCH3 井 Φ149.2mm 井眼钻压为 20～40kN，对于 2.5°弯外壳螺杆，理论造斜率为 10°/30m～12°/30m，实际最大造斜率为 10°/30m。TKCH3 井 Φ130mm 井眼钻压为 10～40kN，对于 2°弯外壳螺杆，理论极限造斜率为 20°/30m～25°/30m，实际最大造斜率为 18.15°/30m；对于 1.75°弯外壳螺杆，理论极限造斜率为 20°/30m～22°/30m，实际最大造斜率为 20°/30m；对于 1.5°弯外壳螺杆，理论极限造斜率为 16°/30m～18°/30m，实际最大造斜率为 15.4°/30m，理论预测值与实际钻出的井眼曲率基本一致。

3.3　深井套管开窗工艺技术

3.3.1　斜向器开窗技术

1. 斜向器开窗工具结构

斜向器开窗工具由斜向器和铣锥组成。斜向器有三种类型，即地锚式斜向器、内眼贯通插入式斜向器和卡瓦锚定式斜向器。卡瓦锚定式斜向器结构如图 3-26 所示。

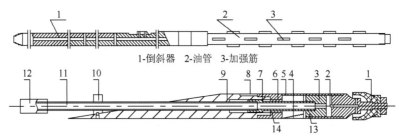

1-倒斜器　2-油管　3-加强筋

1-防漏装置，2-钢球，3-活塞，4-主卡瓦，5-液缸，6-锁紧套，7-中心管，
8-上卡瓦，9-斜轨，10-扶正块，11-送入管，12-送入接头

图 3-26　卡瓦锚定式斜向器

目前油田在 Φ177.8mm 套管内所选用的斜向器开窗工具主要是 YD146 型，其结构尺

寸如图 3-27 所示。

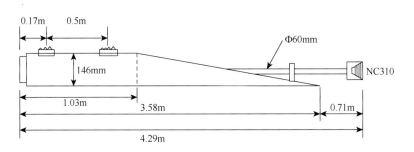

图 3-27　YD146 型斜向器开窗工具结构尺寸

YD146 型斜向器开窗工具送入管和斜向器内部相通，形成了流体的密封通道，利用钻具将斜向器下放到预定位置，先循环冲洗，待钻具水眼、井眼干净后投球，然后开泵憋压，推出锚定机械卡瓦，将斜向器卡在套管上，再旋转钻具，退出送入管，斜向器坐在井里后起钻，将送入器取出井外，再下铣锥开窗。

YD146 型斜向器开窗工具最大外径 Φ146mm；斜向器销钉剪断压力 8～10MPa，工作压力 15～20MPa；斜向器长度 4.29m；斜向器重量 405kg；卡瓦工作直径适应 Φ177.8mm 套管系列内壁尺寸；斜向器斜轨角度 3°；斜向器斜轨表面硬度 HRC33～38；下钻过程允许上提下压 40kN；投入钢球 Φ35mm。

铣锥是斜向器开窗中切削套管的工具，铣锥又分为单锥、复锥，近年来又发展成带复合片的铣锥，主要用于高强度套管或者双层套管的开窗作业。铣锥由接头、柱状体、锥体三部分组成。特点是左旋形状，磨铣平稳，不挂窗口，不卡斜向器。一次下钻即可完成全部开窗作业。图 3-28 是油田常用的几种不同形式的铣锥。

图 3-28　油田常用铣锥

2. 斜向器开窗作业过程

1）开窗工具入井过程

通过钻柱将斜向器总成缓慢送入井下，严禁下钻过程中循环泥浆和猛提猛放钻柱，以防液柱压力波动使销钉提前剪断而中途坐封。下斜向器时如遇阻，禁止旋转钻具，应及时起钻通井。当斜向器总成送达预定的开窗位置时，缓慢转动转盘调整斜向器的斜面方位与开窗方位相一致（图 3-29）。

图 3-29　下入斜向器　　　　　图 3-30　定向坐封　　　　　图 3-31　下入开窗铣锥

2）坐封过程

斜向器下到开窗点后小排量循环一会儿，看是否有堵塞水眼现象，当排量达到 4～5L/s 时，钢球之上的限球套在泥浆节流压差的作用下，开始下滑，迫使钢球压缩缸底弹簧，密封缸底中心孔流道，使钻柱系统内腔形成高压体。当泵压达到 5～10MPa 时，三级液缸中的活塞在泥浆压力作用下联动剪断缸底活塞剪钉同时向下移动，并推动上下卡瓦牙沿径向向外运动而强迫吃入套管内壁本体，当泵压达到 20～25MPa 时稳压 5～10min，上下卡瓦牙吃入套管内壁设计深度，此时，限位马牙起锁紧作用并防止活塞退回。同时，上提 30～60kN，下放钻压 80～200kN，重复 1、2 次，确认坐封成功（图 3-30）。

3）坐封装置的工作参数

泥浆泵泵压达到 5～10MPa，剪断缸底活塞剪钉。泥浆泵泵压达到 20～25MPa 时，使上下卡瓦坐封力达 300～450kN。

4）窗口的形成过程

开窗是侧钻中的重要工序，而窗口质量是保证下步工序以及整个侧钻施工过程的关键因素。

窗口形成是在固定斜向器的部位，利用开窗铣锥及斜向器斜面的作用，对套管特定侧面进行定向切削，在套管上开出一个具有一定长度的"椭圆"状光滑窗口。

在斜向器总成下井至预定位置并坐封成功以后，正转钻柱实现与斜向器的分离。然后，下铣锥可实现正常磨进（图 3-31），直至开窗钻头全面穿出套管至预定井深。开窗施工中，对钻井参数尤其是对钻压的要求极为严格。应根据不同的施工阶段，施加不同的钻压。根据施工过程中对钻压和转速的要求，开窗过程可分为四个阶段（图 3-32）。

第一阶段：初磨阶段，如图 3-32（a）。当铣锥尖部到遇阻点后，采用 0.5～1t 低钻压，40～60r/min 低转速钻进 0.2～0.6m（要求：司钻每次勤送少送保证有进尺，严禁吊打和长时间不送钻）。

第二阶段：全面开窗阶段，如图 3-32（b）。此段铣锥底部接触套管内壁到铣锥尖部全部磨出套管外壁。如果不憋不跳，钻压可缓慢增加到 1～2t，转速增加到 60～70r/min，继续钻进至 0.6～1.4m（要求：司钻每次勤送少送保证有进尺，严禁吊打和长时间不送钻）。

第三阶段：窗口成形阶段，如图 3-32（c）。此段从铣锥尖部磨出套管到铣锥后部最大直径全部铣出套管。如果工作平稳，视其机械钻速而论，较慢可增加钻压在 2～5t 范围内调整，继续钻进至 1.4～2m（要求：司钻每次勤送少送保证有进尺，严禁吊打和长时间不送钻），在此期间，应根据机械进尺和铁削判断铣锥的切削性能和磨损程度。

第四阶段：修窗加深井眼阶段，如图 3-32（d）。此段铣锥大端出套管到铣锥进入地层 2～4m。应采取修窗加深井眼交替操作的方式，修窗一次加深 0.2～0.3m，钻压 3～6t，转速 70～80r/min，反复划铣加深数次，使整个窗口井段无阻卡现象为止。磨铣完毕，应充分循环，直至畅通后起钻。

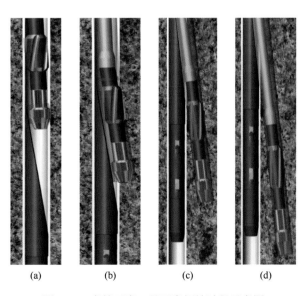

（a）　　　（b）　　　（c）　　　（d）

图 3-32　套管开窗工具开窗侧钻过程示意图

3. 斜向器开窗工具性能特点

（1）斜向器采用双角度复合斜面，保证有较大的分叉角，斜面倾角达到 3°～4°，进一步提高了套管开窗侧钻的分叉速度，实现了快速分叉。

（2）斜向器工作面采用硬化处理，增加了斜向器斜面的硬度，HRC 达到 55～58，降低了开窗钻头对导斜器斜面的损伤，进一步保证了斜向器有较大分叉角，增强了开窗钻头对外层套管的切削能力。

（3）斜向器以其有效长度大于套管下窗口位置为设计依据，可防止开窗钻头在切削套管的过程中损伤卡瓦牙使坐封器松动而落井。

在深井、超深井斜向器开窗过程中，仍存在以下问题：

（1）深井/超深井斜向器开窗需要高强度的磨铣工具。目前油田使用的开窗铣锥为复式铣锥，这种铣锥是利用在铣锥头部堆焊硬质合金颗粒的球头来磨铣套管，由于受到复式铣锥外形轮廓结构及硬质合金颗粒材料性质的限制（硬质合金颗粒焊条选型单一），导致铣锥侧向切削高强度套管的能力不足，硬质合金颗粒易钝化、易掉落。现有开窗铣锥单只开透有难度（典型案例统计 2～3 只），当油层套管开透后，铣锥钻头尖部早已损伤，再次切削高强度的管外岩石其阻力增大，切削速度大幅降低，迫使铣锥钻头沿最小阻力方向行进，即顺老套管走，导致侧不出去的可能性发生。

（2）斜向器需要有足够的斜面硬度及分叉角。现使用的斜向器，斜面的硬度与被切套管硬度相当，开窗过程中处于"两败俱伤"的境地，同时斜面中心线上分布有 Φ60mm 的丝扣孔，人为地降低了斜面抵抗铣锥钻头切削的能力，这将导致分叉角变小，即窗口长度加长，铣锥钻头尾部过量切削斜向器本体和套管壁，致使套管壁被切破至斜向器坐封井段时，斜向器就松动而落井，导致开窗失败。

（3）斜向器开窗需要有可靠的坐封器。在典型案例统计中，常发生斜向器松动落井及中途遇阻等问题，需要重新下入新的工具及解卡打捞等措施，这增加了施工周期及钻井成本，甚至导致开窗失败。

因此，研制与客观工况相适应的高效率、可靠性强、寿命长的套管开窗工具，以及与之相配套的工艺技术，以达到坐封稳定、快速分叉、窗口光滑的目的。

3.3.2 段铣器开窗技术

套管段铣开窗侧钻是采用套管段铣工具将套管从预计位置截断，然后将套管磨铣一节（一般 30～50m），再在段铣井段打水泥塞 40～60m，候凝 48～72h，钻水泥塞至预定侧钻点，下定向钻具组合实施裸眼定向侧钻的工艺，以实现老井、报废井、事故井重新完井开发中后期剩余油气藏的目的。套管段铣开窗也称全方位开窗。据资料统计，目前，市场上主力产品均属软支撑套管段铣工具（图 3-33）。

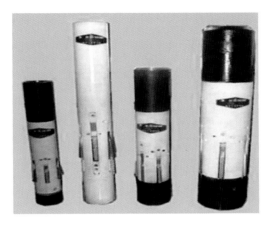

图 3-33　段铣工具外形图

1. 套管段铣工具结构及工作原理

生产段铣工具的厂家很多,但结构大致相似(图 3-34),主要是由上接头、调压总成、活塞总成、复位弹簧总成、本体与刀具支撑总成和扶正总成等部件组成。

1)段铣工具结构

段铣工具结构如图 3-34 所示。

上接头　弹簧　防掉钉　弹簧压圈　刀体套筒 活塞 销轴　　刀体部件　　　　防掉钉　孔用U形图　扶正接头部件

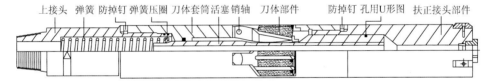

图 3-34　段铣工具结构简图

2)段铣工具的工作原理

当套管段铣工具下放到预定位置后,先启动转盘,然后开泵循环,钻井液流经节流喷嘴时形成压差作用在活塞上产生压力并使活塞上行/下行推动刀翼支撑体,强迫刀翼外张,刀翼切削刃给套管壁一个横向力进而切割套管。当套管被切断后,刀翼逐渐外张最后达到最大限定位置,此时送钻加压进行套管段铣。段铣至预定深度后,先停泵待压力降消失后,活塞及刀翼支撑体在复位弹簧的作用下回位,刀翼靠自重和外力收回到刀槽内。然后停转盘,可进行起钻作业。

3)段铣工具的主要技术特点

(1)普遍设计有 3～8 个刀翼,可先后伸出切割/段铣套管,寿命较长,速度较快,易于更换刀片。

(2)均采用水力活塞结构和复位弹簧结构,实现刀翼撑开和收回,可靠性较高。

(3)设计有自动碰压结构,易于判断套管是否切断,当套管被割断后,刀翼张开到最大位置,泄流面积达到最大,泵压明显下降。

(4)设计有限位扶正装置,保证工作状态平稳,能有效延长刀片使用寿命,正确引导工具下行，提高段铣器寿命和段铣速度。

（5）刀翼切削刃采用不同形状的硬质合金切削元件，具有自动断落和自锐功能设计理念。

4）段铣工具使用诊断分析

根据资料统计分析，段铣工具使用中出现过以下现象：

（1）段铣时切不断套管或切不透接箍，主要出现在大斜度井、深井和固井质量不好的井。

（2）段铣过程中，出现类似于砂桥的"铁屑桥"卡钻。

（3）段铣后刀片形态主要有两种情况：①刀具磨成"钩子"形状，说明工具在进行有效段铣；②刀具磨成"锥形"形状，铣过的套管有"扒皮"现象。

（4）段铣 30～50m 套管，需要 2～5 只段铣器，主要出现在高强度套管井、大斜度深井、固井质量极差的井。

（5）对于 6000m 以上的深井，段铣成功率较低。

2. 段铣作业过程

1）段铣位置选择

段铣开窗初始截断位置应优先选择在套管接箍以上 0.6～1.5m 处，因为在切铣至接箍时，铣刀底部磨槽尚浅，铣刀刀片会以最大出刃切铣。如果初始截断位置选择在接箍以下 2m 内，在套管本体被截断时，铣刀刀片还未完全张开，刀片侧刃仍在不断切铣，易造成环空水泥环脱落或接箍倒扣，严重时还可能造成井下卡钻事故。

2）确认接箍位置的方法

（1）根据套管记录、电测图和钻具长度来校核刀片的位置。

（2）在开泵的情况下慢慢上提下放钻具，如果悬重在同一方入处上升或下降 10～20kN，就可以确认此方入就是套管接箍位置，然后根据这一方入下放 5～6m，开泵进行启始磨铣切断套管。

3）窗口长度

为了避免段铣后对侧钻定向测量工具的磁干扰，需要窗口有合理的长度，长度过小，无法避免套管对定向井测量工具的干扰，窗口过长，导致段铣时间过长，造成不必要的浪费。

段铣合理的窗口长度为

$$\Delta L = \Delta L_1 + \Delta L_2 + \Delta L_3 \tag{3-96}$$

其中，$\Delta L_3 = \left(r^2 \sin^2 \alpha + 2rR \cos \alpha\right)^{\frac{1}{2}} - 2r \sin \alpha$，$R = 5400/(\pi K)$。式中，$\Delta L$ 为段铣开窗套管切铣长度，m；ΔL_1 为测斜仪器磁通门传感器至上切口不受磁干扰的最小长度，一般 2～3m；ΔL_2 为测斜仪器磁通门到钻头的距离（测斜仪器滞后距离），m；ΔL_3 为初试造斜定向井段在原井眼轴向上的投影长度，m；r 为下切口环空水泥最大封堵半径，m；R 为初试造斜井段井眼曲率半径，m；α 为侧钻点井斜角，（°）；K 为初试造斜定向工具造斜率，°/30m。

4）开窗钻具组合

Φ177.8mm 套管：Φ150mm 扶正器 1 只+Φ139.7mmK 型段铣工具+Φ120.6mm 钻挺 1 根+Φ146mm 扶正器 1 只+Φ120.65 钻铤 9 根十Φ88.9mm 钻杆。为了使工具在磨铣过程中平稳工作，在磨铣工具上部加 1 只扶正器。

Φ139.7mm 套管：Φ114mm 段铣工具+Φ88.9mm 钻铤 1 根+Φ116mm 扶正器 1 只+Φ88.9 钻铤若干+Φ73mm 钻杆。

5）操作准备

段铣工具下井前，应按照下述要进行操作准备：①检查喷嘴安装，喷嘴必须提供充足压力来控制工具，并且能提供满意的环空返速以携带出所有岩屑，最低环空返速通常为 0.6m/s。②工具下部扶正器不能小于套管内径 6mm。③工具下井前要在钻台上进行铣刀张开试验，以确定铣刀张开的最小排量和泵压。④为保证段铣工具工作平稳，下钻时应在工具上接钻铤或扶正器。

6）套管截断

小钻压 10～15kN 进行段铣 0.5m；段铣的速度控制在 0.50～1.00m/h，切铣约 10min后，泵压呈下降趋势，15min 以后，泵压可降低 1.4～1.8MPa，说明套管已截断，铣刀基本张到最大尺寸，此时应继续切铣一段时间，使断口增加宽度。

7）段铣参数

Φ139.7mm 套管：铣进参数为钻压 10～20kN，转速 80～90r/min，排量 6～7L/s，泵压 8～10MPa

Φ177.8mm 套管：排量 16～20L/s，转速 60～120r/min，钻压 17～35kN 进行磨铣。在进行磨铣过程中，应优选一组合理的参数组合。

8）遇卡处理

遇卡原因：①切削液黏度较大，泵排量不足时，大量铁屑堆积在段铣工具周围并缠绕在铣刀上，再将工具拉入套管时遇卡。②活塞总成被卡。③切铣时钻压过大或溜钻、顿钻，造成铣刀变形。

措施：①将工具下放进入窗口 1.5～3m，停泵转动工具，慢慢尝试将工具拉入套管。②返回切口位置无泵压切铣，钻压 5～15kN，转速 120～150r/min，约 30min 便可磨光铣刀切削刃。

3.3.3　斜向器开窗和段铣开窗技术比较

1. 斜向器开窗

优点：①作业时间短，套管切削量小；②施工作业简单。

缺点：①窗口造型不好，影响下一步工作；②对于定向侧钻，必须使用陀螺；③斜向器无可钻性，如果定位不好，需要扭方位；④为了得到高质量的窗口，开窗过程需要精心控制。

2. 段铣开窗

优点：①能提供高质量的窗口；②受原井套管状况影响较小；③定向时可以使用MWD工具。

缺点：①作业时间较长；②套管切削量大；③要求开窗井段的固井质量良好。

3.4 随钻扩眼技术

国内外定向和水平井造斜井段随钻扩眼作业通常使用导向随钻扩眼技术（SRWD）（Kinn et al.，1999），随钻扩眼工具配合旋转导向系统或弯外壳螺杆钻具使用，在造斜同时进行扩眼作业。随钻扩眼作业过程中，所使用的扩眼工具类型不同，钻柱结构组成也有所不同。目前，应用于定向井段的随钻扩眼工具有偏心钻头（单体/双体式）、近钻头扩眼器（偏心/同心式），每种钻柱结构可根据不同井况加装稳定器、震击器、无磁短节、降扭减震短节等工具。典型钻柱基本结构如图 3-35 所示。

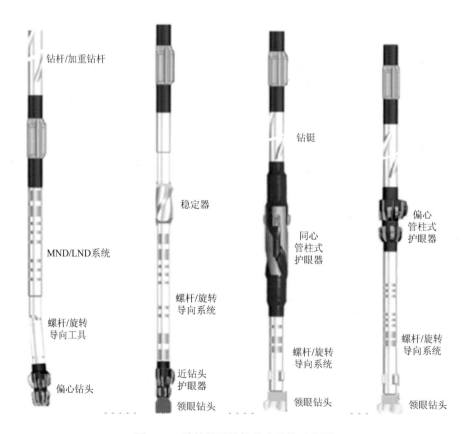

图 3-35 随钻扩眼钻柱基本结构示意图

3.4.1　随钻扩眼钻柱动力学模拟理论模型的建立

随钻扩眼钻柱动力学研究主要针对大斜度小井眼深井（＞5000m），需考虑井深、井眼曲率和扩眼工具的类型，以及 BHA 处于造斜弯曲井段内和钻柱摩阻、扭矩的影响。Meyer-heye 等（2011）研究了扩眼器切削齿的切削力对下部钻具动力学特性的影响，Compton 等（2010）研究了井眼轨迹及井筒形状对 BHA 力学特性的影响，Partin 等（2010）分析了切削齿的几何及力学特征求解随钻扩眼过程中的动力学参数，有限元模拟结果说明，低于 10%的扩眼器钻压分配有利于减小 BHA 的严重振动。另外，由于双中心钻头在大斜度随钻扩眼过程中应用较多，所完成的扩眼作业质量较高（Rasheed et al.，2005）。因此，以双中心扩眼钻头作为扩眼工具，并考虑到以上影响因素，分析扩眼钻柱结构的几何特征和钻井参数对随钻扩眼钻柱动力学特征的影响，优选随钻扩眼钻柱结构和钻井参数。

1. 基本假设

（1）钻柱组合为一空间弹性梁，在每个单元内，钻柱的几何特性和材料特性保持不变，但不同单元具有不同的材料特性和截面特性。

（2）刚性井壁，圆形井眼。钻柱与井眼之间存在环形间隙，钻头处径向间隙为零。

（3）钻头位于井眼中心。

（4）对于机构性钻具，根据其结构计算出等效刚度和质量，不考虑钻柱螺纹连接处及局部孔、槽的刚度。

（5）钻柱与井壁间的摩擦为库仑滑动摩擦。

2. 单元节点位移与节点载荷

任取一单元，以其中心线为 Z' 轴，OX'，OY' 分别与截面主惯性轴重合（图 3-36）。

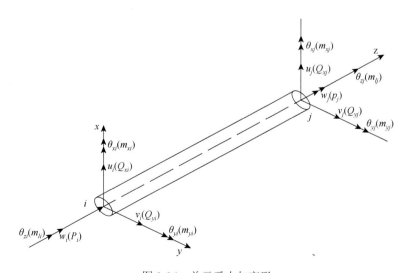

图 3-36　单元受力与变形

在每个节点上取三个移动位移和三个转动位移共六个自由度，即：沿 x 方向的位移：u_i，u_j；沿 y 方向的位移：v_i，v_j；z 轴的位移 w_i，w_j；绕 x 轴的扭转角：θ_{xi}，θ_{xj}；绕 y 轴的扭转角：θ_{yi}，θ_{yj}；绕 z 轴的转角 θ_{zi}，θ_{zj}。

引起节点位移相应的节点载荷为：轴向力：P_i，P_j；沿 x 轴的横向剪力：Q_{xi}，Q_{xj}；沿 y 轴的剪力：Q_{yi}，Q_{yj}；扭矩：$m_{\ell i}$，$m_{\ell j}$；xz 平面内的弯矩：m_{yi}，m_{yj}；yz 平面内的弯矩：m_{xi}，m_{xj}。

在有限元分析中，通常把节点位移作为基本未知量，每个单元在任一瞬时位置用该单元所含节点位移来表示。因此，系统内各节点的位移就组成了系统的广义坐标。

对于三维弹性梁，梁内任一截面上的轴向位移的位移模式可取为 z 的线性函数，挠度 u、v 可用 3 次多项式表示，扭转角 $\theta(z)$ 的位移模式取为 z 的线性函数，则梁单元的节点位移插值函数为

$$
\begin{aligned}
u(z,t) &= a_0 + a_1 z + a_2 z^2 + a_3 z^3 \\
v(z,t) &= b_0 + b_1 z + b_2 z^2 + b_3 z^3 \\
w(z,t) &= c_0 + c_1 z \\
\theta(z,t) &= d_0 + d_1 x
\end{aligned}
\tag{3-97}
$$

式中，$a_i (i=0,1,2,3)$，$b_i (i=0,1,2,3)$，$c_i (i=0,1)$，$d_i (i=0,1)$ 为待定系数。

经过一系列变换，得到单元内任一截面的位移与节点位移之间的关系有

$$
\left.
\begin{aligned}
u(z,t) &= [N]\{u_1\} \\
v(z,t) &= [N]\{u_2\} \\
w(z,t) &= [N_1]\{u_3\} \\
\theta(z,t) &= [N_1]\{u_4\}
\end{aligned}
\right\}
\tag{3-98}
$$

其中，$[N]$、$[N_1]$ 为位移的插值函数（形函数）。

3. 单元运动方程

在多自由度系统中，运动必须满足拉格朗日方程：

$$
\frac{\mathrm{d}}{\mathrm{d}t}\frac{\partial T}{\partial \dot{q}_j} - \frac{\partial T}{\partial q_j} + \frac{\partial V}{\partial q_j} + \frac{\partial \psi}{\partial \dot{q}_j} = Q_j
\tag{3-99}
$$

另外，考虑到钻柱在运动过程中具有动能、弯曲、扭转变形能和轴向力势能以及受到阻尼后能量的耗散（Lee，1991），其在局部坐标系下的单元运动方程为

$$
[M']_e \left\{ \ddot{\delta} \right\}_e + [C']_e \left\{ \dot{\delta} \right\}_e + [K']_e \{\delta'\}_e = \{R'\}_e
\tag{3-100}
$$

式中，$\{\delta'\}_e = \left\{ \{u_1\}^{\mathrm{T}}, \{u_2\}^{\mathrm{T}}, \{u_3\}^{\mathrm{T}}, \{u_4\}^{\mathrm{T}} \right\}^{\mathrm{T}}$，称为节点位移矩阵；$\{R'\}_e = \left\{ \{Q_1\}^{\mathrm{T}}, \{Q_2\}^{\mathrm{T}}, \{Q_3\}^{\mathrm{T}}, \{Q_4\}^{\mathrm{T}} \right\}^{\mathrm{T}}$，称为单元载荷矩阵；$[M']_e$ 称为单元质量矩阵；$[C']_e$ 称为单元阻尼矩阵；$[K']_e$ 称为单元刚度矩阵。

4. 钻柱系统运动方程

钻柱运动过程中，钻柱偏心会引起钻柱横向振动，因此需研究不平衡质量引起的广义节点力。另外，在弯曲井段中，由于井眼的限制，钻柱将产生一定的初弯曲，其初弯曲率对挠度的影响有很大的改变，需要对钻柱初弯曲进行修正。将弯曲井段各节点所受重力等价为横向分布力和纵向分布力。若钻柱端部受轴向集中力影响，可利用等效均布载荷将轴向集中力对钻柱的影响转变为各节点的横向分布力，要求等效载荷所产生的弯矩图与初弯曲弯矩图相同。最后，将各单元运动方程按一定的规则叠加组合成钻柱结构的总体运动方程：

$$[M]\{\ddot{\delta}\}+[C]\{\dot{\delta}\}+[K]\{\delta\}=\{R\} \tag{3-101}$$

式中，$\{\delta\}$ 为钻柱结构的各节点广义位移矩阵；$\{\dot{\delta}\}$ 为钻柱结构各节点广义速度矩阵；$\{\ddot{\delta}\}$ 为钻柱结构各节点广义加速度矩阵；$[M]$ 为钻柱结构的总体质量矩阵；$[C]$ 为钻柱结构的总体阻尼矩阵；$[K]$ 为钻柱结构的总刚度矩阵；$\{R\}$ 为钻柱结构的广义外力矩阵。

5. 双中心钻头钻压扭矩分配

采用基于工具侵蚀性和机械破岩能耗（MSE）的理论方法对随钻扩眼钻柱的钻压/扭矩进行研究。工具侵蚀性是从钻头侵蚀性的定义延伸而来，泛指工具产生一定大小扭矩需要在工具本体上施加多少钻压。机械破岩能耗指工具移除一定体积岩石需要多少扭矩。

随钻扩眼钻井中，总钻压 $WBR = WOB + WOR$，人为施加于 BHA 上；总扭矩 $TBR = TOB + TOR$，由切削力产生。扩眼钻头以下的 BHA 是刚性的，领眼钻头和扩眼钻头有相同的转速和机械钻速，否则 BHA 的长度会随时间消长。

机械破岩能耗：

$$\text{MSE}_B = \frac{\text{WOB}}{A_B} + \frac{120\pi \cdot \text{RPM} \cdot \text{TOB}}{A_B \cdot \text{ROP}} \approx \frac{120\pi \cdot \text{RPM} \cdot \text{TOB}}{A_B \cdot \text{ROP}} \tag{3-102}$$

$$A_B = \frac{\pi}{4} \cdot D_B^2 \tag{3-103}$$

$$\text{MSE}_R = \frac{\text{WOB}}{A_R} + \frac{120\pi \cdot \text{RPM} \cdot \text{TOR}}{A_R \cdot \text{ROP}} \tag{3-104}$$

$$A_R = \frac{\pi}{4} \cdot \left(D_R^2 - D_B^2\right) \tag{3-105}$$

式中，MSE_B、MSE_R 分别为钻头、扩眼工具的机械破岩能耗，N/m^2；A_B、A_R 分别为钻头、扩眼工具的横截面积，m^2；RPM 为转速，r/min；ROP 为机械钻速，m/s；D_B、D_R 分别为钻头、扩眼工具的外径，m。

MSE 可以用来监测钻井过程，钻井效率 η 为

$$\eta = \frac{\text{CCS}}{\text{MSE}} \tag{3-106}$$

式中，η 为钻井效率；CCS 为岩石强度，MPa。

则，双中心钻头扭矩分配比为

$$\frac{\text{TOR}}{\text{TOB}} = \frac{\text{CCS}_R}{\text{CCS}_B} \cdot \frac{\eta_B}{\eta_R} \cdot \frac{A_R}{A_B} \qquad (3\text{-}107)$$

双中心钻头钻压分配比为

$$\frac{\text{WOR}}{\text{WOB}} = \frac{\text{CCS}_R}{\text{CCS}_B} \cdot \frac{\eta_B}{\eta_R} \cdot \frac{\mu_B a_B}{\mu_R a_R} \cdot \frac{A_R}{A_B} \qquad (3\text{-}108)$$

式中，TOB、TOR 分别为钻头、扩眼工具承受的扭矩，N·m；WOB、WOR 分别为钻头、扩眼工具承受的钻压，N；a_B、a_R 分别为钻头、扩眼工具的扭力臂，m；μ_B、μ_R 分别为钻头、扩眼工具刀翼的侵蚀因子。

6. 随钻扩眼钻柱动力学分析边界条件

模型考虑的钻柱几何及力学因素包括：①钻柱浮重；②破岩工具承受的钻压；③钻井液产生的附加质量及阻尼；④井眼曲率造成的钻柱初弯曲；⑤钻柱质量偏心；⑥钻柱结构及尺寸等。利用 Mass-Spring 系统单元模拟井口游动系统，用 Mass-Spring-Damper 系统质模拟钻头与地层作用时的能量损失，将模型划分成有限个单元进行有限元计算。

建立的随钻扩眼钻柱振动有限元边界条件模型如图 3-37 所示。

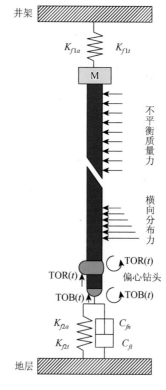

图 3-37　动力学计算模型

物理模型中，K_{f1a}、K_{f1t} 分别为井口轴向弹簧、扭转弹簧弹性系数，表征钻杆与水龙头之间的轴向及扭转作用，其中，$K_{f1a}=2.83\times10^8\text{N/m}$，$K_{f1t}=4.1\times10^6\text{N·m/rad}$；$K_{f2a}$、$K_{f2t}$

分别为地层轴向弹簧、扭转弹簧弹性系数，表征钻头与弹性地层间的轴向及扭转作用，其中，$K_{f2a}=4.43\times10^{11}$N/m，$K_{f2t}=4.1\times10^{10}$N·m/rad；$C_{fa}$、$C_{ft}$ 分别为地层弹性和扭转阻尼系数，表征钻头切削地层的能量损失，其中，$C_{fa}=2000$N·s/m，$C_{ft}=1000$N·m.s；WOR（t）、TOR（t）分别为施加在扩眼钻头上的激励力和激励扭矩；WOB（t）、TOB（t）分别为施加在领眼钻头上的激励力和激励扭矩。

领眼及扩眼钻头处节点仅允许纵向和扭转运动（绕 y 轴），井口处节点允许纵向及扭转运动，其余节点允许横向、纵向和扭转运动。

（1）井口边界条件，即顶部弹簧的边界条件：

$$u_1(0,t)=U(t)=0 \tag{3-109}$$

$$\theta_1(0,t)=\theta(t)=0 \tag{3-110}$$

（2）领眼钻头的边界条件：

$$\text{WOB}(t)=\text{WOB}_0+u_B\sin(\frac{\pi N_b N_r t}{30}) \tag{3-111}$$

$$\text{TOB}(t)=\text{TOB}_0+\sin(\frac{\pi N_b N_r t}{30}) \tag{3-112}$$

（3）扩眼工具的边界条件：

$$\text{WOR}(t)=\text{WOR}_0+u_R\sin(\frac{\pi N_R N_r t}{30}) \tag{3-113}$$

$$\text{TOR}(t)=\text{TOR}_0+\sin(\frac{\pi N_R N_r t}{30}) \tag{3-114}$$

式中，WOB(t)、TOB(t) 分别为领眼钻头的激励力与激励转角；WOR(t)、TOR(t) 分别为扩眼工具的激励力与激励转角；N_b、N_R 分别为切削刀翼辐条和牙轮的个数；N_r 为转速，r/min；t 为时间，s。

7. 载荷施加

全段钻柱施加不平衡质量力 $\{Q'\}^e=\left(\{Q_x^u\}^e\cos(\omega t)+\{Q_y^u\}^e\sin(\omega t)\right)m\omega^2$，其中，$\omega$ 为钻柱转速；钻头激励处动钻压 WOB（t）=WOB$_0$+A_0WOB$_0$sin（$N_r\cdot\omega t$）N；动扭矩 TOB（t）=TOB$_0$+A_0TOB$_0$sin（$N_r\cdot\omega t$）N·m，其中，N_r 为领眼或扩眼钻头 PDC 切削齿辐条数，ω 为转速，A_0 为比例系数。

3.4.2　随钻扩眼钻柱动力学影响因素分析

1. 计算基本输入参数

（1）井眼状况。扩眼后井眼尺寸：Φ170mm，造斜点深度：5695m，井深：5820m，井眼曲率：5°/30m，扩眼终点井斜角：10°。

（2）钻柱结构。双中心钻头+Φ120mm 可调式单弯螺杆+单流阀+Φ88.9mm 无磁承压钻杆 1 根+Φ120mmMWD 短节+Φ88.9mm 无磁承压钻杆 1 根+Φ88.9mm 钻杆 30 根+Φ88.9mm 加重钻杆 15 根+Φ88.9mm 钻杆。

（3）双中心钻头。领眼钻头刀翼数量：5，全尺寸扩眼刀翼数量：2，半尺寸扩眼刀翼数量：3，钻压分配比：WOB/WOR=1/9，扭矩分配比：TOB/TOR=2/8。

（4）钻井参数。钻压：60kN，转速：60r/min，扭矩 2.5kN·m。

2. 转速影响模拟及分析

钻压、井眼参数及钻柱结构参数为定值，通过改变转速，分析不同转速对钻具运动轨迹、扭转角速度、轴向力、扭矩及 Von Mises 应力的影响。

1）转速对钻柱运动轨迹的影响

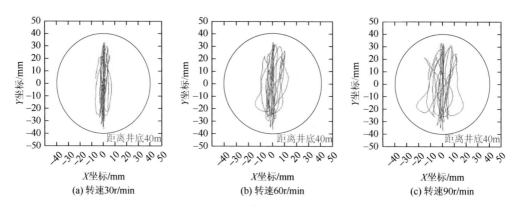

图 3-38　不同转速条件下距井底 40m 处钻具运动轨迹

由图 3-38 可以看出，转速越高，钻具横向位移越大，从而导致振动越剧烈。转速主要影响井下 BHA 的水平方向的横向运动，转速对钻杆高低边方向位移影响不大。主要原因是转速影响到质量偏心引起的不平衡力，转速越高，不平衡力越大，导致垂直于高低边方向的横向位移越大。

2）转速对井口轴向力的影响

转速对井口轴向力的影响见图 3-39，由图可知，1s 内井口轴向力基本无变化，井底激振产生的弹性波传递到井口需要一定时间。随着转速的增加，井口轴向力波动幅度增大，轴向力波动频率与转速呈正相关关系。

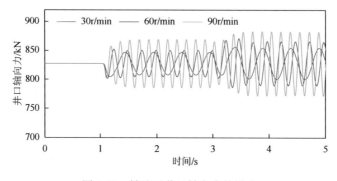

图 3-39　转速对井口轴向力的影响

3）转速对井口扭矩的影响

转速对井口扭矩的影响见图 3-40。由图可知，转速增大，井口扭矩波动均值增大，波动幅度增加，频率也逐渐增加。改变转速对井口扭矩的影响较大。

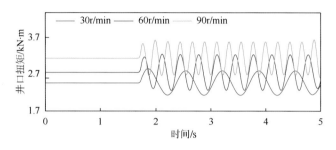

图 3-40　转速对井口扭矩的影响

4）转速对扭转角速度的影响

分析知转速对螺杆处扭转角速度影响较大，其影响见图 3-41。由图可知，转速增大，扭转角速度波动均值增大，波动幅度增加，频率也逐渐增加。

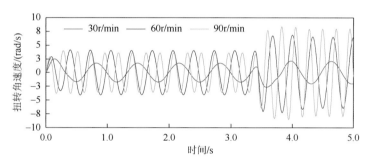

图 3-41　转速对扭转角速度的影响

5）转速对等效应力的影响

转速对 1000m 处及井口处钻杆的等效应力影响见图 3-42、图 3-43。

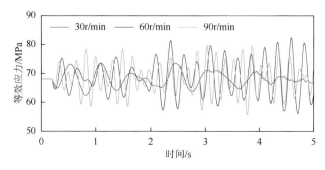

图 3-42　转速对 1000m 处钻杆等效应力的影响

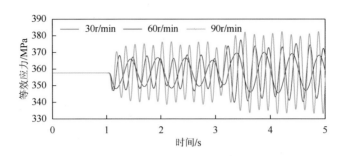

图 3-43　转速对井口处钻杆等效应力的影响

由图 3-42 和图 3-43 可知，钻杆等效应力波动幅度随转速的增加而增加，转速越高，等效应力波动频率越高，钻柱承受波动载荷越大，越易出现疲劳损坏，井口处钻具等效应力变化趋势与井口轴向力波动趋势相同。

3. 井斜角影响模拟及分析

1）井斜角对钻具运动轨迹的影响

井斜角对钻柱运动轨迹的影响见图 3-44。由图可知，随着井斜角的增加，钻具平衡位置趋向井眼底边，较大井斜角使得更多钻杆受重力作用贴靠井壁，钻具垂直于高低边方向的运动幅度降低。

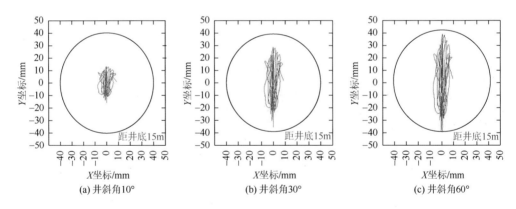

图 3-44　不同井斜角条件下距井底 15m 处钻具运动轨迹

2）井斜角对扭转角速度的影响

井斜角对扭转角速度的影响见图 3-45。由图可知，井斜角增加，扭转角速度波动幅值减小，波动频率较低。较大井斜角使得斜井段钻柱贴靠井眼底边，振动减弱，且在小井斜角条件下（井斜角为 10°），螺杆处钻柱扭转角速度在 3s 以后振幅加大，而井斜角增大后，5s 内钻杆的扭转角速度有逐渐平缓的趋势。

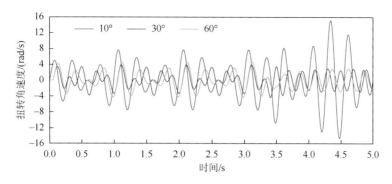

图 3-45 井斜角对螺杆处扭转角速度的影响

3）井斜角对井口轴向力的影响

井斜角对井口轴向力的影响见图 3-46。由图可知，井斜角增加，斜井段钻柱重力轴向分量随之减小，井口轴向力均值减小，波动幅度和频率基本不变。较大井斜角使得钻柱贴靠于井眼底边，轴向力随之减小。

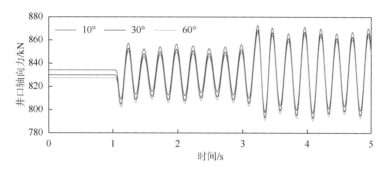

图 3-46 井斜角对井口轴向力的影响

4）井斜角对井口扭矩的影响

图 3-47 是不同井斜角下井口扭矩随时间变化的趋势。由图可知，井斜角增加，更多钻柱与井壁接触，井口扭矩增大，波动幅度和频率基本不变。

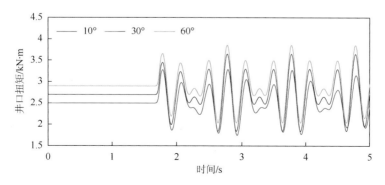

图 3-47 井斜角对井口扭矩的影响

5）井斜角对钻柱等效应力的影响

井斜角对螺杆、承压钻杆处等效应力的影响见图 3-48 和图 3-49。由图可知，井斜角增大，螺杆处钻具等效应力波动幅值增大，波动频率基本不变，井斜角的增大对近钻头处钻杆等效应力影响较小，振动幅度、频率基本不变。

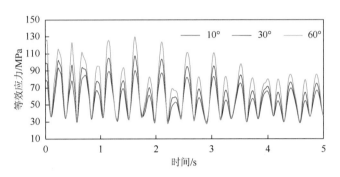

图 3-48　井斜角对承压钻杆处等效应力的影响

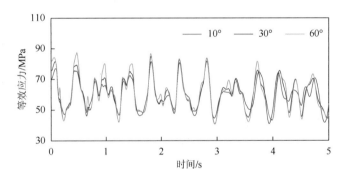

图 3-49　井斜角对近钻头钻杆等效应力的影响

综合随钻扩眼钻柱瞬态分析结果，推荐随钻扩眼钻具结构为：双中心随钻扩孔钻头+Φ120mm 可调式单弯螺杆+Φ88.9mm 无磁钻铤 1 根+Φ88.9mm 无磁承压钻杆 1 根+Φ88.9mm DP15 根+Φ88.9mmHWDP30 根+Φ88.9mmDP。滑动钻进时钻头之上 30m 处振动较大，推荐采用 1～2 根承压钻杆，为保证随钻扩眼平稳进行，推荐钻压 20～40kN，转盘转速 30～60r/min，钻头转速 210～270r/min，排量不低于 11L/s（Φ88.9mm 钻杆）。

3.4.3　随钻扩眼效果影响因素分析

1. 地层因素

大段泥岩层段扩眼井径波动剧烈，幅度较大，其原因为大量泥岩的存在使得扩眼井壁稳定性不佳，受钻井液较长时间浸泡，泥岩坍塌掉块严重，形成大井径。

泥灰岩互层、砂泥岩互层的出现使得扩眼钻头受力不均，破岩比例不匀，产生椭圆形井眼，是影响扩眼质量的重要因素。

领眼钻头钻进硬夹层时，扩眼刀翼部分仍在相对较软层段，同时施加的大钻压使得领眼钻头承受较大冲击力致使切削齿承受碰撞冲击，亦对扩眼效果造成较大影响。

2. 钻井参数

对三口随钻扩眼井 AC 井、AK 井和 AT 井进行分析，发现钻井参数的变化影响扩眼效果。

1）排量

AC 井施工排量在 12.5L/s 的情况下，定向随钻扩孔段井径在 Φ170～Φ183mm，实现了扩孔目标；AK 井施工排量 11.2～11.7L/s，实测井径分析，该井平均井径未达到 Φ165.1mm，不能满足下膨胀管要求；AT 井采用国产螺杆施工，排量不到 10.5L/s，憋泵严重，换美国进口的 120mm UK114 螺杆后（UK114 螺杆和 UK100D 螺杆钻具输出特性曲线见图 3-50），工具面稳定，排量 10.5L/s，未出现憋泵的情况。由此可见，螺杆的输出特性也是影响扩眼效果的重要影响因素之一。

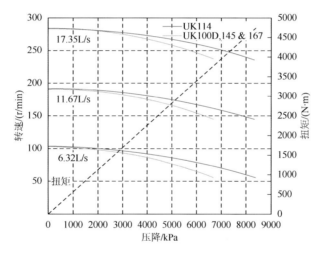

图 3-50　进口可调式单弯螺杆钻具输出特性曲线

由进口可调式单弯螺杆钻具输出特性曲线可知，在排量 11L/s，压降 2.75MPa 时，螺杆转速 180～185r/min，输出扭矩 2900N·m，此时能够满足随钻扩眼的要求，且提高转速有利于扩眼效果，推荐 120mm 螺杆的排量大于 11L/s，以保证有效的扩眼率。

2）机械钻速

AC 井平均机械钻速 1.32m/h，扩眼井段平均井径 Φ176mm，平均井眼扩大率 4.0%～6.6%，在整个扩眼井段的井眼扩大率至少大于 4%，取得了较好的扩眼效果；AK 井平均机械钻速 1.65m/h，该井上部为卡拉沙依组 1，以泥岩为主，平均井径 Φ224mm，扩大率为 35.54%；在 5340～5380m 出现椭圆形井眼，长轴方向 183mm，短轴方向为 163mm；5490～5569m，地层为泥晶灰岩、泥质灰岩夹灰色泥岩。13 臂方向井眼直径与扩眼钻头直径相当，但 24 臂井径只有 Φ157mm，平均井径扩眼率仅为 0.5%，扩眼效果欠佳。AT 井平均机械钻速 1.19m/h，在 5360~5400m，主要以泥岩为主，井眼存在垮塌现象，此井段扩眼高达 26.46%，但到下部井段 5450~5550m，13 臂和 24 臂井径均小于 165mm，平均井径为 Φ163mm，此段井径扩大率为 -1.7%，通过地层对比，在 5450~5550m 井段，地层为灰泥岩互层，灰岩为主。三口井的扩眼参数情况见表 3-2。

表 3-2　三井扩眼参数及扩眼效果统计

井号	AC 井	AK 井	AT 井
扩眼井段/m	5712~5861.5	5233~5579	5311~5692
机械钻速/(m/h)	1.32	1.65	1.19
平均井径/mm	693	746	689
平均井径扩大率/%	4.0~6.6	0.5~35.5	-1.7~26.46
最大井径/mm	873	1184	938
最小井径/mm	645	542	612
钻压/MPa	20~28	20~50	40~80
泵压/MPa	24~25	20~25	22~25
排量/(L/s)	13.4~14	11.5~11.7	11
地层岩性	灰、绿灰色泥岩夹黄灰色泥灰岩、灰色泥晶灰岩	灰、棕褐色泥岩、浅灰色细粒砂岩、泥质粉砂岩不等厚互层、灰泥岩互层	棕褐、褐灰、深灰色泥岩，粉砂质泥岩，灰泥岩互层

3）双心钻头结构

双心钻头几何形态由四个变量决定：扩眼后直径 r_d、工具通过直径 r_n、领眼钻头直径 r_p 和扩眼刀翼圆弧线所对应的翼角 α（NOV 双心钻头标注格式为：工具通过直径×扩眼后直径×领眼钻头直径）。图 3-51 为双心钻头几何形态图。

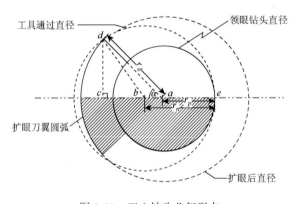

图 3-51　双心钻头几何形态

双心钻头几何形态的四个变量相互影响，改变其中任一变量均会影响其他变量，从而改变扩眼后直径影响扩眼效果。

3.4.4　随钻扩眼技术现场试验

1. 扩眼钻具组合

钻具组合为：5-3/4″×6-1/2″×4-3/4″定向扩孔钻头+Φ120mm 可调式单弯螺杆+单流阀+Φ88.9mm 无磁承压钻杆 1 根+Φ120mmMWD 短节+Φ88.9mm 无磁承压钻杆 1 根+Φ88.9mm 加重钻杆 30 根+Φ88.9mm 加重钻杆 15 根+Φ88.9mm 钻杆。

2. 扩眼参数

（1）桑塔木组。桑塔木组为灰、绿灰色泥岩夹黄灰色泥灰岩、灰色泥晶灰岩，进尺：92m（5712～5804m），具体扩眼参数见表 3-3。

表 3-3　钻进桑塔木组扩眼参数

	钻进层位	桑塔木组		总进尺/m	92
钻进参数	井斜角/（°）	13.9～29.5	钻井液性能	密度/（g/cm³）	1.22
	方位角/（°）	217～237		黏度/s	54
	平均每米钻时间/min	50		塑性黏度/（mPa·s）	18
	平均钻压/kN	25		动切力/Pa	6.5
	转速/（r/min）	滑动钻进		静切力/Pa	6/12
	平均排量/（L/s）	12.23		API 失水/mL	4.6
	平均泵压/MPa	25		泥饼厚度/mm	0.4

（2）良里塔格组。良里塔格组为浅灰、浅棕灰色泥晶灰岩，进尺：57.5m（5804～5861.5m），具体扩眼参数见表 3-4。

表 3-4　钻进良里塔格组扩眼参数

	钻进层位	良里塔格组		总进尺/m	57.5
钻进参数	井斜角/（°）	28.7～38.5	钻井液性能	密度/（g/cm³）	1.22
	方位角/（°）	224～219		黏度/s	49
	平均每米钻时间/min	41		塑性黏度/（mPa·s）	16
	平均钻压/kN	22.9		动切力/Pa	8
	转速/（r/min）	滑动钻进		静切力/Pa	5/12
	平均排量/（L/s）	12.4		API 失水/mL	4.6
	平均泵压/MPa	24.7		泥饼厚度/mm	0.4

3. 扩眼效果

由四臂井径测井数据，扩眼井段 5695～5862m，扩孔进尺 153m，有效钻时 116h，机械钻速 1.32m/h，扩眼井段平均井径 693mm，平均井眼扩大率 6.57%，最大井径 873mm，最小井径 645mm，分段数据见表 3-5。通过对扩眼井径分析，井眼扩大率曲线见图 3-52。

表 3-5　分段井径数据

扩眼层位	桑塔木组	桑塔木组	良里塔格组
扩眼井段/m	5695～5712	5712～5804	5804～5862
平均井径/mm	710	692	676
平均井径扩大率/%	9.22	6.50	4.00
最大井径/mm	873	791	755
最小井径/mm	726	675	645
平均钻压/kN	23.38	20	28.23
平均泵压/MPa	22.87	24.3	24.38
平均排量/（L/s）	12.52	12.34	12.05

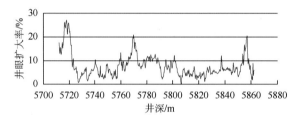

图 3-52　井眼扩大率图

3.5　小井眼流体力学与井眼净化

3.5.1　超深井小井眼水力学模型

超深井小井眼钻井与常规井眼相比，具有井眼及环空间隙小的特点。环空间隙的大小、钻柱旋转和钻柱偏心等因素对井筒压降和流速分布的影响较大，使得常规钻井中所采用的流体力学计算模型以及相关的工艺技术已不再适用于超深井小井眼的钻井设计和施工。超深井小井眼水力参数设计的关键是准确建立钻井液在钻柱内流道和环空中流动的压降和流速分布模型。图 3-53 和图 3-54 分别为井眼环空流道和钻柱内流道的截面示意图，环空的内、外半径分别为 R_i 和 R_o，钻柱内流道的内径为 R_d。钻柱以角速度 Ω 旋转，井壁或套管壁静止，钻柱和环空间的偏心距为 e。

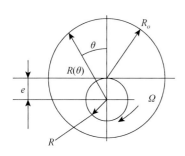
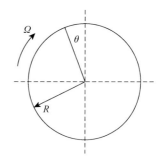

图 3-53　偏心环空过流断面　　　　　　　　图 3-54　管内流道几何特性

1. 环空速度分布模型

以流体做层流流动时的连续方程、运动方程和 H-B 流体本构方程为基础，推导出极坐标系下，环空中任意点（r，θ）处钻井液流动的轴向速度 u（r）和周向角速度 ω（r）计算模型为

$$u\left(r\right)=\begin{cases} \int_{R_i}^{r}\dfrac{1}{\eta}\left(\dfrac{P_z\cdot r}{2}+\dfrac{C}{r}\right)\mathrm{d}r & R_i\leqslant r<r_{pi} \\[2mm] \int_{R_o}^{r}\dfrac{1}{\eta}\left(\dfrac{P_z\cdot r}{2}+\dfrac{C}{r}\right)\mathrm{d}r & r_{po}<r\leqslant R_o \\[2mm] \int_{R_i}^{r_{pi}}\dfrac{1}{\eta}\left(\dfrac{P_z\cdot r}{2}+\dfrac{C}{r}\right)\mathrm{d}r & r_{pi}\leqslant r\leqslant r_{po} \end{cases} \qquad (3\text{-}115)$$

（注：环空内壁 $u(R_i)=0$，环空外壁 $u(R_o)=0$）

$$\omega\left(r\right)=\begin{cases} \int_{R_i}^{r}\dfrac{1}{\eta}\left(-\dfrac{1}{3}\rho g\sin\alpha\cdot\sin\theta+\dfrac{B}{r^3}\right)\mathrm{d}r+\Omega & R_i\leqslant r<r_{pi} \\[2mm] \int_{R_o}^{r}\dfrac{1}{\eta}\left(-\dfrac{1}{3}\rho g\sin\alpha\cdot\sin\theta+\dfrac{B}{r^3}\right)\mathrm{d}r & r_{po}<r\leqslant R_o \\[2mm] \int_{R_i}^{r_{pi}}\dfrac{1}{\eta}\left(-\dfrac{1}{3}\rho g\sin\alpha\cdot\sin\theta+\dfrac{B}{r^3}\right)\mathrm{d}r+\Omega & r_{pi}\leqslant r\leqslant r_{po} \end{cases} \qquad (3\text{-}116)$$

边界条件：环空内壁 $\omega\left(R_i\right)=0$，环空外壁 $\omega\left(R_o\right)=0$。

2. 环空视黏度分布

根据 H-B 流体本构方程及环空内轴向速度和轴向速度分布，即可计算出环空任意一点处的视黏度 η（r）：

$$\eta\left(r\right)=\frac{K^{\frac{1}{n}}\left[\left(\dfrac{1}{3}G_\theta r+\dfrac{B}{r^2}\right)^2+\left(\dfrac{1}{2}P_z r+\dfrac{C}{r}\right)^2\right]^{\frac{1}{2}}}{\left\{\left[\left(\dfrac{1}{3}G_\theta r+\dfrac{B}{r^2}\right)^2+\left(\dfrac{1}{2}P_z r+\dfrac{C}{r}\right)^2\right]^{\frac{1}{2}}-\tau_0\right\}^{\frac{1}{n}}} \qquad (3\text{-}117)$$

3. 环空压力梯度计算模型

根据流量的定义，通过在整个环空过流断面上积分，可推导出井眼环空内流量与压力梯度的关系，解得压力梯度 P_z：

$$P_z = \frac{Q}{\int_0^\pi (b_1 + b_2 + b_3) \mathrm{d}\theta} \tag{3-118}$$

式中，

$$b_1 = \int_{R_i}^{r_{pi}(\theta)} \frac{r_{pi}^2(\theta) - r^2}{\eta(r,\theta)} \left(\frac{r}{2} + \frac{C(\theta)}{P_z r} \right) \mathrm{d}r \tag{3-119}$$

$$b_2 = \int_{R(\theta)}^{r_{po}(\theta)} \frac{r_{po}^2(\theta) - r^2}{\eta(r,\theta)} \left(\frac{r}{2} + \frac{C(\theta)}{P_z r} \right) \mathrm{d}r \tag{3-120}$$

$$b_3 = \int_{R_i}^{r_{pi}(\theta)} \frac{r_{po}^2(\theta) - r_{pi}^2(\theta)}{\eta(r,\theta)} \left(\frac{r}{2} + \frac{C(\theta)}{P_z r} \right) \mathrm{d}r \tag{3-121}$$

式（3-118）为井眼偏心环空中 H-B 流体层流螺旋流的压力梯度计算模型。

4. 钻柱内速度分布模型

1）角速度分布

钻柱内 H-B 流体螺旋流的角速度 ω 为

$$\omega = \int_{R_d}^r \frac{1}{\eta} \left(-\frac{1}{3} \rho g \sin\alpha \sin\theta \right) \mathrm{d}r + \Omega \qquad r_0 \leqslant r \leqslant R_d \tag{3-122}$$

$$\omega_0 = \int_{R_d}^{r_0} \frac{1}{\eta} \left(-\frac{1}{3} \rho g \sin\alpha \sin\theta \right) \mathrm{d}r + \Omega \qquad 0 \leqslant r \leqslant r_0 \tag{3-123}$$

其中，ω_0 为流核处的旋转角速度。

2）轴向速度分布

钻柱内轴向流动速度分布模型为

$$u = \frac{nP_z}{2(n+1)K^{\frac{1}{n}}x^2} \left[(xr - \tau_0)^{\frac{n+1}{n}} - (xR_d - \tau_0)^{\frac{n+1}{n}} \right], \ r_0 \leqslant r \leqslant R_d \tag{3-124}$$

$$u_0 = -\frac{nP_z}{2(n+1)K^{\frac{1}{n}}x^2} (xR_d - \tau_0)^{\frac{n+1}{n}}, 0 < r \leqslant r_0 \tag{3-125}$$

其中，$x = \sqrt{G_\theta^2/9 + P_z^2/4}$，$G_\theta = -\rho g \sin\alpha \sin\theta$。

3）钻柱内压力梯度计算模型

根据流量的定义，通过在整个钻柱内过流断面上积分，可推导出管内流量与压力梯度的关系，解得压力梯度 P_z 为

$$P_z = \frac{Q(n+1)K^{\frac{1}{n}}}{n\int_0^\pi \frac{1}{x^4}(xR_d - \tau_0)^{\frac{n+1}{n}}\left[\frac{nxR_d}{2n+1}(xR_d - \tau_0) - \frac{n^2(xR_d - \tau_0)^2}{(2n+1)(3n+1)} - \frac{x^2R_d^2}{2}\right]\mathrm{d}\theta} \qquad (3\text{-}126)$$

可以假设一个压力梯度初值，然后通过迭代计算出压力梯度 P_z。

式中，P_z 为环空压力梯度，Pa/m；η 为有效黏度，Pa·s；ρ 为钻井液密度，kg/m³；α 为井斜角，(°)；Ω 为钻柱转速，rad/s；R_o 为环空外半径，m，R_i 为环空内半径，m；B、C 为积分常数；K 为钻井液稠度系数，无量纲；n 为流型指数，无量纲；τ_0 为动切力，Pa；Q 为钻井液排量，m³/s。

上述理论分析过程中，采用划分网格单元的计算方法，只要知道深井钻井液性能随温度、压力的变化，代入相应的流动参数计算模型中，就能得到在考虑高温、高压条件下钻井液性能对深井循环压耗的影响。

3.5.2 环空流速分布特征及压力梯度影响因素分析

超深井下部小井眼钻井过程中，由于井眼环空间隙太小，流速和压力分布也将不同于常规井眼。为了精确地进行流速和压力分布计算，需研究井眼环空间隙大小、钻柱偏心及旋转对环空流速和压力分布的影响。

1. 基本输入参数

（1）钻井液性能。钻井液密度：1.34g/cm³，旋转黏度仪读数：Φ600=159.5、Φ300=100.0、Φ200=76、Φ100=47.4、Φ6=3.6、Φ3=2.3。

（2）环空尺寸。井眼尺寸：Φ124.15mm，钻具外径分别为：63.50mm、82.55mm、85.50mm、107.00mm。

（3）钻井参数。排量：25L/s，转速：60r/min。

2. 环空流速分布

图 3-55 和图 3-56 是环空外径为 124.15mm，偏心度为 0.5°，钻柱转速为 40r/min，环空内半径（管具外径）分别为 63.5mm 和 107mm 时的环空速度分布。

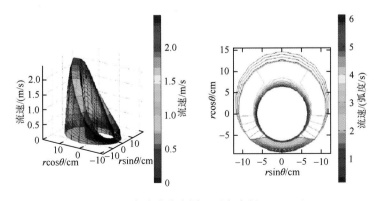

图 3-55 环空流速分布图（环空内径 63.5mm）

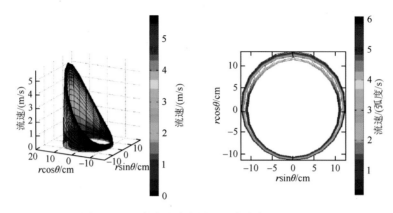

图 3-56　环空流速分布图（环空内径 107mm）

结果表明，环空间隙大小、钻柱偏心度、钻柱旋转都将影响环空流速的分布。钻具直径越大，环空间隙越小，轴向速度峰值越大。偏心度越大，窄间隙和宽间隙处速度差越大。钻柱旋转对轴向速度影响不大，但转速越大，最大周向角速度越大。与常规井眼相比，小井眼由于过流面积小，环空流速大，因而，环空压降也大。

3. 环空压力梯度的影响因素分析

影响深井小井眼压降的因素除了与常规井眼有相同之处外，还有其自身的特点，如环空间隙小，钻柱偏心、钻柱旋转等因素不能像常规井眼可以忽略，这些因素严重影响了深井小井眼环空压降的计算。偏心和旋转对环空压降的影响如图 3-57 和图 3-58 所示。

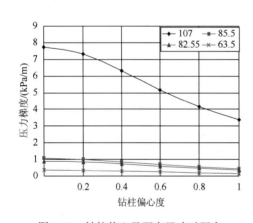

图 3-57　钻柱偏心及环空尺寸对环空
压降的影响

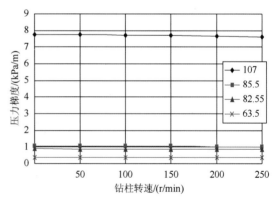

图 3-58　钻柱旋转对环空压降的影响

上述计算结果表明：①钻井液在环空流动时，压降梯度随偏心度和转速的增加而降低，偏心度的影响比转速影响大。②环空间隙越小，偏心度和转速的影响越大。特别是间隙较小时，偏心度的影响很显著，但对于较大环空间隙，转速影响不明显。③环空间隙越小，钻柱偏心、钻柱转速对环空压降的影响越大。因此，进行小井眼环空流体力学的分析必须考虑钻柱偏心、钻柱旋转等因素的影响。

3.5.3 试验井水力参数对比分析

1. TH-A 井（Φ177.8mm 尾管开窗侧钻）

TH-A 井完钻井深 7047m，垂深 6359.99m，Φ177.8mm 套管悬挂于 4417.16m，在 Φ177.8mm 套管内开窗侧钻，侧钻点深度 6180m。完钻钻具组合：Φ152.4mm 钻头+Φ120mm 螺杆+Φ88.9mm 无磁承压钻杆*9m+Φ88.9mm 钻杆+Φ88.9mm 加重钻杆*358.31m+Φ127mm 钻杆；钻井液性能：塑性黏度 25mPa·s，动切力 7Pa；钻井液排量为 13L/s；Φ120mm 螺杆压降 2.4MPa。

TH-A 井实测与理论计算泵压对比图见图 3-59。可以看出，在 6400～6572m 井段，理论泵压值低于实测泵压值，相对误差超过 5%，但到下部井段（6782～7040m），理论泵压与实测泵压的相对误差为 1%～4%，说明理论预测泵压值具有较高的精度。

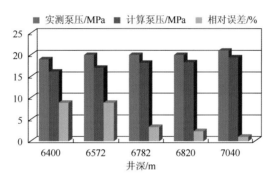

图 3-59 TH-A 井理论计算泵压与实测泵压比较

2. TK-A 井（Φ177.8mm 套管开窗侧钻）

TK-A 井完钻井深 6760m，垂深 6105m，侧钻点深度 5900m，在 Φ177.8mm 套管内开窗侧钻。完钻钻具组合：Φ152.4mm 钻头+Φ120mm 螺杆+Φ88.9mm 无磁承压钻杆*9m+Φ88.9mm 钻杆+Φ88.9mm 加重钻杆*350m+Φ88.9mm 钻杆；钻井液性能：塑性黏度 23mPa.s，动切力 11Pa；钻井液排量为 10L/s；Φ120mm 螺杆压降 2.4MPa。

TK-A 井实测与理论计算泵压对比图见图 3-60。

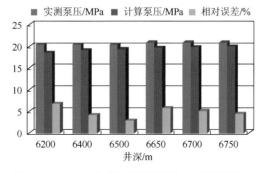

图 3-60 TK-A 井理论计算泵压与实测泵压比较

从图 3-60 可以看出，理论计算出的泵压值低于实测泵压值，但多数点的相对误差均小于 5%，说明理论预测出的泵压满足现场施工的要求。

3.5.4　井眼净化

1. 岩屑运移的 MTV 模型的建立

MTV 模型是基于作用在位于环空井眼内的单一岩屑上的力的平衡建立的。作用在单一岩屑颗粒的力有：有效重力、拖曳力、举升力、塑性力、压力阻力（图 3-61）。

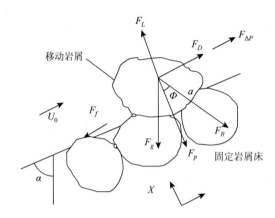

图 3-61　岩屑床和岩屑颗粒示意图分析图

1）有效重力 $\boldsymbol{F}_g$（作用在岩屑上的重力）

$$F_g = \frac{\pi}{6} d_s^3 (\rho_s - \rho_l) g \tag{3-127}$$

式中，F_g 为作用在岩屑上的有效重力，N；d_s 为单一岩屑颗粒的直径，m；ρ_s 为岩屑密度，kg/m^3；ρ_l 为钻井液密度，kg/m^3；g 为重力梯度常数，m/s^2。

2）拖曳力 $\boldsymbol{F}_D$

拖曳力是作用在岩屑上与液体流动轴线平行的力，可表示为

$$F_D = \frac{\pi}{8} d_s^2 C_D \rho_l U_0^2 \tag{3-128}$$

式中，F_D 为作用在岩屑颗粒上的拖曳力，N；C_D 为拖曳因子；U_0 为岩屑颗粒处钻井液的流动速度，m/s。

3）举升力 $\boldsymbol{F}_L$

举升力垂直于液体流动轴线的方向，有助于清除位于井眼低边的钻屑，举升力可表示为

$$F_L = \frac{\pi}{8} d_s^2 C_L \rho_l U_0^2 \tag{3-129}$$

式中，F_L 为作用在岩屑颗粒上的举升力，N；C_L 为举升因子。

4）塑性力 F_p

塑性力是由于屈服应力而产生的，其作用在岩屑上的钻井液的切线方向，可表示为

$$F_p = \frac{\pi d_s^2 \tau_0}{2} \left[\varphi + \left(\frac{\pi}{2} - \varphi \right) \sin^2 \varphi - \cos \varphi \sin \varphi \right] \tag{3-130}$$

式中，F_p 为作用在岩屑颗粒上的塑性力，N；τ_0 为钻井液的屈服应力，Pa；φ 为岩屑的水下休止角，（°）。

5）压力阻力 $F_{\Delta p}$

压力阻力是由于压力梯度产生并作用在岩屑上的力，其方向与钻井液流动方向一致，可表示为

$$F_{\Delta p} = \Gamma \frac{\pi d_s^3}{6} \tag{3-131}$$

$$\Gamma \equiv -\frac{\mathrm{d}P}{\mathrm{d}z} = \frac{4\tau_w}{D_{hyd}} \tag{3-132}$$

式中，$F_{\Delta P}$ 为压力阻力，N；Γ 为压力梯度，Pa/m；P 为压力，Pa；τ_w 为井壁剪切应力，Pa；D_{hyd} 为水力直径，m；D_i、D_o 分别为环空内、外直径，m；R_i、R_o 分别为环空内、外半径，m。

6）摩擦力 F_f

摩擦力为阻止岩屑床在固定岩屑床表面滑动的阻力，其大小可表示为

$$F_f = f\left(F_g \sin \alpha - F_L \right) \tag{3-133}$$

式中，F_f 为摩擦力，N；f 为岩屑与岩屑床之间的摩擦因子。

上面所述的力，有效重力和塑性力为静力，拖曳力、举升力和压力阻力为推力。

2. 岩屑滚动和悬浮模型

对于岩屑滚动运移情况，由 a 点力矩平衡得，如图 3-61 所示：

$$\left| x \right| \left(F_D + F_{\Delta p} \right) + \left| z \right| \left(F_L - F_p \right) = l F_g \tag{3-134}$$

其中

$$x = \frac{d_s}{2} \cos \varphi, z = \frac{d_s}{2} \sin \varphi, l = \frac{d_s}{2} \cos (\varphi - \alpha) \tag{3-135}$$

式中，α 为井斜角，$0 \leqslant \alpha \leqslant 90°$；$\varphi$ 为岩屑的水下休止角，$0 \leqslant \varphi \leqslant 90°$。

对于岩屑被悬浮情况，假定 F_R 等于 F_D 和 $F_{\Delta p}$ 之和，其他力在 x 方向平衡，即：

$$F_L - F_D = F_g \sin \alpha \tag{3-136}$$

可以得到求解临界流速的两个方程。井斜角较大时，这两个方程中的其中一个有可能控制钻井液的流动。

对于岩屑滚动运移的情况，最小运移速度为

$$U_0 = \left\{ \begin{array}{l} \dfrac{4\left[3\tau_0\left(\varphi + (\pi/2 - \varphi)\sin^2\varphi - \cos\varphi\sin\varphi\right)\tan\varphi\right]}{3\rho_l\left(C_D + C_L\tan\varphi\right)} \\[3mm] + \dfrac{d_s g\left(\rho_s - \rho_l\right)\left(\cos\alpha + \sin\alpha\tan\varphi\right) - d_s\Gamma}{3\rho_l\left(C_D + C_L\tan\varphi\right)} \end{array} \right\}^{1/2} \tag{3-137}$$

对于岩屑悬浮运移的情况，最小运移速度为

$$U_0 = \left[\frac{4\left[3\tau_0\left(\varphi + (\pi/2 - \varphi)\sin^2\varphi - \cos\varphi\sin\varphi\right) + d_s g\left(\rho_s - \rho_l\right)\sin\alpha\right]}{3\rho_l C_L}\right]^{1/2} \tag{3-138}$$

对于环空任一岩屑，上述二式将各自获得一个临界流速值，分别是岩屑滚动运移和悬浮运移的最小运移速度关系式。这两个方程可分别计算出岩屑滚动运移或悬浮运移的最小运移速度。一般而言，这两个方程计算的值是不同的。如果其他条件都满足的话，计算得到的较低值起决定作用。

3. 影响井眼净化的因素分析

影响井眼净化效果的因素很多，包括钻井液流速和流态、井斜角、钻具旋转、钻井液性能（流变性和密度）、钻柱偏心、钻井液性能、机械钻速、岩屑性能（形状、尺寸和密度等）。尽管这些因素都影响井眼清洁程度，但钻井液环空返速是影响井眼净化的主导因素。排量的增加总会使岩屑运移效率增加。只要排量达到最小携岩排量或环空返速大于最小环空返速时，岩屑就能被携带出环空，达到井眼净化的目的。为了说明各因素对最小携岩排量和 MTV 的影响，采用表 3-6 的输入数据进行模拟计算分析。

表 3-6　Φ152.4mm 井段基本数据

井眼直径/mm	149.2	钻具转速/（r/min）	30
钻具尺寸/mm	88.9	岩屑尺寸/mm	4
井斜/（°）	60	岩屑密度/（g/cm³）	2.6
偏心度	0.6	钻井液密度/（g/cm³）	1.15
机械钻速/（m/h）	2	Φ600/Φ300/Φ200/Φ100/Φ6/Φ3	36/22/19/13/4/3

1）钻柱旋转的影响

为了说明钻柱旋转的影响，仍采用表 3-6 输入数据（偏心度为 0.6），采用 Φ88.9mm 钻杆分析不同转速对临界排量的影响，计算结果如图 3-62、图 3-63 所示。

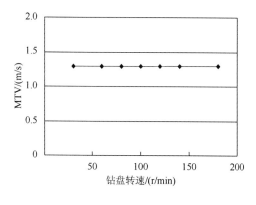

图 3-62　钻柱旋转对 MTV 的影响

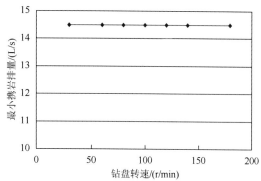

图 3-63　钻柱旋转对最小携岩排量的影响

由图可知，MTV 和最小携岩排量随转速的增加而减小，但减小幅度不大，说明减少环空间隙有利于携岩。由于转速增加，钻井液的周向流动速度增加，从而增加了钻井液的携岩效果，提高转速对井眼净化效果有利。

2）井斜角的影响

采用表 3-6 的输入数据（偏心度为 0.6）计算井斜角对 Φ88.9 钻杆临界排量的影响，计算结果见图 3-64、图 3-65。

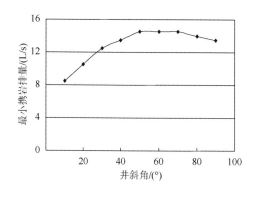

图 3-64　井斜角对最小携岩排量的影响

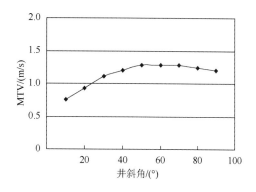

图 3-65　井斜角对 MTV 的影响

由图可知，当井斜角从 0°～45°时，MTV 和最小携岩排量随着井斜角的增加而增加，当井斜角在 45°～75°时，所需要的排量最大，此后，随着井斜角的增加，最小携岩排量有所降低。这意味着井斜角在 45°～75°时，井眼净化不好，而井斜角较小或较大时，携岩较为容易。

对比理论计算结果，对于 Φ149.2mm 井眼的侧钻水平井，实际使用的钻井液排量为 12～13L/s，而最不利于井眼净化的井段（45°～75°）最小携岩排量为 14.5L/s，在水平段的最小排量为 14L/s，说明实际所使用的排量基本能够满足井眼净化的要求。

参 考 文 献

白家祉，苏义脑. 1990. 井斜控制理论与实践[M]. 北京：石油工业出版社.

韩志勇. 2007. 定向钻井设计与计算（第二版）[M]. 东营：中国石油大学出版社.

刘根梅，卢发掌. 1990. 定向井井眼轨迹的三维设计方法[J]. 石油钻采工艺，12（4）：1-8.

苏义脑. 2008. 钻井力学与井眼轨道控制文集[M]. 北京：石油工业出版社.

孙国华. 1992. 三维绕障多目标定向井设计方法[J]. 石油钻探技术，（2）：1-3.

唐雪平. 1999. 变截面（变刚度）纵横弯曲梁[J]. 力学与实践，21（4）：47-50.

王宗成，尹昕. 2005. 金遂2丛式井组井眼轨迹控制技术[J]. 钻采工艺，28（3）：14-17.

卫增杰. 2005. 中短半径水平井螺杆钻具力学性能分析[D]. 成都：西南石油大学.

夏忠跃，陈建兵，徐荣强，等. 2008. 大位移井钻柱优化设计方法及应用[J]. 石油钻采工艺，30（6）：37-41.

周英杰. 2008. 胜利油田特殊结构井开发技术新进展[J]. 石油勘探与开发，35（3）：318-329.

Birades M，Fenoul R，Birades M，et al. 1988. A Microcomputer Program for Prediction of Bottomhole Assembly Trajectory[J]. SPE Drilling Engineering，3（2）：167-172.

Compton M，Verano F，Nelson G R，et al. 2010. Managing Downhole Vibrations for Hole-Enlargement-While-Drilling in a Deepwater Environment：A Proven Approach Using Drillstring-Dynamics Model[C]//SPE Latin American and Caribbean Petroleum Engineering Conference. Society of Petroleum Engineers.

Guo B，Miska S，Lee R L. 1992. Constant curvature method for planning a 3-D directional well[C]//SPE Rocky Mountain Regional Meeting. Society of Petroleum Engineers.

H-S.Ho，An Improved Modeling Program for Calculating the torque and Drag in Directional and Deep Wells，SPE18047.

Johancsik C A. 1984. Torque and Drag in Directional Wells-Prediction and Measurement[J]. Journal of Petroleum Technology，36（6）：987-992.

Kinn S，Marshall G L E，Poerschke W，et al. 1999. The success of steerable ream while drilling technology applied in Valhall field-Norway[C]//SPE/IADC drilling conference. Society of Petroleum Engineers.

Lee. H.Y. 1991. Drill string Axial Vibration and Wave Propagation in Boreholes，PH. D. Dissertation，Massachusetts Institute of Technology.

Maidla E E，Wojtanowicz A K. 1987. Field Comparison of 2-D and 3-D Methods for the Borehole Friction Evaluation in Directional Wells[M]. Society of Petroleum Engineers.

Meyer-heye B，Reckmann H，Ostermeyer G P. 2011. Underreamer dynamics[C]//SPE/IADC Drilling Conference and Exhibition. Society of Petroleum Engineers.

Partin U T，Compton M T，Nelson G R，et al. 2010. Advanced Modeling Technology：Optimizing Bit-Reamer Interaction Leads to Performance Step Change in Hole Enlargement While Drilling[C]//IADC/SPE Drilling Conference and Exhibition. Society of Petroleum Engineers.

Rasheed W，Trujillo J，Oel R，et al. 2005. Reducing Risk and Cost in Diverse Well Construction Applications：Eccentric Device Drills Concentric Hole and Offers a Viable Alternative to Underreamers[J]. Transactions of the Institute of Electrical Engineers of Japan A，116（3）：488-492.

Timoshenko S P，Goodier J N. 1970. Theory of Elastic Stability，McGraw Hill Book Co.

Ho H S. 1988. An improved modeling program for computing the torque and drag in directional and deep wells[C]//SPE Annual Technical Conference and Exhibition. Society of Petroleum Engineers.

Christoforou A P，Yigit A S. 2003. Fully coupled vibrations of actively controlled drillstrings[J]. Journal of Sound & Vibration，267（5）：1029-1045.

第4章 复杂难钻地层高效破岩技术

深井、超深井钻井技术是勘探和开发深部油气等资源必不可少的关键技术。据我国第二次全国油气资源评价资料,西部地区(塔里木、准噶尔、吐哈和柴达木)的石油资源量占全国石油总资源量的 38%,其中有 73%埋藏在深部地层;东部地区是我国石油的主力产区,浅层、中深层的储量基本都已探明和正在开采,深部地层尚有 53 亿吨的石油储量可供勘探开发;中部地区(包括陕甘宁、四川两大盆地)是天然气的富集区,但探明率较低,目前的探明储量中有 52%的天然气资源量在深部地层。因此,深井、超深井钻井技术在我国油气资源的勘探和开发中占据着至关重要的地位,有着广阔的发展空间和发展前景。

随着深井和超深井数量的不断增多,深井、超深井在深部地层或深部井段钻速慢的问题日益突出。一方面,深部地层的泥页岩和泥质砂岩等在上覆地层压力以及高密度钻井液条件下,不仅密度和硬度增加,而且从常压下的脆性向塑性转化,可钻性很差,加之深部井段的水力能量严重不足,不能有效发挥水力辅助破岩作用,所以钻进的速度相当慢。另一方面,随着钻井技术的发展,各种复杂结构井(定向井、水平井、多分支井等)以及配套钻井工艺技术(如滑动导向钻井、旋转导向钻井、垂直钻井、复合钻井、随钻扩孔等)的重要性越来越突出,应用越来越广泛,使"高效钻井"的含义有了新的内容——既快(钻速快)又准(轨迹准确)。

对深井、超深井而言,深部地层的钻井成本在总的钻井成本中占据着相当大的比重。深部地层的低钻速已经对深井、超深井的建井周期和钻井成本造成了严重影响。因此,如何提高深部地层的钻井速度,已成为深井、超深井钻井中迫切需要解决的重大技术课题。而在诸多研究途径中,钻头技术的创新是最有效的努力方向。聚晶金刚石复合片钻头(即 PDC 钻头,Polycrystalline Diamond Compact Bit)是油气钻井中最大且最重要的钻头品种,其钻井进尺已占钻井总进尺的 80%左右。与牙轮钻头不同,金刚石钻头的刮切破岩机理使其对地层性质等钻井条件的变化十分敏感,必须针对性地开展科学的个性化设计才能达到好的钻进效果。然而,尽管我国的金刚石钻头制造企业已达上百家之多,但金刚石钻头的关键技术——个性化设计技术的水平却明显落后于国外,模仿设计仍是我国绝大多数金刚石钻头企业的产品开发模式。

影响 PDC 钻头工作性能的外在因素很多,包括复杂地层条件、复杂井身结构及钻井工艺、钻头的复杂振动等。

(1)复杂地层条件。在油气钻井工程中,地层的地质条件往往很复杂,钻头经常要穿越多种不同岩性的地层、这些地层不仅包括相对比较易钻的软岩层,而且包括可钻性较差的硬地层、高研磨性地层、塑性地层、软硬交错的互层、含砾等严重不均质地层,以及大倾角的高陡地层等。这些复杂的地层条件容易导致 PDC 钻头的异常失效,或使钻头在特殊钻井工艺条件下的钻进效果变差。

（2）复杂井身结构及钻井工艺。定向井、水平井、丛式井以及多分支井等各种复杂结构井对井眼轨迹、井身质量和钻井效率都有着较高要求，滑动导向、旋转导向等钻井工艺条件也与钻直井有显著区别。偏心钻进、偏斜钻进、复合钻进等钻头工作模式已经完全突破了直井钻井中无偏心的理想钻进模式。在这种条件下，钻头与岩石相互作用关系与直井相比已经发生了很大变化，钻头牙齿在井底的切削运动变得更加复杂，且切削速度往往更高。所以，要使钻头既具有高的破岩效率，又具备良好的"导向"性能，就必须对 PDC 钻头进行个性化设计，使钻头的切削力学特性与其复杂工作条件及要求相适应。

（3）钻头的复杂振动。钻头在井底的振动包括横向振动（含涡旋运动）、纵向（轴向）振动、扭转振动以及偏摆振动。导致钻头振动的原因十分复杂，可归纳为钻柱、岩石（井底和井筒）、驱动以及钻头自身四方面的因素。对钻头性能影响最大的主要是横振和扭振，这两种振动虽然形式不同，但都容易导致钻头上的 PDC 齿发生金刚石层的脆性崩裂，从而显著加快钻头的失效。要有效提高钻头的工作能力，可行的技术手段包括：①改进复合片材料技术，提升抗冲击性能；②采用抗回旋设计技术抑制钻头的横向振动；③采用与钻头配套的扭冲工具抑制钻头的扭转振动（即防黏滑）。

4.1　复杂难钻地层钻头个性化设计技术

4.1.1　复杂难钻地层岩石可钻性测试

我国岩石可钻性测定与分级的标准化方法是微钻法，该方法从钻头旋转钻进切削岩石的基本原理出发，使用特定的小尺寸钻头（简称微钻头，分牙轮钻头和 PDC 钻头两种），在给定的钻进参数（钻压、转速）条件下在岩样上钻进，测定微钻头达到预定钻深时的钻进时间，并以此为依据计算评定岩石的可钻性级值。目前，我国石油钻井行业中普遍采用2000 年修订的中华人民共和国石油天然气行业标准《岩石可钻性测定及分级方法》（标准号：SY/T 5426—2000。以下简称"2000 版标准"或"原标准"）中的测试及分级方法来评定岩石的可钻性。

在 2000 版标准正式颁布以前，用于测定岩石可钻性的只有一种用于模拟牙轮钻头的微钻头。2000 版标准中首次提出了一种用于评价 PDC 钻头对地层适应性的 PDC 微钻头，并规定相应的实验参数。无论是 PDC 钻头还是牙轮钻头，岩石可钻性的测定与分级方法均相似，即采用微钻头在规定钻压和转速条件下钻进，得到钻达规定钻深（计时钻深）所用的时间，以此为依据进行可钻性级值的计算。两种钻头可钻性测定与分级方法的不同之处主要有三点：第一，微钻头结构不同；第二，微钻头钻进过程的规定钻压不同；第三，规定的钻深不同。

在岩石可钻性测定实验中，微钻头的钻进速度 V、钻进时间 t 和钻进深度 H 之间的关系可以表示为

$$V = \frac{H}{t} \text{ 或 } \frac{t}{H} = \frac{1}{v} \tag{4-1}$$

其中，t/H 是钻进单位钻深所用时间，简称钻时。

在进行岩石可钻性测定时，规定的钻进深度为定值（牙轮微钻头的计时钻深为 2.4mm，PDC 微钻头的计时钻深为 3mm），因此可用 T 来表示钻时，这样岩石的可钻性就与测量得到的钻进时间 t 直接联系在一起，并可用钻时 T 的大小来表示岩石破碎的难易程度。取钻时 T 的对数，即可得到可钻性级值 K_d 与钻时 T 之间的关系式：

$$K_d = \lg_2 T \tag{4-2}$$

1. PDC 钻头岩石可钻性标准存在的问题

2000 版标准正式颁布以后，在标准的实施过程中逐渐暴露出一些问题，可钻性测定方法以及微钻头的结构方面均存在明显的不合理之处，对可钻性测定结果的有效性和准确性造成了严重影响。问题主要体现在下列三个方面（陈红，2016）。

1）针对 PDC 钻头的岩石可钻性测定方法不适于硬岩

大量的可钻性测试实验表明，用 2000 版标准中规定的测定方法，对中硬以上岩石进行可钻性测定时，普遍不能获得有效的测定结果。主要原因是可钻性测试的钻压参数设置不合理，在对中硬以上岩石的测试实验中，因切削齿侵入能力不足，PDC 微钻头常常在钻窝中打滑，无法钻进至规定钻深。

在 2000 年以前，PDC 钻头通常只适用于钻中硬以下的岩层，因此，2000 版标准中设定的微钻头标准钻压数值较小，仅有 500±20N（平均每颗齿的轴向载荷为 250N）。然而，近 10 年以来，PDC 钻头已经逐渐发展成为中硬以上地层的重要（甚至主要）破岩工具，对中硬以上地层岩石的可钻性进行准确评价，就成为一项具有重要现实意义的工作。因此，必须深入研究、改进可钻性测定与分级方法，使其对软、硬岩石均能普遍适用。

2）PDC 微钻头的结构问题

2000 版标准中对 PDC 微钻头的结构要求为：对称安装的两片 PDC 复合片夹在钻头体上，微钻头外径为 32mm，PDC 齿的前倾角为 20°，侧倾角为 15°，复合片直径为 13.3mm，厚度为 4.5mm。其中主要存在两个问题：

（1）在可钻性测定实验过程中，标准 PDC 微钻头在尚未钻达规定深度（4mm）前，PDC 齿的侧圆柱面就会与岩石钻窝表面发生接触，使钻压无法完全施加在微钻头的切削刃上，致使可钻性测定结果不准确，当岩石较硬时甚至可能直接导致测试失效。

（2）2000 版标准中未明确规定 PDC 微钻头上复合片的倒角尺寸。PDC 微钻头规定的加载钻压较小，切削齿的工作载荷远小于 PDC 钻头产品在正常钻进时切削齿的平均工作载荷。在这种测试条件下，PDC 齿的倒角尺寸会显著影响微钻头的切削效率和岩石可钻性评级的准确性，因此应在标准中予以明确规定。

3）缺少岩石试样的制备要求

岩样制备作为可钻性测试最重要的内容，其制备要求将会直接影响可钻性测试的准确性及可靠性。可钻性标准对于岩样制备仅规定了外形尺寸和两端面的平行度公差，而未明确岩样的表面质量（如裂纹要求等）。为了更准确地测定岩石样品的可钻性级值，对于岩样的制备要求应做适当的完善。

2. 岩石可钻性测定与分级方法的新研究

近年来，随着 PDC 钻头的适用领域向复杂难钻地层的不断拓展，岩石可钻性（PDC 钻头）测定与分级方法的改进势在必行，否则，将对中硬以上地层 PDC 钻头的产品开发和应用造成严重影响。新的或改进后的可钻性测定与分级方法应满足以下要求：

第一，新方法应能对中硬以上岩石进行岩石可钻性（PDC 钻头）的有效测试，且实验测试方法应充分体现 PDC 齿刮切破岩的基本原理。

第二，新方法应适用于中硬以下岩石，且新方法对中硬以下岩石的测试结果应与原方法的测试结果相同或基本相同。换言之，对于中硬以下岩石，新方法应兼容旧方法，这样，依据 2000 版标准获得的测试数据能够继续保持有效，而不必重新测试。

第三，新方法应具备尽可能强的可拓展性，即依据新方法的可钻性测定与分级原理，尽可能对高硬度的岩石进行有效测定与分级。

为此，西南石油大学钻头研究室开展了大量的研究工作，分别用多种实验测试方法针对不同硬度的岩石进行了实验测试和分级方法探索。最终，提出了一种新的 PDC 钻头岩石可钻性测定与分级方法——分档转化法。

1）分档转化法

分档转化法的要点可以用两句话做简要概括，即"钻压分档测试；当量转化定级"。

"钻压分档测试"的含义是：可钻性测试实验的钻压由 2000 版标准中的一个固定钻压改为由低到高的若干个钻压档级，针对不同硬度的岩石，先用最低档级钻压测试，如果在给定时间内不能获得有效测试结果（即发生微钻头打滑现象），则采用高一档钻压再做测试，直至找到能进行有效测试的钻压档级，然后再用该钻压进行重复测试，达到有效的重复实验次数，获得钻时数据。

显然，在不同钻压档级下得到的钻时数据不能直接用于可钻性的比较、定级，而必须对高档级钻压下的钻时数据进行当量转化，将其按比例转化为基本钻压档（即最低档钻压）下的"当量钻时"，最后，以当量钻时为依据进行可钻性级值的评定。或者，可先用高档级钻压下的钻时数据按照标准方法算出该钻压下的可钻性级值，然后在该级值基础上，加上一个与钻压增加量相应的级值增量，即可得到岩石的可钻性级值。这就是"当量转化定级"的含义。

简言之，分档转化法采用由低到高的钻压档级进行可钻性测试，钻压档级中的基本档级（最低级）与原标准钻压值相同。在必须采用高档级钻压才能在给定时间内完成有效测试的情况下，需要将高档级钻压下的数据统一向基本钻压档转化，以实现在同一钻压下完成对被测岩石可钻性级值的评级。

分档转化法能有效解决 2000 版标准存在的硬岩无法有效测定的问题，且能完全兼容原标准的有效测试结果。对硬岩测试无效的根本原因在于微钻头的切削齿在标准钻压下不能有效侵入岩石。增加切削齿侵入岩石效果的有效手段主要包括：其一，采用小直径切削齿；其二，采用相对较尖锐的异形切削齿（如尖圆齿、椭圆齿）；其三，增加微钻头的工作钻压。对比研究表明，第三种方法的可行性最优，因为前两种手段均显著改变了微钻头的切削结构，如果作为标准测定方法进行推广，依据原标准所获得的大量有效的地层岩石可钻性测试数据就完全作废，这显然是不能轻易接受的。此外，前两种手段虽能提升硬岩测试效果，但却可能会在软岩测试方面做出一定牺牲。而第三种方法，微钻头的结构不变，只改变其测试钻压，且基本的实验测试方法与原标准完全相同，不同点只是需要先确定有效的钻压档。实际操作中，只要采用由低向高的钻压档逐级测试即可，只要在预定的时间段内能够完成测试实验，该档钻压就是有效的。只要找到了一个有效钻压档，就没有必要再做更高档级钻压的测试。由于基本档级的钻压值与 2000 版标准完全相同，所以，原本有效的中硬以下岩石的测试结果就可全部保留。

为了更便于进行可钻性级值的转化计算，宜将各档级钻压值按照基本钻压档级的整数倍来选取。在新修订的标准（《岩石可钻性测定及分级》，标准号：SY/T 5426—2016。以下简称新标准）中，测试钻压被分为低、中、高三个档级（500N、1000N、2000N）按顺序测试，500N 的低档为基本钻压档。每个档级的测试时间不超过 128s。

采用当量转化法，研究得出的 PDC 钻头岩石可钻性级值的计算公式为

$$K_d = \lg_2 t + G_i \tag{4-3}$$

$$G_i = 2^{i-1}t - 1 \tag{4-4}$$

式中，K_d 为可钻性级值；t 为钻进时间的平均值，s；G_i 为当量转化级值。

这也正是新标准所采用的岩石可钻性级值计算公式。在新标准中，当量转化级值 G_i 的数值分别为：第 1 级（基本档级）$G_1=0$；第 2 级 $G_2=1$；第 3 级 $G_3=2$。

可钻性测定案例：在 2000 版标准的测试条件下，PDC 切削齿不能有效地侵入某岩样（花岗岩），微型钻头长时间在钻窝内打滑而没有进尺（图 4-1），因此，得出该试样的可钻性级值在 10 级以上。显然，这个评级结果是不合理的。针对同一岩样，采用当量转化法，采用第 2 级钻压（1000N）进行微钻实验，微钻头能够正常钻进，测试实验完成后的钻窝情况见图 4-2。对比实验结果见表 4-1。

图 4-1　未钻至规定钻深的钻窝

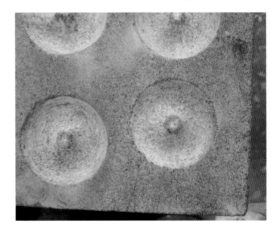

图 4-2　正常可钻性测试的钻窝

表 4-1　　微钻实验结果表

测试方法	岩样	转速/（r/min）	钻压/N	钻进时间/s	级值	备注
2000 版标准	花岗岩	55	500	—	10	最大钻深 2.12mm
当量转化法	花岗岩	55	1000	23.8	5.57	钻至规定深度

从表 4-1 得出，在 2000 版标准下不能正常钻进至规定钻深，该花岗岩岩样的可钻性级值为 10。采用当量转化法，增大实验钻压后，微钻头能够正常钻进，获得可钻性等效时间，经当量转化，得到相应的可钻性级值。

类似的大量对比实验测试结果表明，当量转化法是解决中硬以上岩石可钻性测定与分级的十分有效的新方法。

2）模拟井底压力条件下的岩石可钻性测试

随着钻井深度的增加，地层压力会逐渐增大，常规条件下测得的岩样其压力已经释放，不能反映岩样在深部地层高压下的岩石性质，所以其可钻性数据结果已不能真实准确地反映深井及超深井钻遇地层岩石的破碎规律。因此，开展模拟井底压力条件下的岩石可钻性研究就显得尤为必要。西南石油大学已成功研发能够同时加载围压、孔压及液柱压的岩石可钻性实验装置，利用该装置能开展模拟井底压力条件下的岩石可钻性研究（杨玮，2015）。

图 4-3 为本实验中用的牙轮微钻头，图 4-4 为 PDC 微钻头。

图 4-3　牙轮微钻头　　　　　　　　　　　图 4-4　PDC 微钻头

在该实验测试系统中，围压、孔压及液柱压均可独立加载。因此，我们不仅能够模拟井底的综合高压环境进行可钻性测试，也可以单因素加载，分别研究各压力对微钻头钻进效果的影响规律。部分实验微钻头钻出的井底（钻窝）如图 4-5 所示。

图 4-5　部分实验微钻头钻出的井底

图 4-6 为南充砂岩 PDC 微钻头可钻性级值与围压的关系。从图 4-6 中可以看出，围压单因素变化时，南充砂岩 PDC 微钻头可钻性级值随围压变化的规律性不强，围压对南充砂岩的可钻性级值有影响，但并不显著。

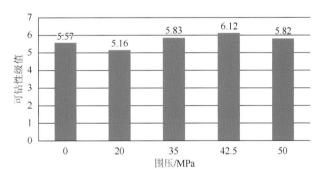

图 4-6　南充砂岩 PDC 微钻头可钻性与围压的关系

图 4-7 为武胜砂岩牙轮微钻头的可钻性级值与液柱压的关系。由图 4-7 中可以看出，

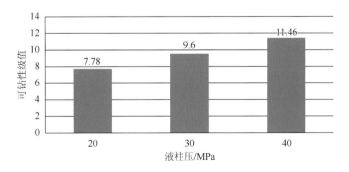

图 4-7　武胜砂岩牙轮钻头可钻性与液柱压的关系（围压、孔压均为 50MPa）

随着液柱压力增大，武胜砂岩牙轮微钻头的可钻性级值随之增大。这说明，岩石在液柱压作用下抗钻能力显著增强，液柱压对武胜砂岩的可钻性级值影响较大。

通过实验研究可以初步得到以下规律：

（1）孔压和液柱压不变，围压单因素变化时，岩石可钻性受围压变化的影响规律并不稳定，有时甚至会出现可钻性级值随着围压水平的提高而降低的现象，说明围压单独作用下的岩石破碎规律可能存在深层次的力学机理，需要开展更深入的理论和实验研究工作。

（2）围压和孔压不变，液柱压单因素变化时，岩石可钻性受液柱压变化影响显著，随着液柱压增大，岩石的抗钻能力明显增强。

4.1.2　复杂难钻地层钻头失效分析

随着 PDC 钻头切削齿材料技术的不断进步，抗冲击性和耐磨性指标不断提高，在这样的背景下，随着 PDC 钻头工作性能分析及个性化设计技术水平的提高，PDC 钻头已经能够适应"中硬-硬"的地层条件，同时，在软硬夹层以及含砾等不均质地层，PDC 钻头的工作性能也有了显著的提升。

1. 硬地层 PDC 钻头的失效分析

PDC 钻头在硬地层钻进过程中，由于钻柱系统存在复杂振动，特别是横向振动（包括涡旋运动），导致钻头切削齿常常承受较大的冲击载荷，齿与岩石相作用时的接触应力很高，且变化幅度大，从而导致切削齿的冲击失效。这是硬地层 PDC 钻头最常见的失效原因，其典型失效形式就是复合片金刚石层的崩裂或脆崩，严重时甚至会发生切削齿断裂或碎裂（图 4-8）。由于钻头外部切削齿的切削速度高于内部切削齿，所以钻头外部复合片更容易发生脆崩，通常失效也更严重。从钻井现场反馈的资料中经常可以看到关于切削齿脆性崩裂失效的记录，这一异常失效现象会大大加快 PDC 钻头切削齿的磨损速度，显著降低 PDC 钻头的工作寿命。

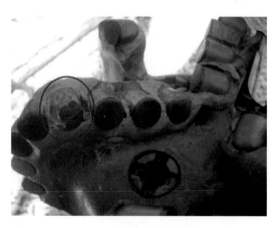

图 4-8　切削齿的脆性崩裂失效

　　针对以复合片脆崩为主要失效特征的情况，在进行 PDC 钻头的个性化设计时，除尽量使用抗冲击性强的切削齿外，还应在结构设计中尽可能强化钻头的工作稳定性，减少钻头发生振动（特别是横振）的趋势。做到这一点有多种技术手段，其中之一就是进行钻头的力平衡设计。此外，适当增设能起缓冲保护作用的辅助切削结构，也是有效的技术途径。在钻头的使用方面，尽量避免在高转速下钻进，是提高钻头切削齿寿命的关键。

　　硬地层 PDC 钻头的另一种典型失效形式为"打滑"。所谓"打滑"是指钻头切削齿难以侵入或吃入井底岩石表面，因而无法实施对井底岩石的有效切削。这种现象在硬塑性地层中尤为突出。PDC 钻头的基本破岩原理是刮削或剪切，刮切原理得以实现的前提是切削齿能够侵入岩石表面，从而形成有效的侵入深度。然而，随着岩石硬度的不断增高，切削齿侵入岩石的难度也越来越高。PDC 钻头在硬地层中钻进时常遇到这样一种现象，即新钻头下井后尚能正常钻进，而一旦切削齿发生一定程度的磨损，钻头的钻速就显著降低，而且越钻越慢，增加转速或提高钻压均无明显效果，钻头起出后切削齿及保径磨损量很小。此时，钻头的切削结构并未损坏，而且新度还比较高，但钻头已经不能正常钻进。这种特殊的失效形式为硬地层（特别是硬塑性地层）钻头技术提出了一个颇具挑战性的大难题。

2. 高研磨性地层 PDC 钻头的失效分析

　　高研磨性地层是油气钻井中一种典型的难钻地层。岩石的研磨性通常取决于两个因素：一是硬质成分（如石英）的含量，石英含量越高岩石的研磨性就越强；二是岩石的硬度或致密度，在石英含量相同的条件下，岩石越硬，研磨性就越强。所以，在大多数情况下，高研磨性地层同时也是硬度较高的致密地层。高研磨性致密地层是典型的难钻地层，川西须家河组深层就是这类地层的代表，常规 PDC 钻头的进尺、钻速和寿命普遍偏低（图 4-9）。

图 4-9　PDC 钻头在高研磨性致密地层钻进后的磨损状态

钻头在高研磨性地层钻进时，会在 PDC 齿的切削刃上产生大量的摩擦热量，从而导致 PDC 齿局部温度升高，进而导致热磨损现象发生。"热磨损"是 PDC 复合片的一种特殊磨损形式，它通常包含两层含义：其一，PDC 齿是由金刚石层与硬质合金基体结合而成的复合切削元件，因为金刚石与硬质合金的热膨胀系数有差异，所以在过度受热时，会在两种材料的界面及周边区域产生热应力，从而加剧复合片的磨损速度；其二，PDC 齿的聚晶金刚石层内除了金刚石颗粒外，还分布着一定量的触媒物质——钴，金刚石与金属钴的热膨胀系数也有差异，因而受热时也会产生局部的热应力，这种局部的热应力也会显著增加复合片的磨损速度。近年来，复合片脱钴技术的应用使得 PDC 钻头抗热磨损的能力得到了大幅提升，这是聚晶金刚石复合片材料技术的重要进步，为增进难钻地层钻头的性能起到了关键作用。

高研磨性致密地层 PDC 钻头的个性化设计技术同样具有很高的难度，除了复合片必须具备很强的耐磨性以外，钻头设计时还必须处理好切削结构的寿命与切削齿侵入能力之间的矛盾。一般情况下，需要采用比较高的布齿密度，但仅仅如此还是不够。近年来的技术发展表明，钻头切削结构的创新是提升高研磨性致密地层 PDC 钻头性能的最有潜力的途径，美国 Smith 公司的旋齿钻头技术就是一个实例。目前，西南石油大学钻头研究室正在开展的具有交叉切削原理的复合式 PDC 钻头等新技术（杨迎新，2010），在此类难钻地层的钻井提速方面具有较大潜力。

高研磨性地层的另一种钻头失效形式是严重缩径，即钻头的保径失效。此问题难度不算高，但必须给予充分重视，否则，后续钻头很可能要进行很不经济的划眼作业。

3. 不均质地层 PDC 钻头失效分析

不均质地层主要指软硬互层及含砾岩层等。当 PDC 钻头从软地层钻到硬地层时，冠顶切削齿首先与硬地层接触，切削载荷显著增大，易造成 PDC 切削齿的先期损坏（图 4-10）。当所有切削齿都进入硬地层后（图 4-11），这时就有更多切削齿接触并钻进硬地层，受力情况更加均匀，因此钻头的工况比刚进入硬地层的工作环境好。

图 4-10　PDC 钻头在不均质地层失效图

当 PDC 钻头从硬地层钻到软地层时，冠顶切削齿首先进入软地层，软地层易于切削破碎，因此冠顶切削齿载荷变小，而其他部位切削齿载荷相对增加。在继续钻进过程中，未进入软地层而仍在硬地层中的切削齿越来越少（图 4-12），从而导致这些切削齿（主要是冠顶外侧的切削齿）载荷增大，加之该区域齿的线速度高，很容易导致切削齿的崩裂等冲击失效。

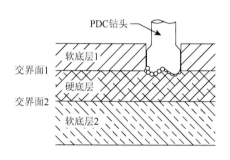

图 4-11　PDC 钻头从软地层钻进硬地层

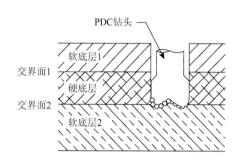

图 4-12　PDC 钻头从硬地层钻进软地层

当 PDC 钻头在含砾岩层钻进时，由于砾石硬度高，切削齿会频繁遭受很高的瞬时动载荷，容易使切削齿发生快速的冲击失效。通常，钻头在含砾岩层的工作寿命会显著下降，下降的程度与砾石的粒径和胶结紧密度密切相关。在数年前，含砾岩层还被视为 PDC 钻头的禁区，现在虽然已有很大的进步，但砾石层的钻井至今仍然是 PDC 钻头所面对的严峻挑战。

尽管 PDC 钻头在含砾岩层的切削条件与钻夹层明显不同，但其失效机理都是缘于岩石不均质导致的切削齿冲击载荷，所以，要提高 PDC 钻头切削不均质地层的能力，一方面，要研制或选用耐冲击性能好的 PDC 复合片；另一方面，通过后备切削结构或复合切削结构的设计，也能显著提高 PDC 钻头在此类恶劣工况下的持续工作能力。

4.1.3　PDC 钻头的个性化设计原理

1. PDC 钻头的性能与结构设计之间的关系

PDC 钻头结构形式变化多样，设计灵活性大，对使用条件特别是地层条件的变化比较敏感。因此，必须针对具体的使用条件进行量体裁衣式的个性化设计，才能使 PDC 钻头具有良好的工作性能。在复杂难钻地层，PDC 钻头的切削齿要在高应力、强冲击、剧烈摩擦、高温等恶劣条件下破碎井底岩石，而复合片的性能常常已接近其应用极限，在这种情况下，更加科学地开展 PDC 钻头的个性化设计就显得尤为重要。

PDC 钻头的工作性能主要包括钻头的综合经济性（综合性能）、钻速、寿命、定向钻进能力（造斜能力、方位稳定性、钻进效率）、穿夹层能力、抗泥包能力等。绝大多数钻头性能参数都与钻头的切削力学参数密切相关，因此，钻头的个性化设计就是通过钻头结构参数（特别是切削结构参数）的合理选取和调整，使钻头的切削力学特性与具体的钻井条件和切削齿性能相适应，以最大限度地达到该条件所要求的钻头工作性能。在实际工程中，PDC 钻头的使用条件复杂多变，不仅每口井的条件不同，而且随着钻井进程的延续，钻井条件也在随时发生变化。地层岩石、井身结构、钻具组合、驱动方式等方方面面的因素都在影响着钻头与岩石的互作用过程。同时，不同的钻井条件对钻头性能的要求也往往有明显区别，所以，钻头的个性化设计问题，本质上就是一个多目标、变权重的复杂的优化设计问题。"多目标"的含义是：钻头设计所要追求的通常不仅仅是一个单一的性能目标，而是兼顾多种性能的综合性目标。"变权重"则是指钻头各个性能参数的设计目标在不同钻井条件下的侧重点是变化的。

以下从"攻击性"、"耐磨性"、"稳定性"和"水力特性"四个方面探讨钻头性能与钻头个性化设计之间的关系。

1）攻击性

钻头的攻击性（aggressiveness）是指钻头在钻进过程中对岩石侵入能力的强弱，较强的攻击性可以获得较高的机械钻速。很显然，钻头的侵入能力并不是固定不变的，而是随着钻头磨损程度的增加而减小的。但是，在钻头设计中，"攻击性"是指新钻头的侵入能力。

在软地层，PDC 钻头由于切削量大，大量岩屑不易快速从井底排除，可能造成钻头的泥包，严重泥包的钻头攻击性会显著下降甚至完全丧失。随着水力结构设计技术的进步，钻头泥包已不再是制约 PDC 钻头钻进效率的主要因素，只要不泥包，PDC 钻头在软地层的攻击性基本不存在大的问题。

然而，在难钻地层，钻头攻击性的合理控制（优化）就变得十分重要，既不能太弱，也不能过强。如果攻击性太弱，钻头的切削齿就难以有效侵入井底岩石，钻速就会很慢，这样即使钻头的寿命再长也没有多少实际意义。但攻击性太强也会有问题，攻击性强意味着切削齿的侵入深度大，切削齿的工作载荷高，当岩石硬度高或不均质性强时，切削齿发生崩损、热磨损的可能性就会增加。换言之，攻击性太强会显著减少难钻地层钻头的工作寿命。如果没有足够的寿命，钻速再快也没用，深井、超深井尤其如此。所以，对于难钻地层，PDC 钻头个性化设计的主要内容就是合理控制钻头的攻击性，使其与地层的岩石性质以及切削齿的性能达到最优的匹配。

影响钻头攻击性的因素主要有两个：一是钻头的布齿密度；二是切削齿的尺寸（直径）。这也是钻头设计中用以调整钻头攻击性的主要控制参数。

布齿密度是指单位钻头直径上布置的复合片数量。布齿密度与钻头攻击性的关系是显而易见的，布齿密度越高，齿数就越多，在相同钻压下，切削齿的平均载荷越低，攻击性就越弱。反之，布齿密度越低，齿数就越少，钻头攻击性就越强。布齿密度通常与刀翼数量和冠部轮廓形状相关。实际上，设计确定刀翼数量和冠部轮廓形状的最基本要求就是保障钻头具有足够的布齿空间。

PDC 齿刀刃的轮廓曲率是影响牙齿侵入地层能力的重要因素。刀刃轮廓曲率越大，牙齿直径越小，就越容易侵入地层。也就是说，采用较小的切削齿直径有助于提高钻头的攻击性。这就是为什么硬地层钻头更趋向于使用小尺寸复合片的原因。

硬地层钻头复合片尺寸的选择是比较困难的，如果尺寸过大，侵入地层的能力就不够，钻速就达不到要求，此时就需要减小切削齿的直径，但同时齿的可磨损长度会减小，钻头的工作寿命也随之降低。由此可见，硬地层钻头的设计难度要比软地层钻头高很多。

2）耐磨性

决定 PDC 钻头耐磨性能或工作寿命（durability）的首要因素是金刚石复合片的性能，主要包括复合片的耐磨性和抗冲击性。复合片是一种特殊的金刚石复合材料切削元件，由金刚石粉和硬质合金基体在高温高压条件下复合而成，金刚石粉聚合成为复合片的金刚石层，其耐磨性比硬质合金基体高出约两个数量级，从而为 PDC 钻头的切削效率和工作寿命提供了根本的保障。然而，PDC 复合片也有弱点：首先，复合片的金刚石层性质较脆，耐冲击能力不强。2000 年以前，PDC 钻头只适宜在中硬以下地层使用，原因就是 PDC 齿承受不了硬地层、不均质地层钻进时的冲击载荷。其次，复合片具有十分明显的热磨损效应。当切削温度过高时，复合片的磨损速度会显著加剧。这个弱点是造成 PDC 钻头在硬研磨性地层寿命低下的主要原因。最后，由于结构性的原因，复合片承受反向载荷的能力很差。

除了复合片自身性质的因素以外，钻头结构设计的合理与否同样很重要。影响钻头耐磨寿命的重要结构因素之一，就是布齿密度。布齿密度越大，钻头上的总齿数就越多，切削齿平均载荷就越小，磨损速度就更慢。布齿密度可以说是 PDC 钻头最重要的结构参数，不仅能显著影响钻头的侵入能力，而且在很大程度上决定着钻头的耐磨寿命。正因如此，PDC 钻头的 IADC 分类代码中才把它列为三个结构特征代码之一，且排在首位。

然而，布齿密度毕竟只是一个总体参数，并不是说布齿密度高就一定意味着钻头寿命长。切削齿在钻头上分布规律的合理性同样非常重要，因为 PDC 钻头的一个十分重要的磨损失效特征就是不均衡磨损。通常情况下，钻头上的切削齿并不是均衡磨损或等速磨损的，在钻头冠顶及冠顶以外径向区域（特别是钻头半径的外 1/3 区域），切削齿的磨损速度显著高于内部区域的切削齿。所以，要改善钻头的耐磨性，就应该把增加的复合片更多地布置在磨损速度快的外部区域。而要做到这一点，一方面需要增加刀翼数量，另一方面需要增加冠部高度，拓展钻头外部区域的布齿空间。总之，刀翼数量、冠部形状的优化设计是提高钻头耐磨寿命的最有效的结构手段。除此之外，辅助切削结构的设计（如缓冲结构、后备切削结构）也能发挥不可忽视的重要作用，对难钻地层尤其如此。

3）稳定性

PDC 钻头的稳定性通常有两方面的含义，一方面是指钻头的运动稳定性，另一方面是指钻头在导向钻进过程中的方位稳定性。此处所讨论的是前者。钻头的稳定性是一个与钻头寿命有直接关系的特性，当地层硬度较高、不均质性较强时，必须对该特性给予足够的重视。如前所述，PDC 复合片易脆崩的弱点使其承受冲击的能力相对较差，尤其是不能承受反向载荷。所以，尽可能提高钻头工作的稳定性，避免横向振动（特别是涡动），就成为钻头（特别是难钻地层钻头）设计的重要目标。

在钻头设计中，增强钻头稳定性的技术方法通常有两个：一是"障阻法"。通过钻头切削结构的设计，在井底形成能对钻头横向运动起限制作用的岩石结构（障碍）。二是"控力法"或"力平衡法"。在设计时合理控制钻头的横向力水平（平衡程度），使钻头横向振动的驱动力得到有效抑制。

"障阻法"一般是通过钻头内锥结构的设计来实现的。内锥越高，内锥区域越宽，则井底岩石上凸起的"圆锥体"对钻头横向运动的阻挡作用就越强。另一种方法是通过同轨布齿、大小齿组合布齿等手段，增大井底上相邻切削齿之间的环状"岩脊"的尺寸，利用环状"岩脊"对切削齿的横向约束力达到增强稳定性的效果。

"控力法"或"力平衡法"通常有两种设计思路：其一，自平衡设计。通过调整钻头上各切削齿的位置、切削角度等参数，使钻头的横向力等于或接近于零，即达到或接近横向力的自平衡状态，这就意味着基本消除了来自钻头的横振驱动力，这样，钻头对井壁的切削作用就很弱，井眼直径的扩大量就可得到有效控制，钻头的横振就能受到抑制。其二，强不平衡设计。与自平衡设计相反，特意采用不平衡布齿设计增加钻头的横向力，使其达到足以将钻头推压到井壁上的程度。由于钻头钻进时始终贴紧井壁，且贴紧井壁的保径部位不变，故也能达到避免钻头横振（抗回旋）的目的。

4）水力特性

钻头的水力特性是指其水力结构满足钻头特定工作条件需求的性能。PDC 钻头的水力结构包括内部水孔、喷嘴（或水眼）以及相邻刀翼之间的水道三部分，水力结构设计通常是指喷嘴设计和水道设计。由于 PDC 钻头水力结构的首要功能就是及时带走岩屑，避免岩屑在水道中拥集，所以，钻头水力结构优化设计的一个比较理想化的目标，即全平衡设计目标。全平衡目标也可称为全平衡设计方法，它是指使钻头每个水道的容积、流量与相应刀翼所产生的岩屑量之间达到平衡（成比例）的设计目标或方法，其基本思路是按照各刀翼的岩屑量均衡地分配钻头的流道空间和水力能量。

然而，全平衡设计只是一个理想化的设计思路，并非一种必须遵守的设计原则。毕竟钻头的切削结构设计才是第一位的，通常情况下，水力结构设计应该服从切削结构设计的需要。只有在满足切削结构设计需要的条件下进行的水力结构优化设计，才具有可行性。PDC 钻头与水力因素相关的失效形式主要有泥包、切削齿热磨损、冲蚀三种类型，水力结构的优化设计应针对具体的使用条件、失效形式设定优化目标，并以切削结构设计的要求作为约束条件，合理调整水道、喷嘴的设计参数，使钻头的水力特性达到最佳。

PDC 钻头水力结构优化设计原则主要包括三条：①无滞留原则。即尽量避免流道中的滞留区或涡流区，这是一条共性原则。②空间优先原则。即设计中优先考虑扩大水道空间，特别是水道深度。这是针对软地层钻头的设计原则，深而宽的水道保障了容纳岩屑的空间，是避免岩屑拥塞、泥包的最有效手段。早期的 PDC 钻头曾采用无水道或浅水道结构，钻头很容易泥包。自从刀翼式钻头结构诞生以来，泥包现象显著下降。软地层钻头一般多采用钢体式结构，除了制造成本的因素以外，最重要的原因就是钢体钻头可以设计成薄刀翼、深水道结构，水道的容积大，容屑能力强。③流速优先原则。即设计中优先考虑流道中的流体速度，特别是切削齿附近区域的流体速度。这是针对硬、高研磨性地层钻头的设计原则。对于硬、高研磨性地层，由于钻速慢，岩屑量少，所以一般不用过多考虑泥包问题，水力结构的设计应以更好地冷却切削齿以最大限度减少热磨损为追求目标。此时，应适当减小水道深度、容积，以提高钻井液在水道中的流速，增强对切削齿的冷却效果。除上述三点之外，对于易发生冲蚀失效的钢体钻头，还应注意控制钻井液在井底的周向漫流。

近年来，CFD 技术已经在钻头水力结构优化设计中得到普遍应用，借助该技术，已能够对钻头的井底流场进行定量地计算、分析，并借此更好地实现钻头水力结构的优化设计。要真正在钻头设计中用好 CFD 技术，只懂得建模、计算是不够的。钻头的使用条件不同，对水力特性的要求往往也有差异，如何针对不同的使用条件对钻头流场计算结果进行合理评价，这才是最重要的。

2. PDC 钻头个性化设计的基本准则

1）钻头个性化设计的含义及其一般过程

钻头个性化设计中"个性化"的含义比较宽泛，既包含可以共同遵循的通用准则和优化思想，也包括对特殊情况加以特殊对待的"个例"优化方法，更涵盖了在理论、结构以及材料方面的创新设计范畴。

就内容而言，要开展钻头的个性化设计，既需进行地层岩石性质的分析、预测，也要开展已使用钻头的失效分析；既包括切削结构设计，也包括水力结构设计；既依赖理论分析手段，也离不开实验测试和试验验证；既涉及结构参数优化，也和材料优选相关。总而言之，PDC 钻头的个性化设计是一个十分复杂的综合性优化设计问题。

钻头个性化设计的一般过程：第一，分析地层岩石的性质，掌握岩石强度、内摩擦角、研磨性等特性参数。第二，通过失效分析等手段，对钻头在特定工作条件（特别是地层条件）下的主要技术矛盾做准确的定位，换言之，要清楚地了解钻头最容易发生的失效现象及其原因，明确改进目标。第三，针对主要技术矛盾提出合理的解决思路和具体方法。第四，利用科学的技术手段对所采用技术方法的效果进行分析、评测和优化。第五，对新设计钻头产品的应用结果进行分析、评价和改进。

2）切削结构设计（布齿设计）准则

L.E.Hibbs 和 D.G.Flow 在 1978 年提出，可采用三种方法进行 PDC 钻头的布齿设计，即：等切削法（各齿的切削体积相等）、等磨损法（各齿的磨损速度相等）和等功率法（各齿的切削功率相等）。这是最早的关于 PDC 钻头布齿设计方法的理论研究，姑且称这种理论为"经典布齿设计准则"（Hibbs and Flow，1978）。

无论是"等切削"、"等磨损"还是"等功率"，其本质都是一样的，只是设计计算时采用的参数不同而已。钻头上 PDC 齿的磨损速度与其切削功率和切削体积之间均为正相关关系，甚至可以相互转换，所以，这三种方法的基本思想是一致的，都是等强度或等寿命设计原理的不同体现形式。换言之，"经典布齿准则"所追求的设计目标就是使钻头上各切削齿达到等速磨损或均衡磨损。实际情况表明，PDC 钻头的主要磨损特征之一就是切削齿磨损的不均衡性——外部切削齿的磨损速度明显快于内部切削齿。如果能让外部切削齿的磨损速度变慢，就能接近均衡磨损，钻头的寿命就能显著延长。由此可知，"经典布齿准则"的实质就是追求钻头寿命的最大化，而忽视了钻头的钻速。显然，这是不合理的。L.E.Hibbs 和 D.G.FIow 提出的"经典布齿准则"是在 PDC 钻头刚问世不久的时期，在那个时期，关于 PDC 钻头设计理论的研究刚刚开始，"经典布齿准则"只是作者对布齿设计理论所做的探索性观点，并不是一套成熟的理论或技术。所以，它在随后几十年中一直被不少国内钻头设计工程师甚至学者们奉为圭臬，实在是一种误会。但这恰恰反映了我们在 PDC 钻头设计理论研究方面的不足甚至落后。

在实际的钻井中，单纯追求钻头的长寿命或钻速都是不对的。如果钻速极低，再长的寿命也没有价值；同样，如果没有基本的寿命保障，难以为继的高钻速也是没有意义的。只有在钻速和寿命都达到一个可以接受的水平，这样的设计才具备基本的应用可行性。对众多能达到这种应用可行性要求的设计方案，需要有一个判定其优劣的一般性标准或总原则，这就是综合经济性准则，即：在从入井到出井的全过程中，钻头的钻速、寿命等性能指标应使钻井成本达到最低。这既是金刚石钻头个性化设计的总原则，也是进行各种钻头（含辅助破岩工具）优选决策时的基本依据。当然，这里有一个前提，那就是钻头首先能够达到必要的功能性要求（如定向钻井中的导向性能要求）。还需要明白的一点是，尽管综合经济性原则是一个钻头个性化设计通用准则，但钻井工程中有时会存在一些特殊情况，需要在经济性要求之外，特别强化钻速或寿命或其他功能性要求，这也是钻头设计目标中"个性化"的一种体现。

3）复杂难钻地层 PDC 钻头的个性化设计

复杂难钻地层主要是指高强度、高研磨性和岩性变化频繁的不均质地层（主要是软硬夹层和含砾岩层等），PDC 钻头在这些地层中钻进时钻速慢、寿命低。据统计，世界上约80%的钻井费用都花费在仅占总进尺20%的复杂难钻地层的钻井过程中。由此可见提高复杂难钻地层钻头性能的重要性。

（1）硬地层。

PDC 钻头在硬地层钻进时的失效主要有两类：一类是由于复合片崩裂损伤导致钻头破岩效率显著下降甚至寿命终止；另一类是因为磨损后的钻头侵入岩石的能力不足，尽管钻头的磨损不一定很严重，但钻头切削齿已经很难吃入高强度岩石，钻头处于近乎打滑的状态，钻进速度极慢。

在这种地层条件下，钻头设计时除了复合片的选型要特别注重抗冲击性能以外，在结构设计方面，还应通过各种可能的技术措施提高钻头的工作稳定性，减小甚至避免由于横振而导致的 PDC 齿冲击崩损。力平衡设计就是提高钻头稳定性的重要技术手段之一。需要注意的是，钻头横向力平衡状态的把控往往与其保径结构的设计密切相关，也即保径结构的设计要服从钻头力平衡设计思路的需要。此外，缓冲齿等辅助切削结构的设计也是提高切削齿寿命的有效措施。

对钻头设计而言，侵入能力的提升是一个难度较高且比较矛盾的问题。通常情况下，选用小尺寸复合片是一个有效措施，但复合片尺寸减小后，其可磨损高度也相应减小，这样钻头的工作寿命就难以得到保障。如何使钻头在磨损后仍具备较强的侵入能力，是一项比较有难度但却十分有价值的研究课题。近年来的研究表明，复合切削结构技术是解决该问题的有效手段，复合切削结构既包括固定切削结构和运动切削结构的复合（如 PDC-牙轮复合钻头），也包括不同静态切削结构的复合（如 PDC 与孕镶齿的复合）。复合切削结构技术是硬地层钻头的发展方向，今后将会有更大的发展。

（2）高研磨性地层。

钻头在高研磨性地层钻进时的失效特点主要是钻头切削齿磨损速度快，寿命短，特别是冠顶及以外区域，切削齿快速磨损后常常在钻头本体上磨出环槽。高研磨性地层的石英含量高，对 PDC 齿的磨损能力强，但这只是问题的一方面，造成切削齿快速磨损的更重要的因素是由摩擦生热而导致的局部高温使切削齿发生热磨损。PDC 齿是一种由聚晶金刚石层和硬质合金基体构成的复合材料，由于这两种材料的热膨胀系数存在明显差异，所以当复合片切削过程中的发热使局部温度过高时，金刚石层就可能因热应力而导致崩裂甚至脱层。此外，复合片的聚晶金刚石层中含有一定量分散状态的钴（金刚石粉聚合过程所需的触媒），钴的热膨胀系数也与金刚石不同，所以高温时也会造金刚石层的局部崩裂。

要提高钻头在高研磨性地层的性能，在复合片优选、处理方面，一要注重抗研磨性能，二要注重脱钴质量。在结构设计上，一方面要重视水力结构设计，改善切削齿冷却效果，另一方面，适当增加布齿密度，也能起到减缓切削齿磨损的效果。此外，一种新的布齿设计技术——串行布齿技术（杨迎新，2007；杨迎新等，2008），也是值得重视的技术手段。串行布齿技术是西南石油大学钻头研究室提出的新理念，研发的个性化钻头已经在钻井工程实践中得到成功应用，特别适用于高研磨性地层、含砾岩层等钻头切削齿磨损速度快，但侵入难度并不特别高的场合。

（3）不均质地层。

PDC 齿对冲击载荷比较敏感，所以针对不均质地层的钻头必须要做精细的个性化设计，否则钻头可能很快因切削齿崩损而早期失效。不均质地层的典型类型有软硬夹层（或互层）和含砾岩层，在这两种地层条件下，钻头的失效形式有一定的相似性，都是由复合片的冲击崩损而导致钻头丧失钻进能力，但钻头失效的具体原因各有不同，因此钻头的个性化设计原理也有明显差异。钻头在软硬夹层钻进时，钻头在穿越夹层界面时，切削齿的载荷不均度显著增高，冠顶区域的切削齿冲击载荷大，容易先期失效。而在含砾岩层，钻头各个区域的切削齿都会受到较频繁的冲击载荷，因此钻头各个区域的切削齿都有可能崩损失效。由于钻头外部切削齿的切削速度更高，所以崩损失效通常也更严重。

对于软硬夹层条件，钻头个性化设计的要点在于：冠顶不宜过尖，平坦的冠顶设计有利于降低钻头穿越夹层时的牙齿载荷不均度；适当减小冠顶在钻头上的径向位置，可以减小冠顶位置 PDC 齿的切削速度，降低切削齿的冲击载荷。

对于含砾岩层，复合片的耐冲击性能是第一位的，其次，在钻头设计方面，要特别注意切削齿的互补性，尽量避免由于个别齿的早期磨损而直接造成钻头的环切失效。换言之，在砾石层（特别是胶结较致密的砾石层）中钻进时，个别切削齿的早期失效是难以避免的，钻头设计的重要目标就是让钻头在部分切削齿发生显著磨损时仍能继续工作。显然，串行布齿技术也是一个十分有效的技术手段。

以上论述了在各种复杂难钻地层条件下 PDC 钻头的个性化设计原理。需要强调的是：无论是硬地层还是不均质地层，抑或是地层以外的其他钻井条件，凡是在易导致钻头切削齿冲击失效的条件下，PDC 齿的耐冲击性能都是重要甚至首要的技术因素；能提高钻头运动稳定性的方法都是改善钻头性能的积极有效措施；辅助切削结构特别是缓冲结构的合理运用，能显著提升钻头的工作寿命。除此之外，一个值得重视的技术发展方向是：在 PDC 齿切削井底岩石前，先对岩石进行预损伤，降低切削区域的岩石局部强度。PDC-牙轮复合钻头、锥齿钻头的成功应用充分证明了这种技术思想的有效性。

3. PDC 钻头破岩数字仿真分析技术

PDC 钻头分析设计技术的核心在于对钻头性能的准确分析和评价，特别是对钻头工作性能全面的动态分析手段和方法。由于 PDC 钻头结构的复杂性、地层条件的复杂性以及 PDC 钻头在井底运动状态的复杂性，单纯利用理论分析的方法难以准确地了解钻头切削结构与岩石之间互作用过程的规律。采用实验测试的手段固然是一种可行的方法，但实验测试耗时长、成本高，且必须以真实的钻头作为测试对象。所以，开发能针对虚拟钻头进行仿真实验的 PDC 钻头破岩数字仿真分析技术（任海涛，2009；戚清亮，2015），是一项对钻头个性化设计具有重要价值的工作。

西南石油大学钻头研究室经过十余年的研究，已成功开发出"PDC 钻头数字实验室软件"（图 4-13），这是一套将 PDC 钻头几何学、运动学、切削力学、岩石破碎力学以及计算机数字仿真技术相结合而形成的用于 PDC 钻头性能分析与评价的专业软件。该仿真系统原理框图如图 4-14 所示，该软件的主要特点是：

（1）不仅适用于 PDC 钻头的理想钻进条件，而且适用于包括滑动导向、旋转导向、复杂振动等多种复杂运动条件。钻头在井底岩石上沿轴向钻进的同时，一般都伴随着程度不同的横向振动或偏心公转。PDC 钻头数字实验室软件能够摆脱常规 PDC 钻头分析技术中对钻头所做的无偏心钻进的假设，因此，钻头的工作条件与实际更加贴近。

图 4-13　PDC 钻头数字实验室软件

（2）能针对不均质地层（软硬夹层）开展计算分析。岩石作为仿真系统中的重要对象之一，数字化后的岩石单元可以具备各自不同的力学性质，因此理论上讲，数字岩石可以用以模拟各种不同类型的不均质地层。这对于不均质地层的钻头性能分析十分重要。

（3）能针对各种复杂的 PDC 钻头切削结构开展分析计算，不仅适用于常规 PDC 切削结构，同样适用于重复齿（即同轨齿）、后备齿和异形齿等典型的特殊或辅助切削结构。

（4）可以获得物理实验测试难以获得的各种钻头工作参数（如钻头上各切削齿的动态工作载荷等），因而可以实现对钻头工作性能的更全面的分析预测。

（5）不仅可以对钻头做单一井段钻进的仿真实验分析，而且可以对钻头在多井段钻进的综合效果做分析和评价。

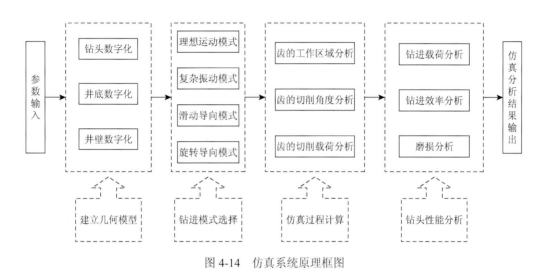

图 4-14　仿真系统原理框图

4.2　高效钻头新技术、新思想

4.2.1　PDC-牙轮复合钻头

2010年贝克休斯公司在美国钻井工程师交流协会上介绍了一种 PDC-牙轮复合钻头的成功应用情况（Pessier and Damschen，2011；Zahradnik et al.，2010a，2010b），钻头结构如图 4-15 所示。

PDC-牙轮复合钻头将 PDC 钻头和牙轮钻头两种不同工作原理的切削结构有机地接合在一起，形成了一种新的钻头品种及新的钻头破岩方式。复合钻头主要由钻头体、PDC 切削结构（固定刀翼）、牙轮切削结构（含轴承系统）、水力系统组成，其中 PDC 固定刀翼与钻头体为一体式结构，牙轮与牙爪装配后组成的牙轮部件焊接在钻头体上。

复合钻头上的 PDC 刀翼结构与常规 PDC 钻头的刀翼结构基本相同，PDC 齿覆盖了钻头的全部径向区域，所以 PDC 刀翼是钻头的主切削结构。复合钻头上的牙轮与常规牙轮钻头的牙轮结构原理基本相同，但也有区别，复合钻头上的牙轮牙齿只覆盖在钻头上

图 4-15　国外钻井现场使用的 PDC-牙轮复合钻头

PDC 齿最易发生磨损的径向外部区域，也就是说，只依靠牙轮无法对井底岩石进行全面破碎。因而，牙轮切削结构是复合钻头的辅助切削结构。

复合钻头以 PDC 齿刮切破岩为主，牙轮牙齿压碎破岩为辅（董博，2013；包泽军，2013）。复合钻头旋转钻进时，在 PDC 与牙轮共同覆盖的区域，PDC 齿与牙轮牙齿共同作用于井底岩石，牙轮牙齿压出破碎凹坑，辅助 PDC 齿侵入并刮切岩石（图 4-16）。

图 4-16　复合钻头的井底模式

实践结果表明：复合钻头在致密泥页岩、不均质地层等难钻地层条件下的破岩效率明显高于常规 PDC 钻头和牙轮钻头；复合钻头在滑动导向钻井工艺条件下具有良好的综合性能，既能保证方位的稳定性，又具备较高的钻进效率（Pessier and Damschen，2011；

Dolezal et al.，2011；Rickard et al.，2014；杨瑶，2016）。

1. PDC-牙轮复合钻头破岩机理

1）复合钻头破岩机理实验研究

西南石油大学钻头研究室针对 PDC-牙轮复合钻头这一新型钻头技术开展了破岩机理深入研究（齐海涛，2012；董博，2013；包泽军，2013；石擎天，2013）。通过实验钻头的室内钻进破岩实验研究，深入分析复合钻头的破岩机理及井底模式特征，检验复合钻头的钻进原理及特点，为复合钻头的设计开发及应用提供实验依据。

为开展复合钻头的破岩机理实验研究，钻头研究室设计加工了结构参数可调的复合钻头实验装置。如图 4-17 所示，复合钻头实验装置（也即组合式实验钻头）由 2 个固定 PDC 切削单元和 2 个牙轮单元组合而成。实验装置的可调参数包括：①牙轮结构参数：移轴距，轴倾角，布齿密度，齿型。②PDC 结构参数：布齿密度（刀翼数），PDC 齿直径。③复合结构参数：切削轮廓形状，复合高差（PDC 与牙轮的布齿轮廓高度差）。

为了测试 PDC 切削单元和牙轮切削单元的钻压分配比例，钻头研究室研制了专用的力传感器，该传感器与钻柱传感器一起工作，能为复合钻头钻进过程的分析提供定量的工作载荷数据。

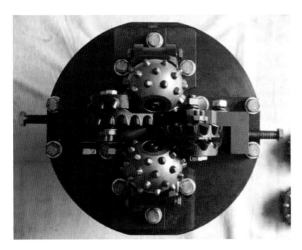

图 4-17　装配完成的实验钻头

利用此实验装置，分别在武胜砂岩（较硬）、嘉一灰岩（硬）、花岗岩（极硬）3 种岩石上进行不同结构参数下的钻岩实验。分别测试牙轮轴倾角、牙轮牙齿齿型、牙轮布齿密度、刀翼冠部形状、刀翼布齿密度、复合高差等因素对钻头破岩机理的影响规律。

测试参数包括：钻压，扭矩，机械钻速，PDC 及牙轮切削单元的钻压分配等。

图 4-18 为钻岩实验过程。图 4-19 为实验钻头在武胜砂岩、嘉一灰岩及花岗岩上钻出的井底。

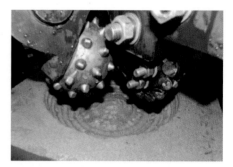

图 4-18　实验复合钻头破岩钻进实验

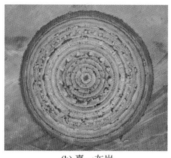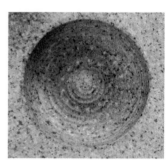

(a) 武胜砂岩　　　　　　　　(b) 嘉一灰岩　　　　　　　　(c) 花岗岩

图 4-19　井底模式

图 4-20 为复合钻头与常规 PDC 钻头、牙轮钻头的扭矩响应曲线。

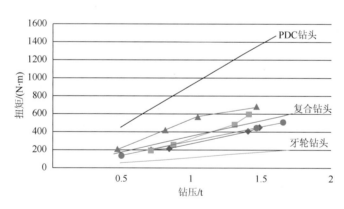

图 4-20　复合钻头、PDC 钻头、牙轮钻头扭矩响应曲线

复合钻头破岩机理实验结果分析：

（1）PDC 刀翼和牙轮的复合产生了明显的有益效果。①牙轮的作用体现在两方面：其一，牙轮牙齿直接破碎井底岩石，在井底凿出破碎坑；其二，在井底齿坑及临近区域形成裂纹。上述作用所产生的直接效果是：牙轮牙齿形成的凹凸不平的井底形貌以及在齿坑区域造成的裂纹，显著降低了 PDC 齿前方切削区域的岩石强度，因而 PDC 齿能达到更大的侵入深度，使硬岩钻进中的切削齿侵入难题得到有效解决，钻头钻速得以提高。②PDC

齿刃上的应力集中程度下降,有利于减少 PDC 齿的崩损失效。③PDC 齿的工作过程为断续刮切,能显著减少 PDC 齿的摩擦生热,有利于减小 PDC 齿的热磨损。总之,牙轮虽然是复合钻头中的辅助切削结构,但其预破碎、预损伤作用对于提升 PDC 主切削结构在硬地层的工作能力具有至关重要的支撑作用。

(2)牙轮牙齿侵入岩石需要的载荷明显高于 PDC 齿,所以复合钻头在软地层的破岩效率反而不如 PDC 钻头。也就是说,复合钻头一般不适合用于在较软地层中钻进。

(3)复合钻头在软硬交错的夹层以及含砾岩层中钻进时,由于牙轮牙齿具有较强的托压、缓冲作用,所以 PDC 齿的侵入深度不易因岩石软硬变化而发生大的突变,PDC 齿的工作载荷对复杂振动的敏感性也能得到有效缓解,PDC 齿冲击崩损失效的现象可得到显著改善。此外,牙轮牙齿的凿击作用对不均质岩层的破碎比较有效。因此,复合钻头对不均质岩层的适应能力优于常规 PDC 钻头。

(4)复合钻头的扭矩特性与 PDC 钻头和牙轮钻头均有差异,它主要取决于 PDC 与牙轮这两类切削结构之间的钻压分配规律,牙轮承担的钻压越大,钻头的扭矩就越小、越趋近于牙轮钻头。尽管 PDC 刀翼是复合钻头的主切削结构,但在通常情况下,复合钻头的工作扭矩却显著低于 PDC 钻头,更接近于牙轮钻头。这既能有效降低钻头的扭振,减少黏滑趋势,又有利于导向钻井的工具面控制。因此,复合钻头在定向、水平井钻进中具有较明显的优势。

2)复合钻头破岩机理仿真分析

复合钻头的切削结构既包含 PDC 刀翼,也包括牙轮,因此,钻头与岩石的互作用关系比 PDC 钻头和牙轮钻头更加复杂。为了科学地进行复合钻头的个性化设计,就必须拥有能对钻头破碎岩石的过程进行定量分析、评价的技术手段。为此,西南石油大学钻头研究所开展了复合钻头破岩数字仿真分析技术的研究。图 4-21 为复合钻头在岩石上钻进所形成的井底。由仿真实验分析可知,复合钻头上的 PDC 齿以刮切方式破碎岩石,而牙轮上的牙齿则以冲击压碎的方式破碎岩石,在井底冲压出一个个凹坑。在 PDC 与牙轮共同

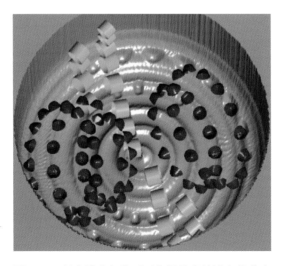

图 4-21　复合钻头与岩石互作用仿真钻进出的井底

覆盖的井底区域，PDC 的刮切与牙轮牙齿同时工作，牙轮牙齿冲压出破碎凹坑，辅助 PDC 齿侵入并刮切岩石。

有了复合钻头破岩数字仿真分析技术，就等于拥有了一个能进行复合钻头破岩过程仿真实验的"数字实验室"。这对于分析、预测、优化复合钻头在特定钻井条件下的工作性能至关重要，因此，它是复合钻头个性化设计的核心技术。

2. PDC-牙轮复合钻头个性化设计与产品开发

1）PDC-牙轮复合钻头个性化设计技术

（1）复合钻头个性化设计的基本原理。

如前所述，牙轮作为复合钻头中的辅助切削结构，其主要功能是通过预破碎、预损伤作用降低井底岩石的强度，提升 PDC 主切削结构在难钻地层的工作能力。然而，用于支承牙轮的牙掌与 PDC 刀翼均在同一个钻头体上，钻头钻压是由两套切削结构共同承担的，牙轮承担的钻压份额越大，就意味着 PDC 刀翼承担的钻压越小。如果牙轮分担的钻压过大，PDC 刀翼的破岩作用就会被严重弱化，钻头的破岩效率必然受到严重制约。反之，如果牙轮分担的钻压过小，则牙轮的作用难以得到有效发挥，PDC 齿在复杂难钻地层的侵入能力低、工作寿命短的问题就难以解决。

钻压的分配只是形式，两套切削结构之间的破岩机械能量的合理匹配才是问题的实质。应用条件（特别是地层条件）不同，就需要不同的能量匹配方式。也就是说，复合钻头与 PDC 钻头、牙轮钻头一样，都需要针对具体的钻井条件进行个性化设计，才能使钻头具备更优良的工作性能。但由于复合钻头的结构和工作原理更复杂，影响钻头性能的因素也更多，所以复合钻头个性化设计的难度必然更高，其侧重点也与 PDC 钻头、牙轮钻头有显著区别。复合钻头个性化设计的主要任务就是通过匹配性设计，实现输入能量在两套切削结构之间的合理分配，使牙轮的辅助破岩作用与 PDC 刀翼的主体切削作用在特定钻井条件下达到更好的配合效果，最终实现提升钻头整体工作性能的目标。这就是复合钻头个性化设计的基本原理，也即能量优配原理。在钻头设计的具体过程中，能量优配原理体现为如下优化设计原则：在保障牙轮牙齿强度的条件下，将其对井底岩石的损伤效果控制在能使刀翼 PDC 齿达到最大的侵入深度，而不发生崩损失效的程度。显然，凡是对能量分配有影响的结构因素，都是钻头个性化设计需要考虑的因素，认清这些结构因素对能量分配的影响规律，就是钻头个性化设计理论研究需要解决的主要问题。

（2）PDC 与牙轮的径向复合。

虽然从理论上说可以将牙轮布置在复合钻头的各个位置，但实际上，PDC 钻头切削齿磨损速度最快的通常是冠顶及以外的区域（特别是钻头半径的外 1/3 区域）。在复杂难钻地层钻进时，正是该区域 PDC 齿的快速磨损直接导致钻头的整体失效。若从磨损速度的角度看，该区域正是 PDC 钻头最"薄弱"的部位。所以，牙轮牙齿就应该布置在该区域，以利用其对岩石的压碎、损伤作用，间接提高 PDC 切削结构的破岩能力，减少热磨损，从而延长 PDC 齿的寿命。图 4-22 为复合钻头 PDC 刀翼与牙轮两种切削结构的径向布齿覆盖位置示意图。

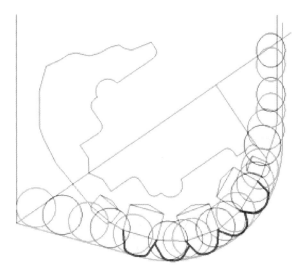

图 4-22　复合钻头两种切削结构径向布齿覆盖示意图

（3）PDC 与牙轮的纵向复合。

PDC 与牙轮的纵向复合是指 PDC 刀翼切削轮廓与牙轮切削轮廓的纵向（轴向）相对高度的复合设计。将 PDC 刀翼和牙轮分离来看，它们各自具有自己的切削轮廓线（即井底轮廓线）。可以按照多种不同的方法进行两条轮廓线的复合，最常见的就是两条轮廓线彼此互相吻合（图 4-22），除此之外，还可采用牙轮轮廓线突出（位于 PDC 轮廓线之外）、缩进（位于 PDC 轮廓线之内）的方案，甚至还可有部分突出部分缩进（两条轮廓线彼此不平行）的设计方法。这些不同的设计思路各自适用于不同的工作条件。显然，牙轮切削轮廓设计得越突出，牙轮承担的钻压就越大，牙轮所分配的破岩能量也越大，牙轮就能发挥更大的辅助破岩作用。所以，就地层条件而言，岩石越硬，就越趋向于采用突出式设计，突出的量也可以越大；同理，如果岩石硬度不够高，就可以采用缩进式设计。需要注意的是：①无论是突出式设计还是缩进式设计，两条轮廓线的高差一般均不宜过大，否则难以实现钻头两套切削结构的有机配合；②缩进式设计的价值不及吻合式和突出式，因为复合钻头一般是为难破碎地层设计的，如果岩石硬度不高，采用常规 PDC 钻头即可达到较好的破岩性能。

（4）复合钻头的冠部轮廓。

复合钻头的主切削结构是 PDC 刀翼，故钻头的冠部轮廓实际就是由 PDC 刀翼所决定的切削轮廓。最重要的复合钻头冠部轮廓结构参数是冠部高度，尽管从理论上讲，除了已基本废弃的很长的冠高外，一般高度的冠部轮廓均可用于复合钻头，但设计复合钻头冠部轮廓时还是应该遵循一个基本原理，即尽可能采用较平坦的冠形，冠部较平坦时，冠部轮廓曲线的外侧圆弧半径小，可使更多的牙轮齿圈以更接近于钻头钻压的方向作用于井底，牙轮牙齿的作用能得到更充分的发挥。很多复合钻头产品（特别是新开发的产品）冠部都很平，即采用短冠形设计，原因就在于此。

（5）复合钻头的牙齿齿型。

复合钻头并不像 PDC 钻头或牙轮钻头那样，是适用范围很宽的通用钻头类型。复合钻头的适用范围比较窄，就地层而言，仅适用于常规 PDC 钻头比较难钻的地层（主要是硬地层、不均质地层）。所以，复合钻头的牙齿齿型的选用范围也相对比较窄。

①牙轮牙齿。在复合钻头中，牙轮切削结构的任务就是在相对较小的钻压下尽可能达到较强的破岩效果。如果一种必须要在大钻压下才能高效破岩的齿型，显然是不适合复合钻头的。因此，牙轮牙齿的选择原则就是在保障牙齿强度的条件下，尽可能选用较尖的齿型。最常用的是锥形齿、楔形齿。

②PDC 齿。复合钻头的适用地层一般比较硬，而且 PDC 齿要和牙轮牙齿的尺寸相匹配，所以直径过大、过小的复合片通常都不合适。比较适宜的直径规格范围一般是 13～16mm。

（6）复合钻头的布齿密度。

复合钻头上固定刀翼数量的选择范围通常比较受限（215.9mm 钻头一般用 2 个刀翼，211.15mm 及以上钻头多用 3 个刀翼），所以 PDC 齿的布齿密度相对比较好确定。困难在于如何确定牙轮的布齿密度，更具体地说，如何确定牙轮的齿圈数。牙轮的齿圈数并非越多越好，齿圈数过多，意味着同时接触井底的牙轮牙齿数越多，在同等钻压条件下，每个牙齿上分配的比压就越小，牙齿难以形成对岩石的有效破碎，也就难以达到较好的辅助破岩效果。所以，齿圈数的选择一定要适当，同时一定要同时兼顾其他相关结构参数。确定齿圈数时需要和牙齿齿型综合起来做考虑，原则上牙轮齿圈的分布宽度要足以覆盖 PDC 齿易磨损区域（通常为径向外 1/3 区域），齿圈数量多时宜选用较尖锐形状的牙齿，同时，齿圈上牙齿的齿间距应取较稀疏的数值。

（7）复合钻头的保径设计。

复合钻头的保径可以有多种方式：刀翼保径、牙轮-刀翼复合保径、设置独立保径块以及单独采用牙轮保径等。刀翼保径与 PDC 钻头的保径结构相同。牙轮-刀翼复合保径就是刀翼和牙轮同时参与井壁切削，与牙轮钻头类似，让牙轮上的切削结构，如牙轮外排齿圈、牙轮背锥、牙爪爪背等参与保径。设置独立的保径块，是指在钻头体上设置相对独立的保径结构（图 4-23），这种独立结构不仅能起到保径作用，还能作为限制钻头横向振动的扶正结构，有利于提高钻头的工作稳定性。上述四种保径方式中常用的是第一种和第三种。

（8）复合钻头水力结构设计。

水力结构的合理设计能够提高复合钻头水力效率，改善钻头清洗和冷却效果，有利于提高钻头性能。复合钻头的水力结构设计方法与 PDC 钻头很相似，但也有其特殊性，主要体现在两方面：①钻头中心部位空间相对较狭窄，心部区域的水眼设计往往需要给予特殊考虑；②应在 PDC 刀翼与相近牙轮之间留出足够空间，通常可采用将牙轮偏向前方刀翼的措施来确定牙轮的周向位置。除了要向 PDC 钻头一样重视井底流场的合理分布，以保障 PDC 齿的良好冷却、井底的良好清洗以外，由于钢质牙轮本体的耐冲蚀能力很有限，故在复合钻头水力结构设计中还必须特别重视避免高速喷嘴射流对牙轮本体的冲刷，这是分析研究复合钻头井底流场的基本出发点。

井底流场的分析主要依靠计算机流体动力学仿真技术。一个好的复合钻头井底流场应具备以下几个特点：

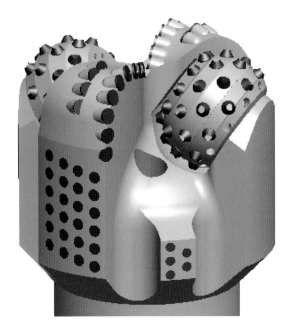

图 4-23　独立保径结构示意图

①较高的井底压降（井底范围内最高压力与最低压力的压差）。这将保证高的流速，以使岩屑被液流带离井底；也可以认为是让井底有尽量高的流速分布。

②钻头体尤其是刀翼上流速的分布原则：尽量让高流速区分布在各刀翼的主切削齿上，避免在主切削齿附近出现低流速区进而影响切削齿的清洗和冷却效果。牙轮体上则尽量有高流速流体对牙轮齿进行清洗，并尽量避免高速液流冲刷在牙轮体上。

③较小的旋涡。这将降阺岩屑被返回井底的概率。

图 4-24 为一只复合钻头（2 刀翼+2 牙轮）的井底流场分析图。

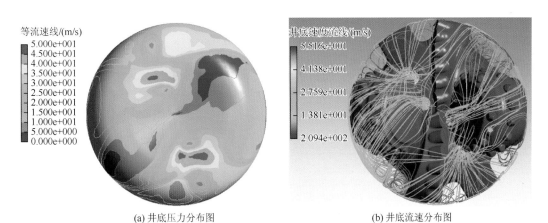

(a) 井底压力分布图　　　　　　　　　　(b) 井底流速分布图

图 4-24　复合钻头井底流场分析

（9）复合钻头的牙轮轴承设计。

复合钻头的牙轮轴承结构原理与牙轮钻头相同,但在受力特点方面却有不同于牙轮钻头之处。一方面，复合钻头牙轮轴承的钻压显著低于同尺寸的三牙轮钻头，且轴承的动载荷也比较小。另一方面，复合钻头牙轮轴承的受力中心向轴承根部移动。这都是由复合钻头的结构特点和工作原理所决定的。复合钻头的轴承一般采用小于同尺寸三牙轮钻头的轴承直径，而适当增加大轴颈的长度。小轴颈的作用很小，其长度可减小［图 4-25（a）］，甚至可以取消小轴颈［图 4-25（b）］。

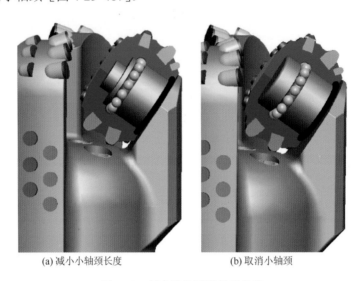

(a) 减小小轴颈长度　　　　　　　　　　　(b) 取消小轴颈

图 4-25　复合钻头牙轮轴承结构

实践经验表明，牙轮轴承的寿命常常成为制约复合钻头工作能力的短板，所以，轴承系统的性能对复合钻头而言特别重要。复合钻头轴承技术的要点首先在于密封，其次是适应高转速的能力。此外，轴承以外的因素也可能严重影响轴承性能，例如，如果钻头制造中的牙轮等高性超差，可能导致牙轮轴承严重偏载，进而影响轴承寿命。

西南石油大学钻头研究室针对复合钻头牙轮轴承进行了设计和改进，对其轴承进行优化设计与分析。图 4-26 为取消小轴颈后的轴承结构优化分析。

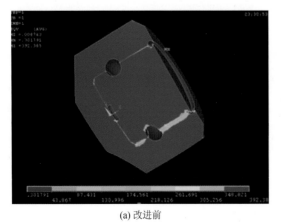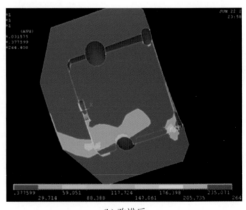

(a) 改进前　　　　　　　　　　　　　　　(b) 改进后

图 4-26　复合钻头轴承优化分析（优化前后轴颈和牙轮整体受力分布规律）

2）复合钻头制造技术

复合钻头结构复杂，两套切削结构的配合精度要求高，因此在加工过程中采用"部件加工、组装成形"的总体方案，先分别加工出主体固定翼部件、牙轮和牙爪部件，最后再进行总装组焊完成复合钻头制造（图 4-27）。

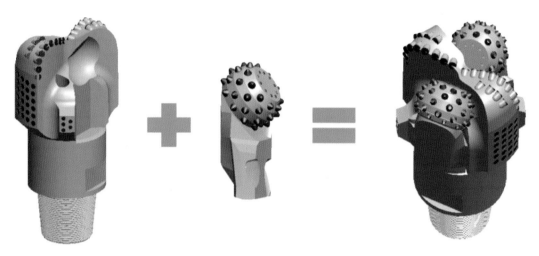

图 4-27　复合钻头制造组装方案

复合钻头的主体固定翼部件的加工方法与钢体式 PDC 钻头的加工方法相同，牙轮和牙爪部件的加工方式与牙轮钻头的牙轮、牙爪加工工艺类似。

牙爪与钻头主体之间焊接位置的确定是复合钻头制造的关键技术之一。牙爪焊接在钻头钢体上需要确定焊缝的位置，西南石油大学钻头研究室通过有限元计算分析牙爪与钢体间应力分布情况，以确定焊缝的位置，保证焊接质量。根据分析的应力分布情况（图 4-28），选择焊缝位置时应该选择应力较小的区域来焊接，可以达到较好的焊接质量。根据复合钻头结构特点及牙轮在钻头体上的位置关系，选定如图 4-29 所示的粉红色带状区域为牙爪与钻头体之间的组合焊接区域。

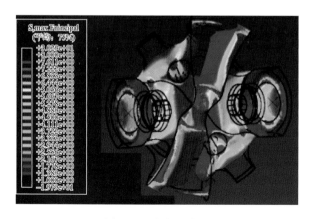

图 4-28　应力分布图　　　　　　　　　　图 4-29　焊缝位置选择区

3）复合钻头系列化产品开发

西南石油大学钻头研究室掌握了复合钻头的破岩机理，形成了复合钻头个性化设计理论与方法，研究了复合钻头制造关键技术。

针对不同的地层情况和钻井条件，西南石油大学钻头研究室进行了复合钻头个性化设计与制造开发。已成功开发出复合钻头个性化系列产品，主要包括 Φ152～444mm 的各种尺寸的系列化产品。图 4-30 为部分型号尺寸的复合钻头产品。

(a) Φ215.9mm复合钻头产品

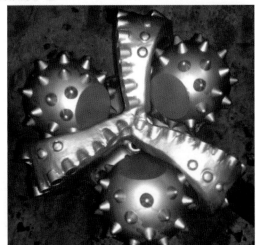

(b) Φ311.15mm复合钻头产品

图 4-30　研制的部分复合钻头产品

3. PDC-滚刀式牙轮复合钻头新技术

西南石油大学钻头研究室提出了一种创新型结构的复合钻头技术——PDC-滚刀式牙轮复合钻头（杨迎新，2015a，2015b，2015c，2015d）（以下简称"滚刀式复合钻头"），并开展了深入研究。滚刀式复合钻头的结构特点与常规复合钻头不同，其破岩机理也有本质的区别。西南石油大学钻头研究室根据滚刀式复合钻头的破岩机理，形成了滚刀式复合钻头个性化设计技术，结合复合钻头制造技术，开发出滚刀式复合钻头新产品，并成功应用，为我国难钻地层的钻井提速提供了破岩新工具。

1）滚刀式复合钻头结构特点与工作原理

图 4-31 为滚刀式复合钻头的结构图，其由滚刀式牙轮切削结构和固定切削结构组成。滚刀式牙轮结合了盘式钻头（刘清友等，1998；Placido and Friant，2004；Frenzel et al.，2008）齿圈优势及硬质合金牙齿材质优势（杨迎新等，2016），在牙轮上采用硬质合金宽顶尖齿横镶的方式，形成类似于滚刀的较连续齿圈，使其在保留盘式钻头稳定高效破岩特点的同时，还具有比普通钢质盘刀硬度高、耐磨性强、牙齿与岩石接触应力大的优点。

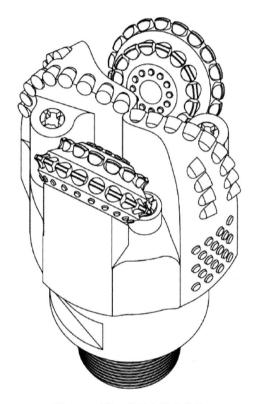

图 4-31　滚刀式复合钻头结构

如图 4-32 所示，滚刀式复合钻头工作过程中，在钻压与扭矩的驱动下，滚刀式牙轮上的横镶宽齿以近似静压的方式碾压、楔入破碎岩石，形成压碎凹槽和裂纹，相邻凹槽间岩石内裂纹延伸甚至相互贯通，降低了岩石的强度，压碎凹槽在井底形成较连续的环形沟槽状压裂破碎痕（图 4-33）。形成的破碎槽和裂纹对井底岩石产生明显的预损伤作用，使固定切削结构上的 PDC 齿更易于吃入井底岩石和刮切破岩，能明显提升固定切削结构的破岩效率。滚刀式切削结构上较连续的齿圈，可以降低常规牙轮切削结构存在的因牙齿交替冲压井底而产生的纵振，使牙轮和钻头工作更平稳，这样既能提高复合钻头轴承的使用寿命，又可以减小 PDC 齿的冲击损坏。

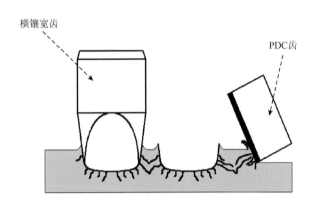

横镶宽齿

PDC齿

图 4-32　滚刀式复合钻头破岩原理图

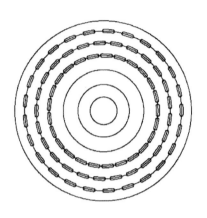

图 4-33　滚刀式复合钻头井底模式

滚刀式复合钻头将横镶宽齿碾压、楔入的破岩方式和固定切削结构的刮切破岩方式有机结合，兼顾了滚刀式牙轮对井底岩石预损伤效应高、牙轮钻进工作稳定的优点和 PDC 钻头刮切破岩效率高、机械钻速快的优势，能明显提高钻头的破岩效率，延长钻头使用寿命。

因此，将滚刀式牙轮与固定 PDC 切削结构的破岩优势有机地结合起来，所形成的滚刀式复合钻头，有望在难钻硬地层中比常规复合钻头具有更优的工作性能。

2）滚刀式复合钻头破岩机理实验研究

针对滚刀式复合钻头的结构特点，西南石油大学钻头研究室进行了横镶宽齿的单齿压入破岩实验和齿圈破岩实验（刘八仙，2016），并开展了滚刀式复合钻头的全钻头钻进实验。图 4-34 为全尺寸滚刀式复合钻头的钻进实验情况；图 4-35 为滚刀式复合钻头和常规复合钻头的井底模式对比。

图 4-34　滚刀式复合钻头的全钻头钻进实验

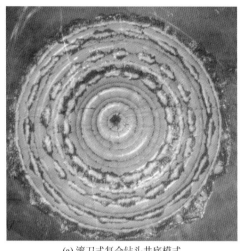

(a) 滚刀式复合钻头井底模式　　　　　　(b) PDC-牙轮复合钻头井底模式

图 4-35　两种复合钻头钻出的井底模式对比

新型复合钻头破岩机理实验研究表明：

（1）不同于常规 PDC-牙轮复合钻头，滚刀式复合钻头的滚刀式齿圈更连续，对井底岩石的破碎覆盖率更高，横镶宽齿以近似静压的方式碾压、楔入破碎岩石，在 PDC 切削岩石之前，先在井底岩石上形成破碎环槽，对硬岩的预损伤作用更明显，有助于 PDC 齿的吃入和刮切。

（2）滚刀式复合钻头在硬地层中的机械钻速比常规复合钻头约高 30%，且工作扭矩相对更低，因此更适合于难钻硬地层的钻进。

（3）滚刀式复合钻头钻压波动比常规复合钻头降低了 15%～25%，具有更高的钻进稳定性，有利于 PDC 齿及轴承寿命的提高，延长钻头使用寿命。

滚刀式复合钻头结合了滚刀式牙轮和 PDC 固定切削结构的破岩优势，是解决硬地层钻进效率低、钻头寿命短的有潜力的新型破岩工具。

3）滚刀式复合钻头产品开发

（1）滚刀式牙轮齿开发。根据滚刀式复合钻头的工作原理和新型复合钻头的破岩机理实验研究成果，西南石油大学钻头研究室进行了滚刀式牙轮齿的设计开发，已开发出不同齿径的滚刀牙轮齿（图 4-36），以备不同齿圈及不同滚刀牙轮及钻头尺寸的选用。

图 4-36　开发出的新型滚刀牙轮齿

（2）滚刀式复合钻头产品研制。滚刀式复合钻头的基本结构与常规复合钻头类似，其制造工艺也与常规复合钻头基本相同。结合滚刀式复合钻头的工作原理和破岩机理，针对不同的地层情况和钻井条件，西南石油大学钻头研究室进行了滚刀式复合钻头个性化设计与制造开发。图 4-37 为研制出的滚刀式复合钻头新产品。

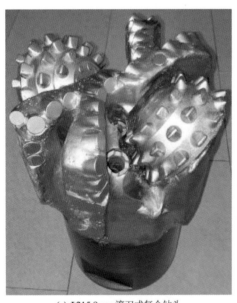

(a) Φ215.9mm 滚刀式复合钻头　　　　　　　　(b) Φ311.15mm滚刀式复合钻头

图 4-37　研制出的滚刀式复合钻头新产品

4. 复合钻头应用与推广

1）PDC-牙轮复合钻头现场试验

课题组开展复合钻头现场试验近 20 井次，部分现场试验情况及指标对比见表 4-2。

表 4-2　部分复合钻头现场试验情况及指标对比表

序号	钻头型号	试验井号	井段/m	地层	岩性	纯钻时间/h	进尺/m	机械钻速/(m/h)	对比其他钻头提高率/%	
									ROP	进尺
1	8 1/2 SH422	麻 002-H1	1015.86～1232.34	须家河组四段～二段	细砂岩、灰黑页岩、砂岩页岩	51.42	216.5	4.21	51.4	42.1
2	8 1/2 SH422	大 51 井	4231～4302	—	—	53.4	71	1.33	43.0	173.1
3	8 1/2 SH442-2	北 203	2581.34～2715.62	登娄库组	杂色、灰色含砾细砂岩、砂砾岩、细砂岩与棕色、灰色泥岩呈不等厚互层	20	134.3	6.71	68.3	61.8
4	8 1/2 SH442-2	北 203	3322.46～3372	营城组	杂色、灰色含砾细砂岩、细砂岩	24.5	50	2.04	—	—
5	8 1/2 SH522-1	南堡 2-33	2816.74～3131.43	东营组东一、东二	泥岩、粉砂质泥岩与浅灰色细砂岩、粉砂岩不等厚互层，泥岩比较发育	28.62	314.6	11.0	70.0	76.7
6	8 1/2 SH542-1	南堡 5-28	3061.43～3388.03	东营组东二	深灰色泥岩与灰色细砂岩、砂砾岩呈不等厚互层，上部发育玄武岩	30.1	326.6	10.85	64.5	105.4
7	8 1/2 SH542-1	ZK601	2638.05～2687.1	须家河组	灰黑色页岩夹中粒长石砂岩以及砂质泥岩	64	49.05	0.77	146.4	63.5
8	8 1/2 SH542-2	拐参 1	3519.35～3550.22	巴二段	灰黑色泥岩、灰色泥质粉砂岩、灰黑色页岩	18.27	30.87	1.69	80	19.2
			3558.85～3613.72	巴二段	灰黑色页岩、灰黑色泥岩	23.17	54.87	2.37		
9	9 1/2 SH522-1	哈 601H	2921～2936	沙三	—	7.1	15	2.1	—	—
10	12 1/4 SH533-1	龙岗 022-H8	2177.6～2182.2	沙二～沙一	暗红色泥岩夹砂岩	9.4	4.6	0.5	—	—
			2711.77～2715.91	凉高山组上段	黑色页岩夹灰色细砂岩、灰质粉砂岩	6	4.14	0.69		
11	12 1/4 SH533-1	洋渡 003-H2	2458.91～2460.60	珍珠冲	泥砂岩	4.7	1.69	0.36	—	—
12	12 1/4 SH533-4	龙岗 022-H9	1713.8～1946	沙二～沙一	暗紫红色泥岩夹砂岩、底为叶肢介页岩	114.38	232.2	2.03	-3.8	139.4
13	12 1/4 H533-4	门西 001-H9	2398～2428	珍珠冲底～须家河顶	灰绿色泥质粉砂岩、灰白色砂岩	22	30	1.36	—	—
14	17 1/2 SH633-2	包 004-X4	0～100	—	砂泥岩	10.5	100	9.52	33.3	—
15	17 1/2 SH633-2	莲探 1	252.3～425.8	灌口组～夹关组	棕红色泥岩、细砂岩、中砂岩夹紫红色泥岩	28.62	173.5	6.06	108.2	—

部分钻头的现场试验情况列举如下。

（1）首只复合钻头现场试验。

首只复合钻头在四川省乐山市犍为县境内的麻 002-H1 井进行现场钻进试验，图 4-38 是首只复合钻头入井前和出井后的照片。该复合钻头钻进井段为 1015.86～1232.34m，中低速转盘驱动，采用"高钻压，低转速"的钻进方式，钻头总体钻进情况见表 4-3。钻头钻遇地层包括须家河组的须四段、须三段、须二段，钻头起钻原因是钻至造斜点，起钻更换钻具组合。

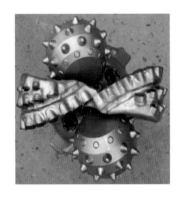

图 4-38　首只复合钻头下井试验

表 4-3　首只复合钻头钻进情况表

井号	井段/m	层位	钻压/kN	转速/（r/min）	进尺/m	纯钻时/h	机械钻速/（m/h）	起钻原因
麻 002-H1	1015.86～1232.34	须家河组四段～二段	90～115	75～80	216.48	51.42	4.21	至造斜点

邻井同井段钻头钻进指标情况见表 4-4。首只复合钻头在麻 002-H1 井的提速效果明显，复合钻头的机械钻速为 4.21m/h，进尺 256.14m，平均机械钻速比邻井高 54.1%，单只钻头进尺比邻井高 42.1%。

表 4-4　邻井同井段钻头钻进指标情况表

井号	层位	井段/m	钻头类型	钻头数量/只	合计进尺/m	平均单只进尺/m	机械钻速/（m/h）
麻 6		996～1296		2	300	150	3.40
麻 5		1088～1285		1	170	170	2.30
麻 14	须家河组须四～须二	1045～1333	PDC 钻头	3	287.5	95.83	1.86
麻 15		1189～1497		1	308	308	4.00
麻 18		1270～1308		1	38	38	3.98

（2）复合钻头在定向井中的现场试验。

2015 年 11 月，首只用于定向井的复合钻头在河北省唐山市唐海县曹妃甸区南堡 2-33 井下井试验。南堡 2-33 井为井斜角达 57°的大位移井，是一口预探井。图 4-39 是钻头入井前和出井后的照片。

图 4-39　首只定向用复合钻头下井试验

钻头钻进采用滑动导向造斜钻进和复合钻进交替进行的方式。复合钻头的钻井井段为 2816.74～3131.43m，复合钻头滑动导向时造斜率达 7.45°/30m～9.22°/30m，钻头工具面很稳定，方位相对稳定，造斜性能与牙轮钻头相当，钻进过程中扭矩波动不大，扭矩反馈接近牙轮钻头。

复合钻头的钻进指标见表 4-5，对比邻井南堡 2-31 井各钻头的使用指标（表 4-6）可知，该复合钻头的机械钻速和单只钻头进尺均明显高于同井段的其他钻头，比邻井同井段其他钻头的平均机械钻速高 70.0%，平均进尺高 76.7%。

表 4-5　南堡 2-33 井复合钻头使用情况表

钻头尺寸/mm	钻头类型	钻进井段/m	所钻地层	进尺/m	机械钻速/（m/h）
215.9	复合钻头	2816.74～3131.43	东一、东二	314.6	11.0

表 4-6　南堡 2-33 井邻井南堡 2-31 井牙轮钻头使用情况

钻头尺寸/mm	类型	钻进井段/m	所钻地层	进尺/m	机械钻速/（m/h）
215.9	HJ517G	3244～3370	馆陶	126	6.3
215.9	HJ517G	3370～3535	东一	165	7.5
215.9	HJ517G	3535～3771	东一	236	7.15

在定向井中，复合钻头的钻进效率优于牙轮钻头和 PDC 钻头，且造斜率高。复合钻头的扭矩反馈比 PDC 钻头小，工具面很稳定，不易失方位，与牙轮钻头相当，并有效缓解了钻进过程中憋泵的危害。

复合钻头需根据地层的实际情况进行针对性的个性化设计和开发，且须结合地层及钻井实际情况进行现场应用。据现场试验和应用表明，复合钻头在复杂难钻地层（高硬度地层、致密难钻地层、软硬交错地层、复杂夹层等）和导向钻井中有明显优势，是难钻地层中钻井提速的良好工具。

2）滚刀式复合钻头现场试验

西南石油大学钻头研究室开展了滚刀式复合钻头现场试验 2 井次。首只滚刀式复合钻头的现场试验情况如下。

2015 年 12 月 19 日，课题组研发的首只 Φ215.9mm 的滚刀式复合钻头在河北省唐山市唐海县曹妃甸区南堡 43-P4008 井下井试验。钻头入井与出井照片如图 4-40 所示。

图 4-40　首只滚刀式复合钻头下井试验

表 4-7 为南堡 43-P4008 井滚刀式复合钻头与同一井中同井段前后相邻钻头使用情况对比。图 4-41、图 4-42 分别为滚刀式复合钻头的机械钻速、进尺与同一井中同井段前后相邻钻头的平均机械钻速、平均进尺的对比曲线。

表 4-7　南堡 43-P4008 井钻头使用情况表

序号	钻头类型	井段/m	地层	岩性	进尺/m	机械钻速/(m/h)
1	MD517X 三牙轮钻头	3797～4036	东二	细砂岩、泥岩	239	4.78
2	SHG542-1 滚刀式复合钻头	4036～4298	东三	泥岩、细砂岩	262	5.54
3	MD517X 三牙轮钻头	4298～4432	东三	泥岩、细砂岩	134	2.46
4	SMD517X 三牙轮钻头	4432～4530	东三	泥岩、细砂岩	98	2.86
5	SMD517X 三牙轮钻头	4530～4635	东三	泥岩细、砂岩	105	3.26

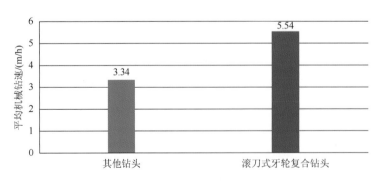

图 4-41　南堡 43-P4008 井东二～东三井段钻头平均机械钻速对比

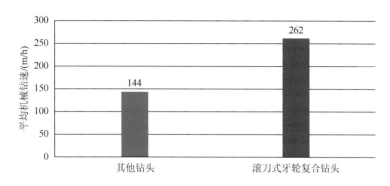

图 4-42　南堡 43-P4008 井东二～东三井段钻头平均进尺对比

与同一井中同井段前后相邻钻头相比,滚刀式复合钻头的机械钻速比其他钻头中的最快机械钻速高 15.9%,比其他钻头中的最高进尺高 9.6%,比其他钻头的平均机械钻速高 65.9%,比其他钻头的平均进尺高 81.9%。该钻头定向钻进时,造斜率高(6.6°～10.2°),工具面相对稳定。

滚刀式复合钻头还进行了另一次现场试验,也用于定向井钻进中,同样达到了良好的钻进效果:与同井中同井段前后相邻钻头相比,机械钻速比其他钻头的平均机械钻速高 60.0%;比其他钻头的平均进尺高 64.5%;造斜率达 12°/30m;工具面很稳定,方位相对稳定,与牙轮钻头相当。滚刀式复合钻头显示出极好的定向适应性,定向段中的钻井效率高——造斜率高、机械钻速快、工具面稳定,具有明显的优势。

滚刀式复合钻头的破岩机理不同于常规复合钻头,从已完成的破岩机理实验研究和现场试验来看,滚刀式复合钻头表现出良好的钻进特性,特别是在硬地层中和定向钻井中具有明显的技术优势和应用潜力。

4.2.2　微心钻头

在石油、地质勘探中,为了解地层地质情况,需要对所钻地层进行岩石取样,以测定地层内的矿物情况和地层岩石性质参数。岩心样本的获取质量和收获率,将直接影响地质分析的准确性。早在 1960 年 D. J. GRADY 钻头公司提出一种微心钻头(图 4-43、图 4-44)的想法,并申请了美国专利,但受到当时条件的限制没有将此想法变成产品。近年来随着人们越来越重视地质分析,对微取心钻头有需求,是因为它不是单独取心装置,可以边钻进边取心,同时它比常规全面钻进钻头的机械钻速更快。国内的微取心钻头有两类,一是机械式微心钻头,二是抽吸式微心钻头。

1. 机械式微心钻头

1)机械式微心钻头原理

微心钻头(图 4-45)的中心区域没有切削岩石的功能,钻头在地层中钻进时会形成岩心,岩心进入凹槽后接触到凹槽的斜平面时会受到一个来自斜平面的径向力,径向力

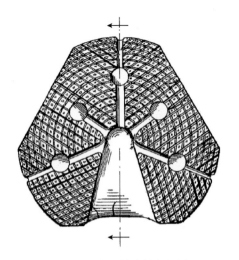

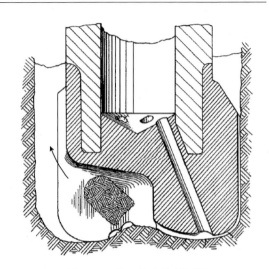

图 4-43　微心钻头的主视图　　　　　　　　图 4-44　微心钻头的剖视图

（或者在断裂齿）作用下，迫使岩心（大小为 2～10mm）折断，进入深而宽的大流道，然后通过排屑槽进入井眼环形空间，与其他普通岩屑一起排到地面（张猛等，2016）。微心钻头与常规 PDC 钻头的岩屑对比如图 4-46 所示，可看出微心钻头的岩屑比 PDC 钻头的更大，便于测定地层内的矿物组分情况和地层岩石性质参数。

图 4-45　微心钻头原理与结构示意图

1. 钻头本体；2. 刀翼；3. PDC 切削齿；4. 喷嘴；5. 断裂齿；6. 排屑槽；7. 凹槽；8. 大流道

2）机械式微心钻头的结构

微心钻头（图 4-45）主要由钻头基体、刀翼、PDC 切削齿、喷嘴、断裂齿、排屑槽、凹槽、大流道组成，喷嘴安装在钻头基体上，PDC 切削齿布置在刀翼上，与凹槽平滑连接为一体的大流道比其他的排屑槽更深，且大流道的周向尺寸随钻头径向尺寸的增大而增大，排屑槽在钻头径向上的深度大于微岩心的直径。这样的微心钻头不仅可以用于 PDC 钻头，也可以运用在孕镶钻中（图 4-47）。

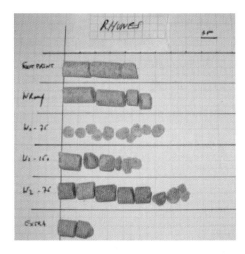

图 4-46　微心钻头与常规 PDC 钻头岩屑对比图

图 4-47　机械式微心孕镶钻头

3）机械式微心钻头的不足

①现有微心钻头的钻井液喷孔均设置在钻头心部的周围,钻井液喷孔的出口方向指向井底,微心钻头中心部位形成的岩心柱被折断后形成微岩心,由于周围的钻井液喷孔都在同时向井底喷射高速流体,喷孔向钻头中心形成漫流,甚至形成涡流。心部的微岩心在漫流或涡流的作用下难以迅速地从钻头中心往外运移,这将导致微岩心在钻头不断往下进尺钻进作用下被挤压,发生再次破碎,难以形成完整的微岩心。②现有微心钻头的微岩心排出槽由刀翼间的流道槽自然形成,也就是刀翼间开放式的排屑槽。钻头心部产生的微岩心运移至排屑槽后,开放式的排屑槽一侧为井底（或井壁）,钻头在旋转钻进过程中,刀翼刮切破碎井底岩石钻进,并不断产生岩屑,微岩心在钻头体及刀翼的旋转带动下相对未被破碎的井底（或井壁）快速旋转,与井底（或井壁）不断碰撞,并被刀翼挤压、刮切、微

岩心在流经开放式的排屑槽过程中会受损破碎,难以成型。③开放式的微岩心排出槽是将刀翼间的排屑槽加深和(或)加宽形成的,这将占据钻头上有限而宝贵的空间,在影响刀翼结构设计和钻头冠部布齿设计的同时,还会影响钻头的井底流场。排屑槽的加深和(或)加宽也将影响钻头体及刀翼的强度和刚性。

2. 抽吸式微心钻头

四川深远石油钻井工具股份有限公司与西南石油大学钻头研究室联合提出了一种抽吸式微心钻头(张亮等,2016),本钻头能主动吸心、顺畅送心排心,避免了岩心体难从钻头中心往外运移受挤压,及岩心流经钻头冠面过程中受到碰撞、挤压损坏的情况,有助于提高岩心质量和收获率。

1)抽吸式微心钻头的原理

当微心钻头破岩钻进工作时,喷射通道与钻头内流道连通,钻头内流道提供的钻井液流体将通过喷射通道喷入排心通道流向排心出口。由于喷射通道喷出的高压流体经排心通道后流向排心出口,根据伯努利原理,向排心出口方向喷射高速射流,将使喷射通道以下及取心孔处产生负压,取心孔处的物质有被抽吸的效应。钻头钻进时在取心孔处形成的微岩心在上述抽吸作用下,将易于向排心通道运移排出(图4-48)。

2)抽吸式微心钻头的结构

抽吸式微取心钻头(图4-48)包括钻头体、刀翼,钻头体端部的中部开设取心孔,钻头体内在取心孔上部设置与取心孔连通的排心通道,钻头体内设置与排心通道连通的喷射通道,喷射通道与钻头内流道连通,喷射通道的出口方向顺着排心通道的流向方向。

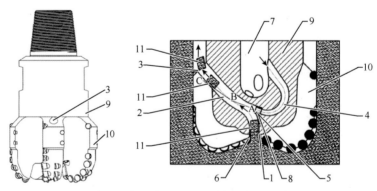

1.取心孔;2.排心通道;3.排心出口;4.喷射通道;5.喷嘴;6.岩石;
7.内流道;8.切削齿;9.钻头体;10.刀翼;11.微岩心

图 4-48　抽吸式微心钻头原理结构示意图

3)微取心钻头有益效果

(1)钻头体内在取心孔上部设置与取心孔连通的排心通道,钻头体内还设置喷射通道,喷射通道的出口方向顺着排心通道的流向方向。这样的结构产生的抽吸作用,有利于钻头中心处微岩心的及时运移，避免了钻头心部的微岩心不能迅速往外运移而引起的挤压和再次破碎。因此，抽吸式微心钻头能提高微岩心的完整性、成心率和岩心质量。

（2）喷射通道的出口方向顺着排心通道的流向方向，喷射通道喷出的高速流体沿着排心通道流向排心出口。这能使从取心孔抽来的微岩心直接、快速、顺利地被推送进入钻柱环空返出地面。取心孔、排心通道与喷射通道形成抽吸-排送微岩心的封闭式、独立、专用的成心、运心通道。独立的抽吸-排送微岩心通道能迅速运移成型的微岩心，同时，封闭式的专用运心通道，排心流畅，避免了微岩心流经刀翼间流道槽再次受到井底（井壁）岩石、岩屑及钻头刀翼的碰撞、挤压，能提高微岩心的完好性，从而提高钻头的微取心效率、岩心质量和岩心收获率。

（3）钻头的排心通道设置在钻头体的内部，不占据钻头冠部空间，不改变刀翼及刀翼间流道槽结构。因此不会影响钻头冠部刀翼的结构和布齿结构，也不会影响钻头的井底流场，明显减轻了对钻头体及刀翼的强度和刚度影响。该钻头避免了开放式排心槽对钻头结构及井底流场的不利影响。

4）抽吸式微心钻头理论分析与试验

通过数值模拟分析得到微取心钻头各部位的流量分配情况如图 4-49 所示。射流流道和排心孔的流量都随着喷嘴直径的增大而增大，而开放式流道的总流量随着射流喷嘴直径的增大而减小，这是由于整个流场域遵循质量守恒原则，钻井液只能从排心孔和开放式流道排出井底。

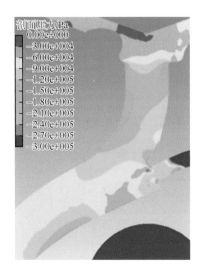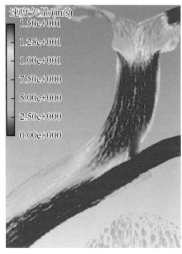

图 4-49　流场剖面压力与速度云图

实验台架上用外径为 Φ215.9mm 的抽吸式微心钻头，取心孔尺寸 Φ17mm，射流喷嘴直径 12mm。对砂岩进行钻进切削实验，实验形成的岩心的断口平整，岩心长度均在 20mm左右（图 4-50）。

图 4-50　微心钻头在砂岩钻进后井底

在磨溪 111 井（川庆 70078 队）嘉二 3 至长兴上部 3582～4387.65m 井段，使用上述微取心钻头一只 [图 4-52（a）]，获总进尺 805.65m，平均机械钻速 4.57m/h，钻进耗时 17 个班，每班钻进情况如图 4-51 所示。由图 4-51 可知，在泥岩地层中，机械钻速表现最佳，钻时 6～8min/m，最高机械钻速可达 7.4m/h，高于该区块同层位其他钻头 50%以上。钻头在纯硅质灰岩中钻进 7m 后钻头鼻部刀翼损坏，机速下降，最终起钻，磨损后的钻头如图 4-52（b）所示。这种无中心切削齿的布齿结构节省了钻头整体的切削能耗，增加了切削效率。

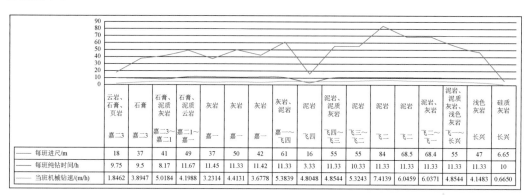

	云岩、石膏、页岩	石膏	石膏、泥质灰岩	石膏、泥质云岩	灰岩	灰岩	灰岩	灰岩、泥岩	泥岩	泥岩、泥质灰岩	泥岩	泥岩	泥岩	泥岩、灰岩	泥岩、泥质灰岩、浅色灰岩	浅色灰岩	硅质灰岩
	嘉二3	嘉二3	嘉二3～嘉二1	嘉二1～嘉一	嘉一	嘉一	嘉一	嘉一～飞四	飞四	飞四～飞三	飞三～飞二	飞二	飞二	飞二～飞一	飞一～长兴	长兴	长兴
每班进尺/m	18	37	41	49	37	50	42	61	16	55	55	84	68.5	68.4	55	47	6.65
每班纯钻时间/h	9.75	9.5	8.17	11.67	11.45	11.33	11.42	11.33	3.33	11.33	10.33	11.33	11.33	11.33	11.33	11.33	10
当班机械钻速/(m/h)	1.8462	3.8947	5.0184	4.1988	3.2314	4.4131	3.6778	5.3839	4.8048	4.8544	5.3243	7.4139	6.0459	6.0371	4.8544	4.1483	0.6650

图 4-51　每班钻进情况数据曲线图

(a)　　　　　　　　　　　　　　　　(b)

图 4-52　抽吸式微心钻头

4.2.3　交叉刮切 PDC 钻头

1. 交叉刮切 PDC 钻头结构

交叉刮切 PDC 钻头（杨迎新等，2010）是在常规固定齿 PDC 钻头上引入大偏移角的旋转盘刀，实现盘刀上的 PDC 齿对岩石的螺旋刮切。交叉刮切 PDC 钻头的主要结构包括钻头体、盘刀切削结构、牙掌、盘刀切削齿圈、喷嘴、固定切削结构以及固定切削齿（图 4-53a）。盘刀通过轴承系统转动联接在钻头体的轮掌轴颈上，盘刀的位置参数如图 4-53b 所示，包括中心臂长 C、移轴距 S 和偏移角 α，其中：

$$\alpha = \tan^{-1}(S / C) \qquad (4\text{-}5)$$

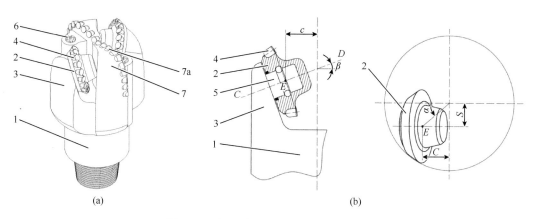

图 4-53　交叉刮切 PDC 钻头结构示意图

1. 钻头本体；2. 盘刀体；3. 牙掌；4. 盘刀切削齿；5. 轴承；6. 喷嘴；7. 刀翼；7a. 固定切削齿

2. 交叉刮切 PDC 钻头工作原理

交叉刮切 PDC 钻头上盘刀的偏移角很大（一般大于 60°），钻头旋转钻进时，盘刀低速自转，盘刀自转转速相对钻头转速明显要低（盘刀自转转速与钻头体旋转的转速比小于0.4），盘刀上的切削齿缓慢压入岩石后，相对岩石作较长的周向滑移和径向滑移，然后再缓慢地切出井底岩石，形成螺旋状刮切轨迹，盘刀上的切削齿以缓慢交替的形式在井底轮流刮切破碎岩石。这种螺旋刮切轨迹与固定切削结构的固定切削齿的同心圆轨迹相叠交，两套切削轨迹的共同作用在井底形成网状交叉破碎（图 4-54）。这种交叉刮切破岩方式将产生诸多有益效果。

3. 交叉刮切 PDC 钻头的优点

（1）盘刀切削结构与固定切削结构相结合，在井底岩石上形成两套相互交叉刮切的轨迹，其效果是在井底形成网状破碎区域，有利于 PDC 齿对岩石的有效吃入，有利于岩石的破碎，能显著提高钻头的破岩效率。

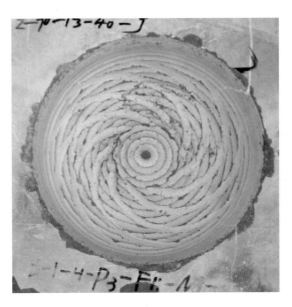

图 4-54　网状交叉井底

（2）盘刀切削结构上的切削齿交替工作，切削齿磨损均匀，冷却效果好，不易发生热磨损，减少或避免了固定 PDC 齿钻头因少数切削齿失效带来的钻头早期失效，延长了钻头使用寿命。

（3）轮换交替工作的盘刀切削齿可设置在 PDC 钻头最易磨损的钻头径向外 1/3 区域，与固定 PDC 齿相复合匹配，能减缓固定 PDC 齿的磨损，且盘刀上的 PDC 齿交替工作，各切削齿的工作能力可得到充分利用。这能有效解决固定齿 PDC 钻头 PDC 齿磨损不均匀的问题，显著延长钻头使用寿命。

（4）以刮切方式破岩的交叉刮切 PDC 钻头钻进时所需的钻压小，轴承所受载荷小，且载荷波动幅度低，钻头的轮体速比低，故轴承相对转动缓慢、发热少。所以，以刮切方式破岩的盘刀的轴承工作寿命优于同等条件的三牙轮钻头。

4. 交叉刮切 PDC 钻头仿真与实验

岩石井底是分析钻头破岩机理的重要依据，在钻头的运动学基础上，开展新型钻头的岩石井底的动态仿真。钻头的动态破岩仿真能够深化对新型钻头与岩石之间互作用过程的认识。切削齿是钻头上直接与岩石相互作用的对象，为节约计算时间，用切削齿的集合代表整个钻头的数字化模型。通过相应的运动学矩阵变换，将钻头的整个数字化模型变更到井底坐标系中，对切削齿的数字化节点与井底岩石的数字化节点进行比较判断，求出它们之间的接触关系，完成对井底的更新。破岩仿真中设定的钻头几何学参数以及运动学参数同算例中所用的参数一致。结合交叉刮切 PDC 钻头的钻进特点，钻头与岩石互作用的离散模型采用面向进程的仿真策略，仿真结果如图 4-55 所示，（a）为盘刀齿螺旋刮切岩石后的井底图，（b）为交叉刮切 PDC 钻头与岩石互作用过程图，（c）为交叉刮切 PDC 钻头刮切岩石后的井底图。

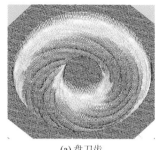  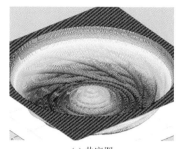

(a) 盘刀齿　　　　　　　　　(b) 互作用过程　　　　　　　　　(c) 井底图

图 4-55　仿真结果

交叉刮切 PDC 钻头的分析方法与模型能否真实地反映切削齿与岩石的互作用本质，需开展实验来验证钻头的切削轨迹与破岩特点。交叉刮切 PDC 钻头的破岩实验表明，盘刀齿在破岩过程中的刮切轨迹呈空间螺旋线状（图 4-56b）。盘刀切削结构与固定切削结构共同作用于岩石（图 4-56a）所示，形成凹凸不平的网状交叉井底模式（图 4-56c）。

 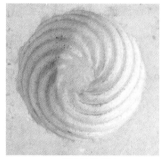 

(a) 钻进过程　　　　　　　　　(b) 螺旋轨迹刮痕　　　　　　　　　(c) 砂岩井底

图 4-56　交叉刮切 PDC 钻头实验照片

通过实验可得，盘刀齿在破岩过程中由井壁附近切入井底岩石，再在井底最低点附近切出岩石，其切削轨迹与仿真计算结果一致。实验与动态仿真的结果相吻合，验证了仿真模型的正确性，同时得出交叉刮切 PDC 钻头在破岩过程中有刮切和拉应力两种破碎形式，新型钻头对井底的交叉刮切，在提高破岩效率的同时，能够延长钻头的使用寿命。

4.2.4　旋转齿 PDC 钻头

斯伦贝谢的 Smith Bits 公司设计研发了 ONYX-360°全旋转 PDC 切削齿，旋转齿 PDC 钻头技术就是将 ONYX-360°全旋转 PDC 切削齿放置到 PDC 钻头上（图 4-57），可有效解决钻进过程中固定切削齿边刃局部温度过高的问题，降低切削齿偏磨程度，延长其使用寿命，提高机械钻速，提高钻井效率，降低钻井施工成本（石建刚等，2016）。

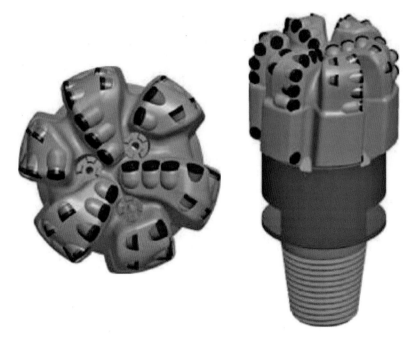

图 4-57　旋转齿 PDC 钻头模型图

1. 旋转齿原理

ONYX-360°全旋转 PDC 切削齿将外壳钎焊到钻头的刀翼中，切削齿安装在完全包含在外壳内的旋转轴上。切削齿在钻头刀翼上的方向相对于它与地层的接触角可产生有效驱动切削齿旋转的旋转力，侧倾角确保了切削齿的持续旋转。侧倾角相对较小，不会降低综合切削效率或阻止岩石切削。当钻头工作时，切削齿不仅随着钻头公转，而且还在旋转力的驱动下围绕着完全包含在外壳内的旋转轴的轴线自转，图 4-58 为 ONYX-360°全旋转 PDC 切削齿。

图 4-58　ONYX-360°全旋转 PDC 切削齿

2. 旋转齿的技术特点

（1）旋转齿切削地层岩石，磨损平面产生的摩擦热呈周向分布，与固定切削齿的热量局部集中显著不同，减少了切削齿的热磨损。

（2）旋转齿均匀的散热不会破坏金刚石中的碳碳键，可显著降低或消除固定切削齿边刃的严重偏磨。

（3）旋转齿均匀磨损能显著延长金刚石材料和切削齿的使用寿命。

3. 旋转齿 PDC 钻头的应用

旋转齿技术在沙特阿拉伯天然气开发中的应用显著提高了钻头进尺和钻速。旋转齿 PDC 钻头应用于 A 井侧向钻 B3 地层的试验中，其目的是实现 1.43m/h 的平均机械钻速和至少 73.2m 深的侧孔段，以达到成本比预期减少 5% 的目的。表 4-8 为旋转齿钻头和其他钻头在同一侧钻井段的性能对比。可以看出，旋转齿钻头钻进砂岩时，实现了进尺 160.2m，机械钻速达到 4.53m/h 的记录，机械钻速比同井段普通 PDC 钻头的最高机械钻速提高了 76%（Platt et al.，2016）。

表 4-8　旋转切削齿钻头与固定切削齿钻头在同一井段性能对比

钻头类型	5-19 fixed cutter	7-13 fixed cutter	7-13 fixed cutter	7-13 fixed cutter	7-13 fixed cutter	6-11 fixed cutter	5-19 fixed cutter	7-13 fixed cutter	6-13 fixed cutter	6-13 rolling cutter
进尺/m	26.2	62.5	38.1	75.9	26.8	51.5	87.2	188.4	159.7	160.6
转速/（m/h）	0.91	1.52	1.52	1.11	0.89	0.96	0.9	1.75	2.58	4.53

注：5-19 fixed cutter 表示 5 刀翼直径为 19mm 的固定齿 PDC 钻头

从图 4-59 可以看出：旋转齿 PDC 钻头相较于固定齿钻头可以更好地实现环状磨损，旋转切削齿由绿色箭头标出，旋转齿实现了圆周边缘均匀磨损，并且依然可旋转（Platt et al.，2016）。

图 4-59　旋转 PDC 切削齿钻头磨损图

4.2.5 锥齿钻头

在硬地层、研磨性地层及不均质地层中钻进时，振动引发的牙齿冲击损坏可明显降低 PDC 切削齿（钻头）寿命。为了提高固定切削齿钻头在难钻地层中的稳定性及破岩效率，SMITH 公司研制了一种锥形聚晶金刚石复合片（conical diamond element，CDE），如图 4-60 所示，并于 2013 年推出了在 PDC 钻头中心布置一颗 CDE 切削齿的 Stinger 钻头（邹德永等，2015），如图 4-61a 所示，它主要是用于解决传统 PDC 钻头钻进时，井底中心岩屑清洗不彻底、中心岩柱堆积而造成的钻头心部区域切削效率低的问题。在 2014 年又推出了在钻头上全部布置 CDE 切削齿的钻头，如图 4-61（b）所示。

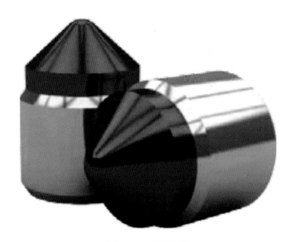

图 4-60　锥形齿

(a) 心部安装锥形齿　　　　　　　　　　　　　　(b) 全部安装锥形齿

图 4-61　锥齿钻头

1. 锥齿钻头原理

CDE 切削齿的金刚石层覆盖于齿的锥顶区域，金刚石层厚度是常规 PDC 切削齿金刚石厚度的两倍，其耐磨性提高了 25%，抗冲击性能提高了两倍。带有 CDE 切削齿钻头利用锥形齿切削单元在岩石上产生较大的集中点载荷，以"犁切"的方式对岩石进行破碎。

1）锥齿钻头特点

与常规 PDC 钻头相比，锥齿钻头（图 4-62）具有以下特点：

（1）机械钻速高，寿命长。

（2）造斜率高，工具面易控制。

（3）钻头稳定性强。

（4）上返岩屑尺寸大，有利于对地层的评价。

图 4-62　锥齿钻头产品图

2）锥齿钻头的应用

在西德克萨斯盆地，使用 Sting-Blade 锥齿钻头，进尺提高了 77%，同时机械钻速提高了 29%。在澳大利亚地区连续使用两只 Φ311.15mm 的锥齿钻头，锥齿钻头总进尺 1516m，机械钻速 11m/h（表 4-9），比该地区同层位最高进尺还高 90%，机械钻速提高了 57%，锥齿钻头为钻井承包商节约了 5d 的钻进时间。在特拉华州的一口水平井中，共使用了三只锥齿钻头。第一只锥齿钻头共钻进 1228m，机械钻速 17m/h，与邻井相比，钻头进尺提高了 77%，机械钻速提高了 29%。第二只钻头进尺提高了 73%，机械钻速提高了 26%。第三只钻头进尺提高了 44%，机械钻速提高了 10%。三只钻头共节约钻进时间 2.5d。在某定向井应用中，相同条件下，锥齿钻头的造斜率比 PDC 钻头高 23%，且钻进过程中扭矩小，工具面易控制（Platt et al.，2016）。

表 4-9　锥齿钻头与常规 PDC 钻头现场应用对比数据

区块	钻头类型	进尺/m	机械钻速/(m/h)
澳大利亚地区	常规 PDC 钻头	798	7
澳大利亚地区	锥形齿钻头	1516	11
特拉华州	常规 PDC 钻头	694	14
特拉华州	锥齿钻头 1	1228	17
特拉华州	锥齿钻头 2	1200	18
特拉华州	锥齿钻头 3	999	15

4.3　个性化 PDC 钻头开发与应用

西南石油大学钻头研究室与国内 PDC 钻头企业有着广泛而密切的联系,与四川川石·克锐达金刚石钻头有限公司、江汉石油钻头股份有限公司、胜利油田金刚石钻头厂、四川川庆石油钻采科技有限公司、宝石机械成都装备制造分公司(原中石油成都总机厂)、泰州市宝锐石油设备制造有限公司等各大钻头厂成立联合研究所或其他长效而密切的技术交流与合作关系。所研发的各项技术也通过上述厂家实现了产品化应用,在国内外各大油田进行了广泛的应用,极大地提高了油气钻井效率,降低了钻井成本,其中包括:CK系列 PDC 钻头、内镶二级齿 PDC 钻头、椭圆齿 PDC 钻头等。

4.3.1　CK 系列 PDC 钻头开发与应用

西南石油大学与国内著名金刚石钻头生产厂家四川川石·克锐达金刚石钻头有限公司在开发的"PDC 钻头数字化钻进分析评价技术"(图 4-63)和"PDC 钻头水力结构优化设计技术"(图 4-64)的基础上成功研发了"CK 系列"PDC 钻头产品,图 4-65 为 CK406的产品照片。

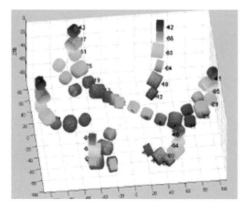

图 4-63　PDC 钻头数字化钻进仿真分析

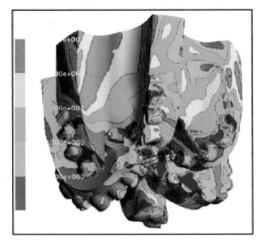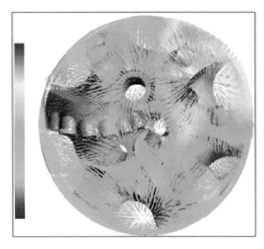

图 4-64　PDC 钻头水力结构优化分析

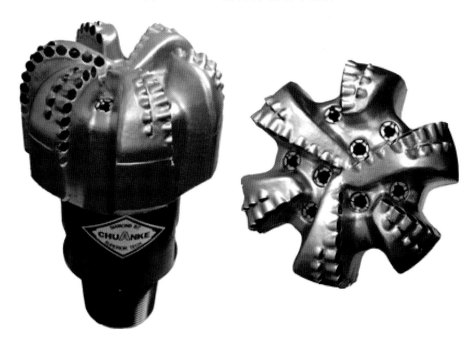

图 4-65　CK 系列 PDC 钻头（CK406）

CK 系列 PDC 钻头最大的技术特点是：

（1）精细化的 PDC 钻头力平衡设计。通过软件细致分析每颗齿的三向力都要求具有定量化精确的分布特征，可以满足超高的力平衡设计要求，另外使所有主切削齿都具有均衡的等磨损特性，降低了因个别齿异常失效而导致钻头整体寿命降低的概率。

（2）定量化的 PDC 钻头水力结构设计。通过切削量的精确分析，在喷嘴、流道、刀翼厚度/深度等方面做了定量化的优化设计，使钻头的冷却效果和水力携岩能力达到最优。

（3）在 PDC 切削齿和胎体材料上使钻头的抗研磨性、热稳定性和抗冲蚀能力大大提高。

1. 我国西部油田的应用案例介绍

地层：奥陶系柴达木层位。

挑战：地层较硬且研磨性较强。扶正器由外径磨至流道槽根部，钻杆耐磨带磨平；一只牙轮钻头入井工作 90～100h，进尺 40m；PDC 钻头进尺低，且切削齿磨损严重。

结果：2 只 215.9mm CK408 钻头三次入井（表 4-10），成功钻完剩余井段，单只钻头进尺大幅提高，减少起下钻，缩短了钻井周期，取得了明显的经济效益。

表 4-10　CK 系列 PDC 钻头应用数据对比

钻头型号	井段/m	进尺/m	纯钻/h	钻速/（m/h）
其他厂家 PDC	4925～4976.27	51.27	51.5	1.00
CK408	5075～5381	206	245.75	1.25
CK408	5358～5667	282	244.5	1.15
	5676～5917	241	178	1.35

2. 我国东部油田的应用案例介绍

地层：奥陶系桑塔木层位。

挑战：岩性为灰褐色、深灰色泥岩与浅灰色细砂岩不等厚互层，夹辉绿岩、玄武岩等火成岩，PDC 钻头进入火成岩后钻速慢，最高钻时超过 100min/m。

结果：一只 CK406 钻头，成功钻完 215.9mm 井段，与临井相比，单只钻头进尺大幅度提高，减少了起下钻，节约了钻井费用，取得了明显的经济效益（表 4-11）。

表 4-11　CK 系列 PDC 钻头应用数据对比

钻头型号	井段/m	进尺/m	纯钻/h	钻速/（m/h）
CK406	4151.44～4745.09	593.65	284	2.09
邻井 BD406	4275～4539	264	142.66	1.85

4.3.2　内镶二级齿 PDC 钻头开发与应用

当今石油钻井所使用的常规 PDC 钻头的前排切削齿布置均为单级布置，在钻遇复杂地层（如硬研磨性地层、破碎性地层、含砾石的夹层等）时，常因切削齿的损坏而使钻头无法有效地进一步钻进，因此对于地层不明的井段往往希望一只钻头能有更多的进尺以降低勘探费用。"内镶二级齿 PDC 钻头技术"（杨迎新，2007；杨迎新等，2008）的结构特点是：钻头前排的切削齿为两组纵向布置的聚晶金刚石复合片（图 4-66）。其中，一组复合片为主切削齿或一级齿；另一组复合片位于主切削齿的上方，为内镶式后备切削齿或二级齿结构。一级齿和二级齿组合在一起，形成可连续破岩的复合切削结构。

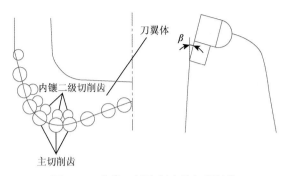

图 4-66　内镶二级齿复合片切削结构

内镶二级齿技术的工作性能特点是：二级齿与主切削齿不是同时工作，而是顺序接替工作，二者在工作时间上基本不重叠或不交叉，当主切削齿完全失效或接近完全失效时，二级齿才接替主切削齿开始破岩工作。该技术的主要优点是：

（1）后备切削结构增加了钻头的复合片数量，能延长钻头的使用寿命。

（2）二级切削齿是沿着纵向串行布置的，在主切削齿尚未失效时，二级齿并不参与切削，因而二级齿不影响钻头主切削结构的性能。

（3）二级切削齿是内镶齿，不占据钻头冠部表面空间，故与表面镶嵌的后置齿和缓冲节完全相容，可同时使用。

图 4-67 为内镶二级齿钻头模型图。

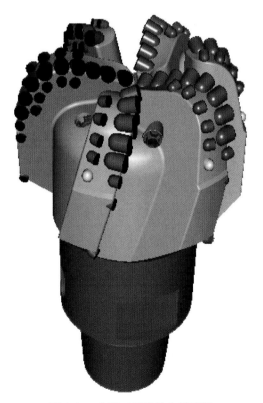

图 4-67　内镶二级齿钻头模型图

该技术特别适合于在上部地层可钻性较好、下部地层可钻性很差的条件下使用。

中海油渤海油田地质条件复杂,在旅大区块,外径为Φ311.15mm的钻头要穿越平原组、明化镇组、馆陶组和东营组。PDC钻头所面临的最大难题是钻进馆陶组垂厚为50~70m的坚硬底砾岩。旅大区块的底砾岩砾石成分较为单一,多为稳定的岩屑和矿物,石英含量非常高,粒径很大,地层较厚胶结相当致密。对于井斜较大的井,钻头可能要穿越150m以上的底砾岩层。图4-68为常规PDC钻头与内镶二级齿钻头的磨损对比图,常规PDC钻头磨损情况如图4-68(a)所示,内镶二级齿钻头在该井段使用后的磨损情况如图4-68(b)所示(杨迎新等,2008)。

(a) 常规PDC钻头磨损情况　　　　　　　　　　(b) 内镶二级齿钻头照片磨损情况

图4-68　内镶二级齿钻头与常规PDC钻头使用后的磨损对比图

运用内镶二级齿技术,制成第二代BD606 KG新型钻头。新钻头既能以高的机械钻速钻进上部地层,又能以较轻的磨损程度钻穿底砾岩,而且钻穿底砾岩后还能够继续钻进下部井段,具体情况见表4-12。

表4-12　BD606 KG钻头在A14井的使用情况

井段/m	进尺/m	纯钻时间/h	平均钻速/(m/h)	层位
198~1320	1122	6.42	174.77	明化和馆陶上
1320~1400.53	80.53	3.89	20.70	馆陶底砾岩
1400.53~1860.27	459.73	10.00	45.71	东营

该钻头技术在ID101油田开发过程中,打破两项中国海洋石油总公司开发井单项钻井周期纪录。SZ36-1二期油田开发182口井,钻穿馆陶组地层底砾岩的有98口,其中9只PDC钻头钻至Φ311.15mm井眼完钻井深,钻穿率达到了53.8%,累计节省钻井费用4000万~6000万元;ID101和ID42油田共有26只PDC钻头钻穿馆陶组地层底砾岩,其中6只钻

至311.15mm井眼完钻井深,馆陶组地层底砾岩的钻穿率为68.4%,累计节省钻井费用1200万元左右。几年来在渤海油田及国内外其他油田的应用表明,该技术在提高全井钻井速度、缩短钻井周期方面发挥了积极作用,取得了显著的经济效益。

4.3.3　椭圆PDC齿钻头开发与应用

美国Varel公司率先提出椭圆齿概念且成功运用到PDC钻头中,并在现场得到应用。其独特的椭圆形设计相较于相同宽度的圆形齿可提供更大的可磨损长度,最多达到42%的增长量,且能增加出露高度并获得高比压(图4-69)。此外椭圆形设计通过点加载的方式作用于岩石提高切削效率,与圆形齿相比即使在有磨损的时候也能获得更大的曲率平面。Varel提出的高密度布齿在钻进各种岩石时可增加钻头的使用寿命,却没有牺牲钻头的机械钻速,在钻头的肩部处,椭圆形齿能增加齿的出露高度和布齿密度(图4-70),这样钻头能够最大程度地钻穿岩层,在没有过多磨损的情况下,甚至能够钻进更硬的岩石。

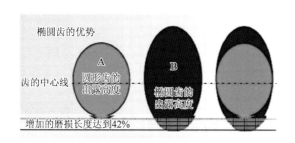

图 4-69　椭圆齿与圆形齿对比图

图 4-70　椭圆齿布置在钻头肩部

将椭圆PDC齿部分(混合布齿)或全部(单一布齿)代替常规圆形PDC切削齿作为主要切削元件来设计新型PDC钻头(图4-71)。这样做的优势主要有以下几个方面:

(1)椭圆PDC齿比同等宽度的常规PDC齿具有更长的有效工作长度(即可磨损长度),因此,在PDC齿材质相同或相近的条件下,椭圆加长PDC齿的工作寿命明显高于常规PDC齿。

(2)椭圆PDC齿的切削刃可以具有更大的曲率,当与岩石相接触时可在岩石的接触区域形成更高的接触应力，因此，新型切削齿比常规 PDC 齿具备更强的吃入地层的能力。

（3）椭圆 PDC 齿的横向尺寸相对较小，因此与相同纵向尺寸的圆形 PDC 齿相比，更加节省钻头表面的布齿空间。

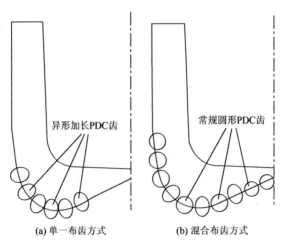

(a) 单一布齿方式　　　(b) 混合布齿方式

图 4-71　椭圆 PDC 齿钻头布齿结构

西南石油大学钻头研究室开发椭圆 PDC 齿钻头所运用的技术包括："横向力超平衡设计技术"和"PDC 钻头切岩过程的有限元数值模拟技术"。为使钻头在井底稳定钻进，减小钻头因横向振动和回旋运动导致的 PDC 复合片崩裂与磨损，降低 PDC 钻头早期失效的概率。采用横向力平衡技术对 PDC 钻头切削结构进行合理设计，降低钻头所受的横向力，提高钻头的抗回旋能力。通过数字化钻进仿真技术对钻头 PDC 齿的切削载荷进行精确计算，利用数字化钻进仿真技术对 PDC 钻头进行仿真建模和切削载荷分析后，通过调整 PDC 齿的布齿位置和工作角度控制每颗齿横向力的大小和方向，使各齿上的横向力相互抵消，达到钻头"横向力平衡"的设计要求（图 4-72）。

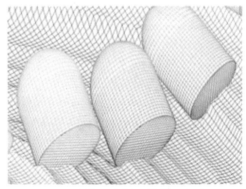

(a) PDC钻头数字化模型　　　　　　　(b) 椭圆PDC齿与岩石接触分析

图 4-72　PDC 钻头横向力平衡设计技术

"PDC 钻头切岩过程的有限元数值模拟技术"的应用主要是针对非圆形结构切削齿切削破岩过程的分析研究（图 4-73）和切削齿磨损分析等方面的研究，通过仿真结果的对比和理论分析，揭示在同等切削条件下，在破碎岩石体积相同时，用椭圆 PDC 齿切削破岩的优势与劣势，以及它们之间的内在联系和本质规律。据此给出参考，为 PDC 钻头切削齿的优化设计、钻头新产品的开发以及在工程中的应用提供重要的理论依据和分析方法。

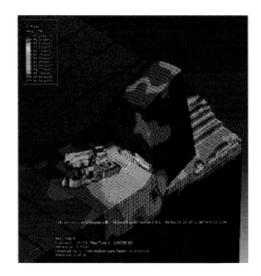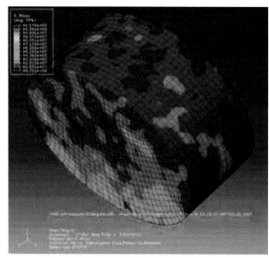

图 4-73　椭圆齿切削破岩过程的有限元数值模拟

随着川西地区油气藏勘探工作不断向深部地层发展，目前勘探开发的重点是二叠系须家河组地层，一般井深为 4600～5400m。然而，深层须家河组地层的石英含量高，研磨性强，抗压强度高，可钻性差，同时还常常伴有一定程度的不均质性（含砾、夹层等），是油气钻井中一种典型的难钻地层。在这种地层中钻进时，高抗压强度的致密岩层使 PDC 钻头难以有效地吃入地层，机械钻速低。同时，常规 PDC 钻头的切削齿磨损速度快，钻头的工作寿命很短，PDC 钻头的应用受到很大限制。"椭圆加长齿 PDC 钻头"技术的研发为该地层的钻井提速工作创造了可能。

西南石油大学钻头研究室与企业协作研制了一只新型的椭圆加长齿 PDC 钻头，型号为"TB506XC-1"（图 4-74）。该钻头采用六刀翼设计，双锥形冠部轮廓，圆弧形刀翼，深内锥设计。采用混合方式布齿，三级布齿密度，在三个主刀翼上各使用了 3 枚椭圆加长 PDC 齿，在 3 个副刀翼上，共使用了 5 枚椭圆加长 PDC 齿。椭圆齿长轴 19mm，短轴 13mm。14 枚椭圆加长齿所构成的切削结构布置在钻头最易磨损的部位，即锥顶至外锥部位。另外，采用横向力平衡技术对 PDC 齿的布齿位置和工作角度进行了精确定位。

这只钻头在川西的新场下井试验，井深 4065m，纯钻时间 51.37h，平均钻速（ROP）1.64m/h，钻遇地层为须家河的须三段（T_3X^3），岩性为细砂岩、粉砂岩、泥质砂岩交替变

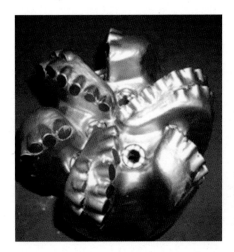
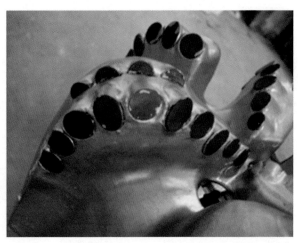

图 4-74　TB506XC-1 试验钻头

化并含有煤。钻头起出后除 1 颗椭圆齿和 1 颗常规齿发生折断外，其余 PDC 齿磨损状态轻微，折断的 2 颗齿属于局部过载导致的非正常破坏，钻头新度在 80% 以上（图 4-75）。根据对新场地区已完钻井的统计，在须三段 PDC 钻头的平均进尺为 93.82m，平均使用时间103.23h，平均机械钻速 0.91m/h；而应用 TB506XC-1 钻头，机械钻速达到 1.7m/h，与该地区平均水平相比，提高了 86.8%。如果改进钻井参数，该钻头还有很大的继续工作潜力。

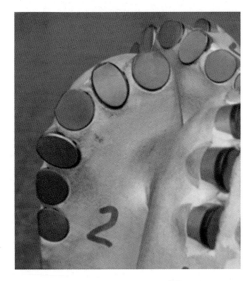
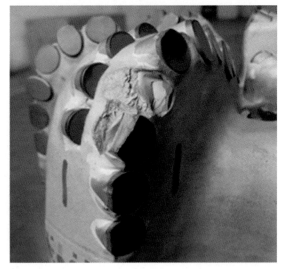

图 4-75　TB506XC-1 试验钻头磨损情况

4.4　辅助破岩工具

4.4.1　扭转冲击器

PDC 钻头"黏滑振动"即钻头所具有的扭矩不足以破碎井底岩石时，钻头停止转动

（黏滞），导致转盘不断施加的扭矩能量在钻柱中蓄积，当其额度达到岩石破碎强度时岩石剥落，钻头约束消失，钻柱的形变能在极短时间内转变为钻头动能，此时钻头以成倍于转盘转速的角速度突然加速（滑脱），碰到前面未剪切岩石时又突然减速或停滞，这种 PDC 钻头突然加速和减速的不断循环让钻头承受极大的冲击载荷，PDC 复合片在这种载荷下极容易破裂、断脱，从而导致钻头失效。同时，PDC 钻头在井底还存在着"行星运动"、周向、轴向、侧向振动与回转振动等都容易导致能量的损耗与钻头切削齿的失效（汤厉平，2012）。

为了解决这些 PDC 钻头应用难题，加拿大阿特拉公司在 2000 年发明了 PDC 钻头扭转冲击破岩这一新方法。使用扭转冲击发生器配合高抗冲击性 PDC 钻头，发生器以 1000～2400 次/min 的频率向钻头施加扭向脉冲扭矩破岩，消除了"黏滑振动"这一现象，延长了钻头使用寿命，扩展了 PDC 钻头适用范围，同时大幅提高了机械钻速。应用效果很好，该公司扭转冲击产品迅速占领了全球市场。

1. 扭转冲击器的破岩机理

扭转冲击钻进方式将持续慢速压剪切削变成脉冲冲击与持续切削的叠加，切削过程中脉冲冲击并没有在整个周期内发生，而只是在极短的时间内冲击。①在一个脉冲周期中，切削齿在很小的位移上得到很大的加速度和瞬时速度，产生局部高能，这有助于深井围压条件下呈塑性的岩石更趋向脆性状态，塑性变形减小，摩擦系数降低，有助于微裂纹的形成和破裂面的贯通，平均切削力大大降低，切削齿峰值应力有所增大，但是低于"黏滑振动"所产生的峰值应力；②脉冲冲击使得岩石在瞬间被剪切掉，避免了切削失败导致的扭矩能量在钻柱中蓄积而产生的"黏滑振动"，降低复合片的磨损有利于齿的切削；③井底与井壁的岩石单元拉应力与压应力共存且大部分受拉应力（拉正压负），远离钻头作用区域受力为压应力。相对于常规无冲击作用下岩石所受的应力而言，高频扭转冲击以拉应力破岩为主。由岩石力学知识可知，岩石的抗拉强度较抗压强度小得多，因此以拉应力破岩为主的高频扭转冲击有助于岩石破碎，因为以上三个因素扭力冲击切削使得 PDC 钻头破岩效率有了质的飞跃（汤厉平，2012）。

2. 扭转冲击器的原理

扭转冲击器配合 PDC 钻头一起使用，其破岩机理为以冲击破碎为主，并加以旋转剪切岩层，主要作用是在保证井身质量的同时提高机械钻速。扭转冲击器消除了井下钻头运动时可能出现一种或多种振动（横向、纵向和扭向）的现象，使整个钻柱的扭矩保持稳定和平衡，巧妙地将泥浆的流体能量转换成扭向的、高频的、均匀稳定的机械冲击能量并直接传递给 PDC 钻头，使钻头和井底始终保持连续性。

高频扭转冲击钻井是在常规旋转钻井基础上发展起来的钻井新技术，使用优化了的 PDC 钻头。其核心部件是扭转冲击发生器，其原理是通过钻井液驱动冲击锤作周期性运动并冲击铁砧，铁砧通过传动接头把冲击扭矩能量传递给钻头，图 4-76 为其内部结构，其运作机制为：①钻井液一部分流经过滤器，一部分继续向下流；②分流钻井液用于启动导向腔内的液压锤；③过滤后的钻井液驱动液压锤；④流量和喷嘴产生的压降来设置液压锤的受力；⑤液压锤的能量传递到钻头。

　　冲击装置是冲击器的关键机构，其工作原理为：冲击锤两面均为工作高压钻井液，且两面压力不同，导致冲击锤向压力低的一面转动，在冲击面产生冲击而停止运动，导向机构改变压力分配，前半周期的高压区变为低压区，低压区变为高压区，冲击锤在压力差的驱动下反向运动至另一冲击面而产生冲击，至此，完成一个冲击周期（图 4-77）。

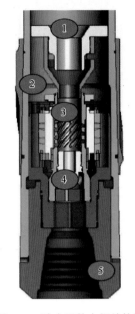

图 4-76　冲击器的内部结构图

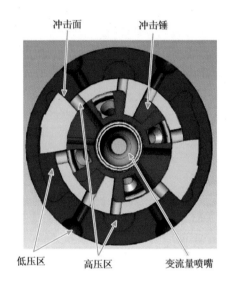

图 4-77　冲击装置结构示意图

3. 扭转冲击器的特点

（1）有效避免由于黏滑而带来的对钻头的损坏。
（2）提高破岩效率。
（3）增强整个钻柱的安全性。
（4）减少因为不均匀的过高扭转而导致马达失效的情况。

4. 扭转冲击器的应用

1）扭转冲击器在塔里木油田 HA9-9 井的应用

　　HA9-9 井二开 Φ241.30mm 井眼三叠系至奥陶系（4960～6478m）井段，进行"扭转冲击器+PDC 钻头"现场试验，试验应用 3 套扭转冲击器，2 只 U613M 钻头，入井 3 次，平均机械钻速 8.0m/h，与邻井同井段应用常规钻井技术相比提高了 308%（许楚钢等，2015）。

　　①HA9-9 井三叠系—奥陶系（4960～6478m）井段采用"扭转冲击器+U613M 钻头"技术，增强了钻头攻击性和抗研磨性，克服了钻头切削地层的黏滑现象，保持钻柱扭矩稳定，在保证井身质量的同时，极大地提高了机械钻速和钻头寿命，提速效果显著。平均机械钻速 8.0m/h，与邻井同井段应用常规钻井技术相比提高了 308%。②攻克了螺杆等钻具

无法攻克的二叠系极坚硬玄武岩，单趟进尺 1050m。③通过邻井对比分析："扭转冲击器+U613M 钻头"技术在桑塔木组灰岩段提速效果不明显，在桑塔木组泥岩段提速效果显著。

2）扭转冲击器在冀中油田文安 101X 井的应用

文安 101X 井位于冀中坳陷文安斜坡文安 1 断块，为提高钻井速度，试验性地采用了扭转冲击器+PDC 钻头钻井工艺，取得了良好的效果（表 4-13）（张梦等，2016）。

表 4-13 扭转冲击器在文安 101X 井使用情况

井号	井段/m	进尺/m	纯钻时间/h	机械钻速/（m/h）	钻具结构
文古 3	3893～4290	307	144.5	2.12	—
文安 101X	3891～4152	261	55	4.75	扭转冲击器
文安 101X	4152～4457	305	78	3.91	扭转冲击器

①机械钻速大幅度提升。第一趟钻，机械钻速达到 4.75m/h，在钻井液密度较高的情况下扭转冲击器的提速效果仍比较明显，与临井同井段相比提高了 1.24 倍。第二趟钻，随着井深的增加，地层可钻性变差，但机械钻速依然达到了 3.91m/h，为临井的 1.84 倍。②钻头寿命得到提高。第一趟钻，钻头出井新度 95%，可继续使用，经济效益大大提高；第二趟钻，在高密度、高冲蚀的情况下，钻头平滑磨损，钻头寿命较之前有了大幅提高。

4.4.2 钻柱延伸工具

1. 减阻减摩工具

在油气田开发中，随着钻井技术的进步，井身结构愈加复杂，在钻井和下套管等管柱下入作业中，特别是在大位移井、水平井中，其管柱将承受较大的摩擦阻力，从而使得：①钻柱摩擦力矩大，降低机械钻速，导致扭矩传递困难；②提放管柱时受到的阻力大，钻井过程中钻压传递困难；③扭矩过大会导致管柱和井下工具断裂；④固井套管磨坏甚至穿孔、钻柱磨损、钻井超负荷运行等问题。

威德福的减阻器是一种脱离于钻井液体系的纯机械的减阻降扭方法，其作用在于：①减阻降扭；②减少压差卡钻的危险；③减阻器承担了所有原本由钻杆结箍承担的侧向力，保护套管及防结箍；④在改善定向控制、机械钻速及井眼清洗能力方面也有一定帮助。

1）威德福减阻器的结构

威德福专用减阻器（图 4-78）由三部分组成：本体接头、内衬套筒、铸合物外壳。威德福减阻器的铸铁外壳上装有高强度的轮子及各式锁销，突出的外壳撑起轮子与井壁或套管直接接触，将原有的钻杆结箍悬空。从而将钻具轴向运动时的结箍与井壁或套管的摩擦力转变为减阻器轮子与其的摩擦力，减少了摩阻系数，即减小了轴向所受阻力。内套筒是具有光滑表面的聚合物衬套，通过专有卡槽与铸铁外壳相连。工作时，内套筒作为"牺牲品"与本体接头相接触，从而将原钻杆结箍与井眼或套管的高摩阻的相对转动转换为本体接头与内套筒的光滑的相对转动。

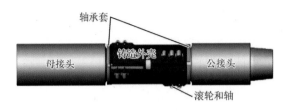

图 4-78　威德福专用减阻器

2）威德福减阻器的原理

减阻器的减阻功能是通过将钻具与井壁或套管轴向的滑动摩擦转变为光滑的减阻器滚子与井壁或套管的滚动摩擦（其摩擦系数为 0.042）。减阻器的滚子处外径远大于钻杆结箍外径，从而替代了钻具与井壁或套管的接触。

当钻杆结箍悬空时，钻具带动减阻器一同旋转（图 4-79），但增加扭矩的摩阻只是来源于减阻器本体接头和内衬套之间的摩擦，同时本体接头和内套筒之间的摩擦系数非常之小（0.09），原本钻杆结箍处的外径被较小的减阻器接头轴颈处的外径所替代。

图 4-79　减阻器的降扭功能示意图

3）威德福减阻器的不足

威德福减阻器作为减阻抗扭方面的产品，发挥了强大的减阻减扭功能，但在使用过程中仍然存在不少问题：在软地层中，减阻器的滚子部分容易形成泥饼，阻碍滚子与井壁的滚动摩擦，严重时会影响减阻器的正常工作；同时，在大位移井或者水平井中，如果井眼轨迹不规整，会影响滚子的正常滚动，一旦有岩石硬颗粒卡在滚子与本体之间的间隙中，会导致其不能出现滚动摩擦，影响减摩效果。

2. 延伸工具

在水平井、定向井中，由于井身倾角大、水平位移大等原因，钻柱（或钻具）的重力方向与钻头的钻进方向（钻压方向）不再平行，而是呈一定角度（钻头所在位置的井斜角），这样，钻柱的重力只有一部分能够作用在钻头的钻进方向上，其余部分则直接作用在井壁上，使钻柱在钻进过程中的摩擦阻力相对于直井大大增加。特别是在定向滑动钻进过程中，摩擦阻力更大。由于摩擦阻力增大使传递到钻头上的有效钻压减小，托压现象开始发生并越来越严重，钻头的有效工作钻压显著下降（甚至可降为零），严重影响钻头钻速和井眼及钻柱的延伸。为了减小管柱与井壁的摩擦，防止托压，现在采用的办法包括：一是在钻杆上添加微振动工具；二是在管柱上添加滚子，变滑动摩擦为滚动摩擦。这两种方法虽然都能在一定程度上减小管柱与井壁的摩擦，减轻托压现象，但是微振动工具工作效果受井身质量等因素的影响较大，在狗腿度过高、井壁不规则、钻井液排量不合适等情况下，难以达到较好的防托压效果，从而导致定向井、水平井（特别是大位移井）的钻井施工效率低下，显著增加钻井成本。

西南石油大学林敏等人提出了一种定向井、水平井钻柱延伸工具，延伸工具包括推动端，位于推动端钻进方向前方的蠕动端，以及连接于两者之间的储能释能结构。推动端和蠕动端之间设有滑动限位结构，储能释能结构用以推动端在轴向压力作用下与蠕动端之间相对滑动压缩储能，并在托压现象发生或有发生趋势时伸展释能，从而推动蠕动端相对推动端沿钻进方向滑动。将该延伸工具在倾斜或水平井段的钻柱中组合或间隔使用，具体地，可以安装在钻杆、钻铤乃至其他工具之间，使钻柱变成能够自动储能并适时释放的可延伸（伸张）钻柱，从而达到减小甚至消除定向井、水平井钻进中的托压现象的目的（林敏等，2016）。

1）延伸工具的工作原理

延伸工具的工作原理（图 4-80 和图 4-81）为：当钻柱轴向压力（钻压）施加于推动端上时，推动端相对蠕动端滑动移动，同时推动端压缩储能释能结构（如伸缩元件弹簧）使其自动储能；当钻柱摩擦阻力过大，出现托压现象时，延伸工具能够适时释能或释放压力，从而在原轴向压力的基础上，增加了新的克服摩阻的驱动力，推动蠕动端及所连接钻柱沿钻进方向前进，使钻压能够继续有效地施加在钻头上，保障钻头的正常钻进；延伸工具完成或部分完成能量释放后，在随后的钻进过程中，可通过轴向钻压的增加使其再次压缩，完成重新储能。延伸工具按照该原理周而复始地进行储能（压缩）释能（伸长）过程，从而使水平井、定向井钻进过程中的托压现象得到有效解决甚至基本消除（林敏等，2016）。

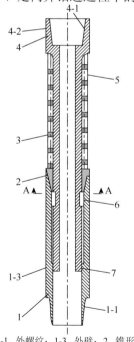

1. 管座；1-1. 外螺纹；1-3. 外壁；2. 锥形限位环；
3. 弹簧；4. 推管；4-1. 内螺纹；4-2. 推管与井壁
接触部；5. 防护套；6. 平键

图 4-80 延伸工具原理、结构示意图

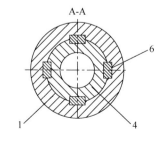

图 4-81 A-A 剖面示意图

2）延伸工具的结构

钻柱延伸工具（图 4-80、图 4-81）包括座管，在座管内壁上均布有四个长键槽（滑动槽），在其上还分别设置有外锥螺纹和内锥螺纹结构，与座管内螺纹相连接的为限位环，弹簧套装在推管上，防护套用于防护弹簧，一方面避免岩屑在弹簧的间隙或其内表面与推管外表面之间的间隙堆积影响弹簧的正常压缩（伸展）；另一方面避免弹簧与井壁岩石发生摩擦磨损。座管和推管可以互为推动端或蠕动端，即当推管为推动端时，则座管为蠕动端；反过来，当座管为推动端时，则推管为蠕动端。

3）延伸工具的有益效果

该钻柱延伸工具可使钻柱变成自储能释能的可延伸（伸长）钻柱，能有效减小水平井、定向井出现的托压现象，减小与井壁产生的机械阻力，从而提高钻井效率，降低钻井成本。

3. 水力振荡器

1）水力振荡器的结构

水力振荡器系统包括水力振荡器和振荡短节两部分，其结构如图 4-82 所示。水力振荡器是产生压力波动的工具，主要由动力系统、动定阀盘和轴承系统组成。振荡短节使水力振荡器上、下的管柱产生沿轴线方向的振荡，由振荡/弹簧短节和密封总成组成。

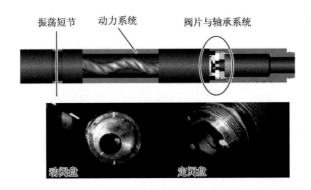

图 4-82　水力振荡器结构示意图

2）水力振荡器原理

钻井液经过水力振荡器动力部分带动转子转动，导致动阀片和静阀片的相错和重合，阀门的截面积（最大值和最小值）发生周期性变化（图 4-83），使流体流经工具后的压力发生变化而产生压力脉冲。压力脉冲作用到心轴的下端面时，在压力的作用下，心轴向下方移动并且压缩弹簧，当这个压力释放后，心轴在弹簧作用下返回到原来的位置。短节的活塞在压力和弹簧的双重作用下，轴向上往复运动，从而使管柱在自己轴线方向上来回运动，原来的静摩擦阻力就变成了动摩擦阻力。这样，摩擦阻力就大大降低，工具就可以有效地减少因井眼轨迹产生的钻具拖压现象（黄崇军，2015）。

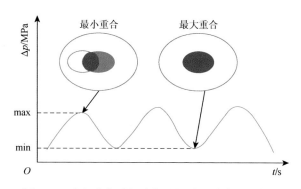

图 4-83　定阀盘与动阀盘相对运动压降变化示意图

3）水力振荡器的功能及技术优势

水力振荡器通过钻井泵将液压能转化为机械能,改变钻进过程中仅靠下部钻具的重力给钻头施加钻压的方式,使钻头或下部钻具与钻柱中的其他部分的连接变为柔性连接,从而达到提高滑动机械钻速的目的,其作用主要有以下几点(黄崇军,2015):

(1)改善井下钻压传递效果。改变钻头的加压方式,把单纯的机械式加压改为机械与液力相结合的加压方式,为钻头提供真实、有效的钻压。

(2)减少摩阻,防止托压。水力振荡器在钻进过程中使其上下钻具在井眼中产生纵向的往复运动,使钻具在井下的静摩擦变成动摩擦,大大降低了摩擦阻力,工具可以有效地减少因井眼轨迹而产生的钻具托压现象。

(3)MWD/LWD 工具的兼容性。水力振荡器与 MWD、LWD 配套使用不会破坏MWD、LWD 工具和干扰系统信号,增加了水力振荡器的实用性。

(4)与各种钻头均配合良好。可与牙轮钻头或 PDC 钻头一起使用,对钻头牙齿或轴承无冲击损坏,延长了 PDC 钻头的使用寿命。

(5)加强定向钻进,提高机械钻速。防止钻具重量叠加在钻具的一点或者一段,从而更好地控制工具面。配合 PDC 钻头提高定向能力,使 PDC 钻头滑动钻进更加容易,显著提高了定向钻进和转盘钻进的速度。

4）水力振荡器应用

(1)水力振荡器在长宁 H2-1 井应用情况。

长宁 H2-1 井是长宁 H2 井组的一口页岩气三维水平井,设计井深为 3864m,水平段长 1004m。长宁 H2-1 井在井深 2185.6m 下入水力振荡器进行稳斜扭方位钻进,钻至2351.65m,方位从 44.68°降至 17.29°,其中累计定向钻进进尺 166.05m,纯钻时间为90.64h,定向平均钻速为 1.832m/h。长宁 H2-1 井与同井场 3 口未使用水力振荡器的邻井进行对比分析,结果见表 4-14(黄崇军,2015)。

表 4-14　长宁 H2-1 井水力振荡器使用情况

井号	井段/m	井斜/(°)	方位/(°)	进尺/（m）	钻井周期/d	纯钻/h	机械钻速/（m/h）	水力振荡器
长宁 H2-4	2269~2432	41~66	330~343	162.8	5.9	83.8	1.9	未使用
长宁 H-3	2064~2220	14~42	346~345	155.8	9.6	79.5	1.9	未使用

续表

井号	井段/m	井斜/(°)	方位/(°)	进尺/(m)	钻井周期/d	纯钻/h	机械钻速/(m/h)	水力振荡器
长宁 H2-2	2052～2217	43～42	64～26	164.8	7.8	103.5	1.6	未使用
平均	—	—	—	164.8	7.7	88.9	1.8	未使用
长宁 H2-1	2185～2351	48～51	44～17	166.1	6.7	90.6	1.8	使用

根据水力振荡器在长宁 H2-1 井现场试验效果可以得出：①配合使用水力振荡器后，钻具发生周期性震荡，对解决托压现象有一定作用，但定向时工具面易大范围摆动，需经常上提钻具调整工具面，综合平均机械钻速与邻井平均水平相当；②长宁 H2-1 井从 2185.6m 使用水力振荡器进行扭方位钻进，钻至井深 2351.12m，钻井时间为 6.7d，相对于邻井同层位的平均水平，定向造斜周期缩短了 1.06d，缩短率 13.6%。

（2）水力振荡器在高石 12 井应用情况。

高石 12 井是四川盆地乐山—龙女寺古隆起高石梯潜伏构造震顶构造东段的一口中深水平井，设计井深为 6369m，水平段长 1000m。高石 12 井使用水力振荡器从井深 4675.56m 钻至 4965.4m，井斜从 11.2°增至 49°。其中累计定向钻进进尺为 289.84m，纯钻时间为 243.5h，定向平均钻速为 1.19m/h。高石 12 井与邻井机械钻速和定向钻井周期对比见表 4-15（黄崇军，2015）。

表 4-15　高石 12 井水力振荡器使用情况

井号	井段/m	进尺/m	钻井周期/d	纯钻/h	机械钻速/(m/h)	水力振荡器
高石 1	4767～4955	188.2	14.7	298.3	0.60	未使用
高石 3	4641～5013	376.3	38.4	506.2	0.90	未使用
高石 6	4619～4960	340.9	24.7	298.3	1.14	未使用
磨溪 9	4780～4987	207.5	20.5	257.0	0.80	未使用
平均	—	278.2	24.6	339.9	0.88	未使用
高石 12	4675～4965	289.8	17.4	243.5	1.19	使用

根据现场试验效果可以得出：①在水力振荡器的作用下，钻具发生周期性震荡，基本消除了托压现象，定向时工具面稳定，调整工具面时间大幅减少；②通过调整钻具组合和钻井参数，高石 12 井机械钻速达到 1.19m/h，相较于邻井施工平均水平，机械钻速提高了 34.5%；③高石 12 井从 4675.56m 使用水力振荡器进行增斜钻进，钻至井深 4965.4m，钻井时间为 17.4d，相较于邻井同层位的平均水平，定向造斜周期缩短了 7.175d，缩短率为 29.2%。

参 考 文 献

包泽军. 2013. PDC-牙轮混合钻头设计技术研究与产品研制[D]. 成都：西南石油大学.

陈红. 2016. PDC 钻头岩石可钻性测定与分级方法研究[D]. 成都：西南石油大学.

董博. 2013. PDC-牙轮混合钻头的破岩机理实验研究[D]. 成都：西南石油大学.

黄崇军. 2015. 水力振荡器在川渝地区水平井的应用. [J]. 钻采工艺. 38（2）：101-102.

林敏，李维均，杨迎新，等. 2016. 一种定向井、水平井钻柱延伸工具[P]. 中国：CN205243444U.

刘八仙. 2016. 类盘式牙轮钻头破岩机理与齿型研究[D]. 成都：西南石油大学.

刘清友，吴泽兵，马德坤. 1998. 盘式钻头及其破岩机理[J]. 天然气工业，18（1）：53-55.

戚清亮. 2015. PDC 钻头数字化钻岩系统的研究与开发[D]. 成都：西南石油大学.

齐海涛. 2012. 复合钻头破岩机理研究及仿真软件的开发[D]. 成都：西南石油大学.

任海涛. 2009. PDC 钻头数字化仿真[D]. 成都：西南石油大学.

石建刚，武兴勇，党文辉，等. 2016. 新型旋转 PDC 切削齿钻头技术研究与应用[J]. 石油机械，（2）：6-10.

石擎天. 2013. PDC-牙轮混合钻头的数字化钻进分析技术[D]. 成都：西南石油大学.

汤历平. 2012. 深部硬地层钻头黏滑振动特性及减振方法研究[D]. 成都：西南石油大学.

许楚钢，刘佳，张会勇，等. 2015. 扭力冲击器在 HA9-9 井的应用[J]. 化学工程与装备，（7）：120-122.

杨玮. 2015. 高压高温可钻性实验研究[D]. 成都：西南石油大学.

杨瑶. 2016. 定向井复合钻头技术研究与现场应用[D]. 成都：西南石油大学.

杨迎新，陈炼，林敏，等. 2010. 一种以切削方式破岩的复合式钻头[P]. 中国：CN101892810B.

杨迎新，陈炼，林敏，等. 2015a. 一种混合钻头[P]. 中国：ZL 201310063633.2.

杨迎新，陈炼，刘勇，等. 2012. 轮式金刚石钻头的工作理论及实验研究[C]. 第十二届石油钻井院所长会议.

杨迎新，陈炼，任海涛，等. 2015b. 一种宽齿牙轮复合钻头[P]. 中国：ZL 201310063630.9.

杨迎新，陈炼，任海涛，等. 2016. 一种镶齿牙轮钻头[P]. 中国：ZL 201310063631.3.

杨迎新，陈炼，徐彤，等. 2015c. 一种牙轮-固定切削结构复合钻头[P]. 中国：ZL 201310063996.6.

杨迎新，陈炼，徐彤，等. 2015d. 一种复合钻头[P]. 中国：ZL 201310063815.X.

杨迎新，曾恒，马捷，等. 2008. PDC 钻头内镶式二级齿新技术[J]. 石油学报. 29（4）：612-614.

杨迎新. 2007. 具有独立式纵向后备切削结构的聚晶金刚石复合片钻头[P]. 中国：CN200720082270.7.

张亮，张苡源，周洪亮，等. 2016. 一种抽吸式微取芯钻探钻头[P]. 中国：CN201620242604.

张猛，程润，汪胜武，等. 2016. 微心钻头在冀东油田的应用[J]. 辽宁化工，（1）：124-126.

张梦，李扬，孔莹. 2016. 扭力冲击器 BHDR Tool 在文安 101X 井的使用[J]. 化工管理，（2）：10-11.

邹德永，郭玉龙，赵建，等. 2015. 锥形 PDC 单齿破岩试验研究[J]. 石油钻探技术，43（1）：122-125.

Dolezal T，Felderhoff F，Holliday A，et al. 2011. Expansion of Field Testing and Application of New Hybrid Drill Bit [C]. SPE：146737-MS.

Frenzel C，Käsling H，Thuro K. 2008. Factors influencing disc cutter wear [J]. Geomechanik und Tunnelbau，1（1）：55-60.

Jr L E H. 1978. Diamond Compact Cutter Studies for Geothermal Bit Design[J]. Journal of Pressure Vessel Technology，100（4）：406.

Pessier R，Damschen M. 2011. Hybrid Bits Offer Distinct Advantages in Selected Roller-Cone and PDC Bit Applications[J]. Spe Drilling & Completion，26（1）：96-103.

Placido J C R，Friant J E. 2004. The Disc Bit-A Tool for Hard-Rock Drilling [J]. SPE Drilling & Completion，19（04）：205-211.

Platt J，Valliyappan S，Karuppiah V，2016. Innovative Rolling Cutter Technology Significantly Improved Footage and ROP in Lateral and Vertical Gas Applications in Saudi Arabia[C]//SPE/IADC Middle East Drilling Technology Conference and Exhibition. Society of Petroleum Engineers. 1-8.

Rickard W，Bailey A，Pahler W，et al. 2014. KymeraTM Hybrid Bit Technology Reduces Drilling Cost [C]. Thirty-Ninth Workshop on Geothermal Reservoir Engineering，February 24-26.

Zahradnik A F，Pessier R C，Nguyen D Q，et al. 2010a. Hybrid drill bit with fixed cutters as the sole cutting elements in the axial center of the drill bit [P]. US：7841426B2.

Zahradnik A F，Pessier R C，Nguyen D Q，et al. 2010b. Hybrid Drill Bit and Method of Drilling [P]. US 7845435B2.

第 5 章　井下随钻测量技术基础理论及其应用

针对复杂油气藏钻井的隐蔽性和复杂性，为了提高复杂油气藏钻井过程的可知性和可控性，以井下随钻测量技术为基础，开展随钻地层压力、随钻压力和温度、井下钻压和扭矩、井下微流量测试与控制等相关技术与基础理论的研究，研究成果已在现场应用。

5.1　随钻地层压力测试基础理论

随着地层测试技术应用的不断发展及钻井工程新的需求，20 世纪 90 年代中后期，在电缆地层测试（WFT）的基础上提出了随钻地层测试（FTWD）的理念。2001 年，Panthfinder 能源服务公司推出了首支随钻地层测试器（Drilling Formation Tester，DFT）。随后，其他公司也先后开发出同类产品，如 Halliburton 公司的 Geo-Tap（2002）、Baker Hughes 公司的 Tes-Trak（2003）、Schlumberger 公司的 Stetho-Scope（2003）和 Weatherford 公司的 Compact-MFT（2004）。随钻地层测试器安装于井底钻具组合中，在钻井作业暂停期间测量动态地层压力数据，其解决了 WFT 占用钻机时间较长、仪器黏卡风险高、大斜度井仪器下入困难等问题，而且由于此时近井壁地层受钻井液污染较轻，所测得的地层压力更加准确（杨川等，2013a）。近年来，在随钻地层测试技术基础上进一步发展了随钻地层流体取样（FSWD）技术，并研制出了 LWD-FAS 工具，该工具可以一趟钻完成多次取样，可取得更多更纯净的地层流体（杨川等，2013b）。

大庆钻探钻井工程技术研究院与中国船舶集团第七研究院第七〇五研究所联合在国内第一代电缆式地层压力器 CDC 的基础上研制完成了 SDC-I 型随钻地层压力测试器，并进行了 6 口井的现场试验，取得了较好的效果；中石化石油工程技术研究院、四川航天技术研究院和哈尔滨工业大学联合设计出一种直推探头结构的随钻地层压力测量装置，还未见下井试验报道。虽然国内有多家单位在研制随钻地层压力测试工具，但总体来说，基本上还处于引进、模仿和初级研究阶段，研究的技术水平、产品系列化、现场应用等方面与国外大型综合性油田服务公司的产品相比仍存在较大差距。西南石油大学与中海油研究中心联合设计了随钻地层测试工具样机，研制了一套随钻地层测试系统地面模拟实验平台，建立了随钻地层测试解释和分析模型，编制了相应的分析程序，开展了大量试验，并研制出一套随钻地层测试工具样机，下面主要介绍随钻地层测试相关基础研究所取得的认识，以期推动随钻地层测试工具的研发进程。

5.1.1　随钻地层压力测试原理

随钻地层压力测试的基本原理如图 5-1 所示。不难看出，随钻地层压力测试的基本原理为：基于不稳定试井原理，在随钻地层压力测试工具侧壁安装一测试探头，测试探头贴紧井壁地层，由抽吸系统抽吸地层流体而产生压降，通过压力计记录测试探头附近地层压力随时间变化的曲线，称为压力恢复试井过程（由于压力逐渐上升，也称压力恢复），当时间趋于无穷大时，测试探头附近地层压力恢复至原始地层压力，运用渗流理论可计算出地层压力和地层渗透率等动态参数。因此，随钻地层压力测试过程可分为以下 5 个阶段（a，b，c，d，e）：

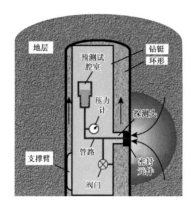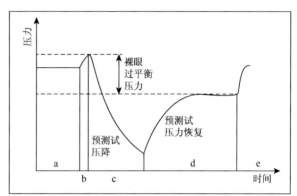

图 5-1　随钻地层测试基本原理（Ma et al.，2015）

（1）测试前阶段。测试前测量仪中的压力计测量并记录井下环空压力，其测试点位于测量仪压力测点处。因此，随钻地层压力测量仪可通过井下环空压力得到当量循环密度（ECD）曲线，对于井下工况的判断与识别有重要意义。

（2）测试探头推靠阶段。测量仪开始工作时，首先执行测试探头的推靠动作，推靠的目的是使测试探头伸出并贴紧井壁，完成测试探头密封环与井壁的密封。该阶段压力计测量并记录的是测试探头推靠过程中的压力变化，该阶段压力略有升高，这是由于推靠过程中测试探头密封环和泥饼被压缩，导致测试探头与井壁地层之间的流体发生弹性压缩所致。另外，推靠动作是否成功直接决定了后续测试过程的成败，因此，推靠动作的稳定和可靠是测试的必要保证。

（3）压力下降阶段，也称为地层流体抽吸阶段。测试探头推靠完成后，随钻地层压力测量仪控制系统将控制内部的抽吸系统通过测试探头抽吸一定体积的地层流体，由于测试探头附近的地层流体被抽空，且其抽吸速率远大于地层流体的渗流速率，导致在测试探头附近的井壁地层产生一定的压力下降（简称压降）。该阶段压力计测量并记录的是抽吸地层流体过程中的压力变化，可以看出该阶段压力下降幅度较大，压降的幅度取决于抽吸系统抽吸地层流体的抽吸速率、抽吸量、抽吸时间，一般抽吸速率越大、抽吸时间越长，抽吸量越大，则压降的幅度越大。因此，为了准确测试地层压力，需要对抽吸系统的抽吸参数进行优化。

（4）压力恢复阶段。当随钻地层压力测量仪抽吸系统完成对地层流体的抽吸后，由于地层流体抽空产生的压降作用，地层流体会自发流动，以使测试探头附近井壁地层压力恢复，该过程即为不稳定试井阶段。压力恢复阶段与地层岩石性质、地层流体性质、泥饼性质、压差、井眼半径、测试探头、抽吸参数、表皮效应、增压效应、管线存储效应等相关，其中地层性质、流体性质和抽吸情况对测试的影响最大。一般地层渗透率、孔隙度越大压力恢复越快，地层渗透率、孔隙度越低压力恢复越慢；地层流体黏度越大压力恢复越快，地层流体黏度越小压力恢复越慢；抽吸速率越大、抽吸时间越长，抽吸量越大，则压力恢复越慢，抽吸速率越小、抽吸时间越短，抽吸量越小，则压力恢复越快；这使得不同地层下随钻地层压力测量仪所需的压力恢复时间不同。因此，需要根据不同的地层性质确定合理的压力恢复时间，从而满足不同的测试需求。

（5）测试后阶段。当压力恢复阶段完成后，随钻地层压力测量仪执行测试探头的缩回动作，缩回的目的是使测试探头缩回至测量仪内部，以免钻井过程中对探头造成不必要的损坏，此时随钻地层压力测量仪中的压力计测量并记录井下环空压力。在井眼中钻井液液面稳定的情况下，这一阶段测试的井下环空压力与测试开始前测试的井下环空压力的波动幅度不应超过 5psi。测试后阶段缩回测试探头的成败关系到仪器的安全和钻井安全，若测试探头等机构不能完全缩回，将有可能导致上提遇阻卡的风险。在测试后阶段完成后，即测量仪执行机构回收动作完毕后，地层压力测量仪的一次测试过程随即完成，为了确保测量仪下一次测试过程的顺利实施，在缩回探头后将通过抽吸系统排出抽吸系统储液腔中的地层流体。

5.1.2　随钻地层压力测试压力响应特征

随钻地层压力测试的一般过程即为上述 5 个阶段：①测试前阶段，②测试探头推靠阶段，③压力下降阶段，④压力恢复阶段，⑤测试后阶段。其中，压力下降和压力恢复两个阶段是测试中最重要的阶段，压力下降和压力恢复过程中的压力响应是准确解释地层压力的重要基础。为此，针对压力响应特征开展研究，分别建立解析分析方法和数值分析方法。

1. 随钻地层压力测试压力响应的解析模型

1）数学模型

根据渗流方程、状态方程及连续性方程可得到直角坐标系下的压力扩散微分方程为

$$\frac{1}{\eta}\frac{\partial P}{\partial t} = \nabla^2 P = \frac{\partial^2 P}{\partial x^2} + \frac{\partial^2 P}{\partial y^2} + \frac{\partial^2 P}{\partial z^2} \tag{5-1}$$

其中：

$$\eta = \frac{K}{\phi_0 \mu C_t} \tag{5-2}$$

$$C_t = C_\rho + C_\phi \tag{5-3}$$

式中，K 为地层渗透率，mD；μ 为地层流体黏度，mPa·s；∇ 为 Hamilton 算子；P 为地层压力，MPa；t 为时间，s；ϕ_0 为参考压力下地层孔隙度，%；η 为导压系数，m^2/s；C_t 为综合压缩系数，MPa^{-1}；C_ϕ 为岩石孔隙压缩系数，MPa^{-1}；C_ρ 为孔隙流体压缩系数，MPa^{-1}。

随钻地层压力测试通常可简化为半球模型（图 5-2），压力扩散微分方程则可写成

$$\frac{1}{r^2}\frac{\partial}{\partial r}\left(r^2\frac{\partial P}{\partial r}\right)=\frac{1}{\eta}\frac{\partial P}{\partial t} \tag{5-4}$$

式中，r 为径向距离，m。

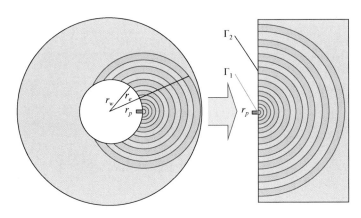

图 5-2　半球形渗流示意图

根据随钻地层测试原理，确定出该问题的边界条件为

$$\left.\frac{\partial P}{\partial r}\right|_{r=r_w}=\begin{cases} \dfrac{q(t)\mu}{2\pi r_p^2 K} & \text{solution domain } \Gamma_1 \\[2mm] 0 & \text{solution domain } \Gamma_2 \end{cases} \tag{5-5}$$

$$P(r\to\infty,t)=P_{pi} \tag{5-6}$$

其中：

$$q(t)=\begin{cases} q_0 & t\leqslant t_0 \\ 0 & t>t_0 \end{cases} \tag{5-7}$$

式中，r_w 为井眼半径，m；r_p 为探头半径，m；$q(t)$ 为测试期间的流量，mL/s；q_0 为抽吸速率，mL/s；t_0 为抽吸时间，s；P_{pi} 为初始地层压力，MPa。

而初始条件为

$$P(r,t=0)=P_{pi} \tag{5-8}$$

2）模型求解

根据式（5-4）~式（5-8）并采用 Laplace 变换求解微分方程，可以得到对应的压力响应方程为

$$P(t)=P_{pi}-\frac{q(t)\mu}{2\pi r_p K}\text{erfc}\left(\frac{r}{2\eta\sqrt{t}}\right) \tag{5-9}$$

其中：

$$\text{erfc}(x)=1-\frac{2}{\sqrt{\pi}}\int_0^x \exp(u^2)\mathrm{d}u \tag{5-10}$$

但是该模型并未考虑非均质性、表皮效应、存储效应等因素的影响。为此，考虑这些

因素并对模型进行修正。

3）模型修正

（1）表皮效应修正

由于井底压力通常大于孔隙压力，所以，一旦地层被钻开，钻井液就会侵入地层，当随钻地层测试作业开始时，一些钻井液滤液和固相已经侵入地层，并堵塞了流体流动的通道，导致井周地层渗透率降低，这种现象称为表皮效应。通常采用表皮系数描述表皮效应的大小，表皮系数可写成

$$S = \left(1 - \frac{r_p}{r_s}\right)\left(\frac{K}{K_s} - 1\right) \tag{5-11}$$

因此，考虑表皮效应修正后得到的模型为

$$P(t) = P_{pi} - \frac{q(t)\mu}{2\pi r_p K}\left[\text{erfc}\left(\frac{r}{2\eta\sqrt{t}}\right) + S\right] \tag{5-12}$$

式中，S 为表皮因子，无因次；r_s 为侵入深度的半径，m；K_s 为侵入后的地层渗透率，mD。

（2）非均质性校正

真实的地层通常是非均质和各向异性的，为此，定义一个非均质系数来描述，非均质系数可表示为

$$\omega = \sqrt{\frac{K_h}{K_V}} \tag{5-13}$$

为了修正非均质性对压力响应的影响，Dussa 和 Sharma 建立了一个校正系数来修正非均质性的影响，该修正系数可表示成

$$G_{eff} = \frac{\Delta p(\omega, r_p, r_w \to \infty)}{\Delta p(\omega = 1, r_p, r_w \to \infty)} = \frac{F\left(\frac{\pi}{2}, e\right)}{\max\left(1, \omega\right)} \tag{5-14}$$

其中：

$$F\left(\frac{\pi}{2}, e\right) = \int_0^{\frac{\pi}{2}} \frac{\text{d}\theta}{\sqrt{(1 - e^2\sin^2\theta)}} \tag{5-15}$$

$$e = \begin{cases} (1 - \omega^{-2})^{\frac{1}{2}} & \omega > 1 \\ (1 - \omega^2)^{\frac{1}{2}} & \omega < 1 \end{cases} \tag{5-16}$$

因此，考虑表皮效应和非均质性的影响后，修正模型为

$$P(t) = P_{pi} - \frac{q(t)\mu}{2\pi r_p K}\left[\text{erfc}\left(\frac{r}{2\eta\sqrt{t}}\right) + S\right]G_{eff} \tag{5-17}$$

式中，ω 为非均质系数，无因次；K_h 为水平渗透率，mD；K_V 为垂向渗透率，mD；G_{eff} 为修正系数，无因次。

（3）储集效应修正

随钻地层压力测试工具抽吸是通过预测试室完成，但是通常预测试室和管线内存在一定量的存储空间，存储空间的存在会影响测试结果，通常称为储集效应。由于预测试过程

只会抽吸少量的液体，故存储空间越大对测试的影响越大。因此，必须对储集效应进行修正，经过表皮效应、非均质性和储集效应修正后的模型（Ma et al.，2015）为

$$P(t) = \begin{cases} P_{pi} - \dfrac{q_0 \mu G_{eff}(1+S)}{2\pi r_p \sqrt{K_V K_H}} \left[1 - \exp\left(-\dfrac{2\pi r_p \sqrt{K_V K_h}}{\mu C_p V_p (1+S)} t \right) \right] & (t \leqslant t_0) \\[4mm] P_{pi} - \dfrac{q_0 \mu G_{eff}(1+S)}{2\pi r_p \sqrt{K_V K_h}} \exp\left[-\dfrac{2\pi r_p \sqrt{K_V K_h}}{\mu C_p V_p (1+S)} (t - t_0) \right] \left[1 - \exp\left(-\dfrac{2\pi r_p \sqrt{K_V K_h}}{\mu C_p V_p (1+S)} t_0 \right) \right] & (t > t_0) \end{cases}$$

$$(5\text{-}18)$$

式中，C_p 为液体的压缩系数，MPa；V_p 为储集空间体积，mL。

（4）增压效应修正

由于钻井过程中钻井液滤液侵入地层，造成近井地带地层出现增压效应，增压效应导致随钻地层压力测试结果失真（杨再生等，2013）。因此，针对随钻地层压力测试过程中存在的增压效应，建立增压效应评估模型，根据随钻地层测试的基本原理，增压效应改变了井周地层原始地层压力（图 5-3），井壁压力为井筒液柱压力 p_m，但是穿过泥饼后迅速降低为 P_{pa}，进入地层后继续降低，直至降低至原始地层压力。因此，为了准确描述增压效应，先定义一个系数来表征泥饼的作用：

$$\zeta = \frac{P_{pa}}{P_m} = \frac{k_{cake} + K \dfrac{P_{pi}}{P_m}}{k_{cake} + K} \tag{5-19}$$

式中，P_{pa} 为增压后井壁孔隙压力，MPa；P_m 为井底压力，MPa；k_{cake} 为泥饼渗透率，mD。

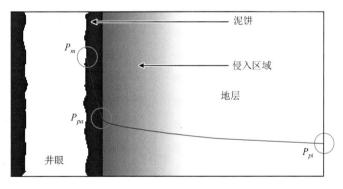

图 5-3　增压效应产生的压力剖面示意图

根据渗流方程、状态方程及连续性方程可得到井眼圆柱坐标系下的压力扩散微分方程为

$$\frac{1}{\eta} \frac{\partial P}{\partial t'} = \frac{1}{r} \frac{\partial}{\partial r} \left(r \frac{\partial P}{\partial r} \right) \tag{5-20}$$

式中，t' 为地层被钻开的时间，s。

该微分方程的定解条件为

$$
\begin{cases}
P(r = r_w, t' > 0) = \zeta P_m \\
P(r \to \infty, t' > 0) = P_{pi} \\
P(r_w \leqslant r < \infty, t' = 0) = P_{pi}
\end{cases}
\tag{5-21}
$$

同样的，采用 Laplace 变换进行求解，得到井周增压后的压力分布解为

$$
P(r, t') = P_{pi} + (\zeta P_m - P_{pi})\left[1 + \int_0^\infty e^{-\eta \xi^2 t'} \frac{J_0(\xi r) Y_0(\xi r_w) - Y_0(\xi r) J_0(\xi r_w)}{J_0^2(\xi r_w) + Y_0^2(\xi r_w)} \frac{\mathrm{d}\xi}{\xi}\right]
\tag{5-22}
$$

式中，$J_0(x)$ 为零阶第一类 Bessel 函数；$Y_0(x)$ 为零阶第二类 Bessel 函数。

通常将该模型简化为一维问题，因此，可以简写为

$$
P(r, t') = P_{pi} + (\zeta P_m - P_{pi})\mathrm{erfc}\left(\frac{r}{2\sqrt{\eta t'}}\right)
\tag{5-23}
$$

实际上增压效应对随钻地层测试的影响主要通过改变测试初始条件影响地层压力测试，为此，只需将上式带入随钻地层测试模型中，即可求解，为此只需将初始条件改写为：

$$
P(r, t = 0) = P_{pi} + (\zeta P_m - P_{pi})\mathrm{erfc}\left(\frac{r}{2\sqrt{\eta t'}}\right)
\tag{5-24}
$$

2. 随钻地层压力测试压力响应的数值模型

1）数学模型

（1）线性渗流方程。根据达西定律，三维达西公式为

$$
\vec{V} = -\frac{\boldsymbol{K}}{\mu} \cdot \nabla P
\tag{5-25}
$$

式中，$\vec{V}$ 为速度矢量；$\boldsymbol{K}$ 为地层渗透率张量；P 为地层压力，MPa。

（2）地层流体状态方程。由于地层流体具有微可压缩性，随着压力降低，体积发生膨胀，则根据质量守恒定律，可得地层流体状态方程为

$$
\rho = \rho_0 e^{C_\rho (P - P_0)}
\tag{5-26}
$$

式中，ρ 为地层条件下流体密度，g/cm^3；ρ_0 为常数压力 P_0 下流体密度，g/cm^3；P_0 为常数压力，MPa。

（3）渗流连续性方程。地层流体渗流必须遵循质量守恒定律，也称为连续性原理，从而得到微可压缩性流体在弹性孔隙介质中的质量守恒方程（林梁，1994）为

$$
\frac{\partial}{\partial t}(\rho \phi) + \nabla \cdot (\rho \vec{V}) = 0
\tag{5-27}
$$

将式（5-25）、式（5-26）代入式（5-27），可得

$$
\phi \mu \frac{\partial}{\partial t}\left[e^{C_\rho (P - P_0)}\right] = \nabla \cdot \left[\boldsymbol{K} \cdot e^{C_\rho (P - P_0)} \cdot \nabla P\right]
\tag{5-28}
$$

由场论公式 $\nabla(\varphi \vec{a}) = \nabla \varphi \cdot \vec{a} + \varphi \nabla \cdot \vec{a}$（林梁，1994），可得

$$
C_\rho \phi \mu \frac{\partial P}{\partial t} = C_\rho \nabla \cdot P(\boldsymbol{K} \cdot \nabla P) + \nabla \cdot (\boldsymbol{K} \cdot \nabla P)
\tag{5-29}
$$

由于 C_ρ 是一个数量级为 10^{-5} 左右的数，与右端第二项相比，右端第一项非常小，可

以忽略不计，因此，式（5-29）只保留第二项，可变为

$$\frac{\partial P}{\partial t}=\frac{1}{\phi\mu C_\rho}\nabla\cdot(\boldsymbol{K}\nabla P)=a_c\nabla\cdot(\boldsymbol{K}\nabla P) \tag{5-30}$$

其中

$$a_c=\frac{1}{\phi\mu C_\rho} \tag{5-31}$$

式中，t 为时间，s；ϕ 为地层孔隙度，%；a_c 为导压系数，$\mathrm{m^2/s}$。

式（5-30）是三维坐标下 FTWD 的压力扩散微分方程。由于地层具有非均质性，其渗透率张量为

$$\boldsymbol{K}=\begin{pmatrix} K_{xx} & K_{xy} & K_{xz} \\ K_{yx} & K_{yy} & K_{yz} \\ K_{zx} & K_{zy} & K_{zz} \end{pmatrix} \tag{5-32}$$

显然，渗透率张量 $\boldsymbol{K}$ 具有与应力张量完全相同的形式，即 $\boldsymbol{K}$ 也是对称张量。因此，渗透率张量也具有与应力张量类似的性质，也存在相应的主张量。对于各向异性地层，常假设渗透率主张量与坐标系重合，即渗透率在 xy 平面内均为 K_h，在 z 方向上为 K_z。因此，渗透率张量可以表示为

$$\boldsymbol{K}=\begin{pmatrix} K_h & 0 & 0 \\ 0 & K_h & 0 \\ 0 & 0 & K_z \end{pmatrix} \tag{5-33}$$

式中，K_h 为横向渗透率，mD；K_z 为垂向渗透率，mD。

在式（5-6）描述的微分方程中，所描述的求解区域如图 5-4 所示，其 z 轴与井轴重合，由于井壁地层具有对称性，一般采用圆柱坐标描述，此时，压力扩散微分方程可改写为

$$\frac{\partial P}{\partial t}=a_c\left[\frac{K_h}{r}\frac{\partial}{\partial r}\left(r\frac{\partial P}{\partial r}\right)+\frac{K_h}{r^2}\frac{\partial^2 P}{\partial\theta^2}+K_z\frac{\partial^2 P}{\partial z^2}\right] \tag{5-34}$$

式中，r 为径向距离，m；θ 为井周角，（°）；z 为井眼轴向距离，m。

（4）定解条件。在求解区域中，Γ_1 是在井壁处测试探头的面积，Γ_2 是井壁面积（图 5-4）。在进行 FTWD 测试时，测试探头处（即区域 Γ_1）以流量 $q(t)$ 抽吸地层流体，而区域 Γ_2 所处的其余井壁壁面是一个封闭的界面，因此，随钻地层测试的内边界条件为

$$\left.\frac{\partial P}{\partial r}\right|_{r=r_w}=\begin{cases} \dfrac{q(t)\mu}{2\pi r_p^2 K_h} & \text{solution domain } \Gamma_1 \\[2mm] 0 & \text{solution domain } \Gamma_2 \end{cases} \tag{5-35}$$

外边界条件为

$$P(r\to\infty,\theta,z,t)=P_{pi} \tag{5-36}$$

初始条件为

$$P(r,\theta,z,t=0)=P_{pi} \tag{5-37}$$

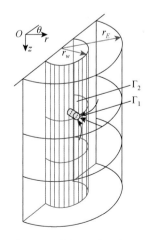

图 5-4　求解区域示意图

2）模型求解

压力扩散微分方程的求解常采用有限差分法，有限差分法对求解边界条件整齐的定解问题，具有较强的实用性。而使用差分法常需要齐次边界，但随钻地层测试压力响应模型的边界条件并非齐次，因此，需要对边界进行齐次化处理。

（1）边界齐次化处理钻井液

在微分方程离散化过程中，需将边界条件化为齐次边界。为此，选择一个满足式（5-36）、式（5-37）的方程 $Q = P - P_{pi}$，代入式（5-34）～式（5-37）（林梁，1994）得

$$\frac{\partial Q}{\partial t} = a_c \left[\frac{K_h}{r} \frac{\partial}{\partial r} \left(r \frac{\partial Q}{\partial r} \right) + \frac{K_h}{r^2} \frac{\partial^2 Q}{\partial \theta^2} + K_z \frac{\partial^2 Q}{\partial z^2} \right] \tag{5-38}$$

$$\left. \frac{\partial Q}{\partial r} \right|_{r=r_w} = \begin{cases} \dfrac{q(t)\mu}{2\pi r_p^2 K_h} & \text{solution domain } \Gamma_1 \\ 0 & \text{solution domain } \Gamma_2 \end{cases} \tag{5-39}$$

$$Q(r \to \infty, \theta, z, t) = 0 \tag{5-40}$$

$$Q(r, \theta, z, t = 0) = 0 \tag{5-41}$$

再选择一个满足式（5-39）的函数 V（林梁，1994）：

$$V = \begin{cases} \dfrac{q(t)\mu(r - r_p)}{2\pi r_p^2 K_h} & \text{solution domain } \Gamma_1 \\ 0 & \text{solution domain } \Gamma_2 \end{cases} \tag{5-42}$$

利用函数 V 对 r 求导，并令 $Q = U + V$ 代入式（5-39），考虑到圆柱坐标系下 $\dfrac{\partial V}{\partial z}$ 和 $\dfrac{\partial V}{\partial \theta}$ 均为 0，经变形整理可得

$$\frac{\partial U}{\partial t} = a_c \left[\frac{K_h}{r} \frac{\partial}{\partial r} \left(r \frac{\partial U}{\partial r} \right) + \frac{K_h}{r^2} \frac{\partial^2 U}{\partial \theta^2} + K_z \frac{\partial^2 U}{\partial z^2} \right] + f(r, \theta, z, t) \tag{5-43}$$

其中：

$$f(r, \theta, z, t) = a_c \frac{K_h}{r} \frac{\mathrm{d}V}{\mathrm{d}r} - \frac{\mathrm{d}V}{\mathrm{d}t} \tag{5-44}$$

再将 $Q = U + V$ 代入式（5-35）～式（5-37），则边界和初始条件均处理为齐次边界（林梁，1994）：

$$\left. \frac{\partial U}{\partial r} \right|_{r=r_w} = 0, \quad \left. \frac{\partial U}{\partial r} \right|_{r \to \infty} = 0, \quad U \big|_{t=0} = 0 \tag{5-45}$$

式（5-43）～式（5-45）构成了圆柱坐标系下 FTWD 压力响应的齐次边界定解问题。

（2）差分方程的建立

在式（5-43）所描述的 FTWD 压力响应定解问题中，其左端是抛物型偏微分方程，右端是三维椭圆型偏微分方程，对这类问题的求解适宜采用差分法求解。在定解问题中，

有三个空间坐标量和一个时间坐标量，它们组成了一个四维空间，采用圆柱形求解坐标系可建立出比较简便的差分格式，此处采用显格式方法建立差分方程。对于显式差分格式，关于坐标和时间的变量 r,θ,z,t 分别取等步长为 h_r,h_θ,h_z,τ，并令

$$
\begin{aligned}
&r_i = r_w + ih_r\,(i=0,1,2,\cdots,n)\\
&\theta_j = jh_\theta\,(j=0,1,2,\cdots,m)\\
&z_L = Lh_z\,(L=0,1,2,\cdots,s)\\
&t_k = k\tau\,(k=0,1,2,\cdots,T)
\end{aligned}
\tag{5-46}
$$

式中，h_r,h_θ,h_z,τ 分别为三个空间步长和时间步长；n,m,s,T 分别为空间步和时间步的网格数；i,j,k,L 为节点编号；r_i,θ_j,z_L,t_k 为节点。

　　这些节点将连续的四维空间离散化，共用了（$n+1$）×（$m+1$）×（$s+1$）×（$T+1$）个节点代替求解域空间。在四维空间节点（r_i,θ_j,z_L,t_k）上，可分别采用相应节点的差分方程近似代替对时间 t 的导数、对 r 的导数、对 θ 的导数以及对 z 的导数，可得

$$
\begin{aligned}
U_{ijL}^{k+1} - U_{ijL}^{k} = a_c\tau\Bigg\{ &\frac{K_{h,ij}}{r_i h_r^2}\left[\begin{array}{c} r_{(i+0.5)}U_{(i+1)jL}^{k} + r_{(i-0.5)}U_{(i-1)jL}^{k}\\ -(r_{(i+0.5)}+r_{(i-0.5)})U_{ijL}^{k}\end{array}\right]\\
&+\frac{K_{h,ij}}{(r_i h_\theta)^2}\left[U_{i(j+1)L}^{k}-2U_{ijL}^{k}+U_{i(j-1)L}^{k}\right] + \frac{K_{z,L}}{h_z^2}\left[U_{ij(L+1)}^{k}-2U_{ijL}^{k}+U_{ij(L-1)}^{k}\right]\Bigg\} + \tau f_{ijL}^{k}
\end{aligned}
\tag{5-47}
$$

其中：

$$
f_{ijL}^{k} = f(r_i,\theta_j,z_L,t_k)
\tag{5-48}
$$

利用式（5-45）在节点上的值：

$$
U_{1jL}^{k} - U_{0jL}^{k} = 0
\tag{5-49}
$$

$$
U_{ijL}^{0} = 0
\tag{5-50}
$$

这样，就可以依次算出 $k=0,1,2,\cdots,T$ 时各层上的值 U_{ijL}^{k}，即不同时刻的值。可以证明，对于三围充分光滑的 U，式（5-47）的收敛的条件是

$$
\frac{a_c\tau}{h_{\min}^2} \leqslant \frac{1}{6},\,(h_{\min}=\min\{h_r,h_\theta,h_z\})
\tag{5-51}
$$

式中，$h_{\min}$ 为三个空间步长的最小值，即 $h_{\min}=\min\{h_r,h_\theta,h_z\}$。

　　因此，在编程计算过程中，需要选择合适的步长，才能得到收敛解。式（5-46）是非对称方程组，每个线性方程组最多有 5 个变量。系数矩阵 A 阶数为 nms，即共有 $(nms)^2$ 个数组成系数矩阵，该矩阵中至少有 $(nms-5)\times nms$ 个零元素（林梁，1994）。系数矩阵在 $m=n=s=3$ 时，所组成的方程组有强对角优势，方程绝对收敛，而且稳定性好。这相当于把时间 t 看作常量，求解一个泊松方程，然后增加一个时间步长，再求下一时刻的解。

　　3）模型求解验证

　　为了验证模型和算法的正确性，需要对比数值计算方法和解析方法计算结果。此处以点源单相单预测试室均质球形渗流问题为例进行分析，采用表 5-1 所示基础数据，分别计算不同地层渗透率（0.1mD、1.0mD 和 10.0mD）情况下的压力响应曲线，结果如图 5-5

所示。可以看出，数值计算方法和解析方法得到的压力响应曲线吻合良好，压力响应曲线总体上表现出较好的一致性，两者的变化规律几乎一致，仅存在微小差异，压力响应误差也比较小，$K=0.1\text{mD}$ 时最大误差为 0.297%，$K=1.0\text{mD}$ 时最大误差为 1.997%，$K=10.0\text{mD}$ 时最大误差为 0.193%，两种方法计算误差小于 2%，因此，本书的数值计算方法完全能够满足 FTWD 测试中压力响应分析的需求。

表 5-1　基础数据

参数名称	数值	参数名称	数值
地层压力/MPa	50	过平衡压力/MPa	3.0
地层渗透率/mD	1.0	表皮系数	1
地层非均质系数	1.0	井眼半径/cm	10.8
地层孔隙度/%	0.2	探头半径/cm	0.5
地层流体黏度/cP	1.0	抽吸速率/（cm³/s）	0.1
流体压缩系数/MPa⁻¹	0.0004	管线体积/cm³	200

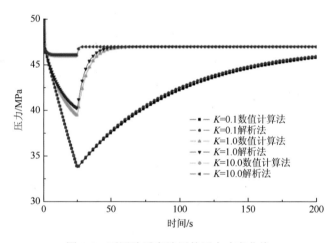

图 5-5　不同渗透率地层的压力响应曲线

3. 随钻地层测试压力响应规律分析

1）增压效应的影响

分析泥饼渗透率和地层渗透率对地层增压效应的影响，结果如图 5-6 所示。当不存在泥饼时，井壁孔隙压力超过地层原始孔隙压力大约 5MPa，如果地层渗透率越高，则波及的区域越大；当存在泥饼时，低渗透地层井壁处孔隙压力超过地层原始孔隙压力大约 2.48MPa，而高渗透性地层的孔隙压力增幅仅 0.5MPa 左右。说明泥饼渗透率越高地层孔隙压力增幅越大，泥饼渗透率越低则孔隙压力增幅越小；高渗透性地层的孔隙压力增幅比低渗透地层增幅大。

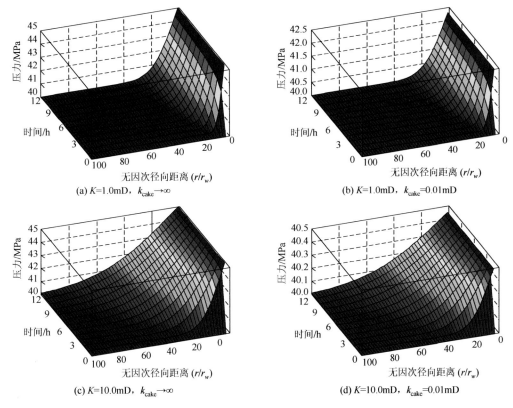

(a) K=1.0mD，$k_{cake} \to \infty$　　　　　　　(b) K=1.0mD，k_{cake}=0.01mD

(c) K=10.0mD，$k_{cake} \to \infty$　　　　　　(d) K=10.0mD，k_{cake}=0.01mD

图 5-6　地层渗透率和泥饼渗透率对增压效应的影响

2）表皮效应的影响

根据表皮系数的定义，分析不同地层渗透率（0.1mD、1.0mD 和 10.0mD）情况下表皮系数对探头处压力响应的影响，结果如图 5-7 所示。不难看出：①表皮系数对压力响应

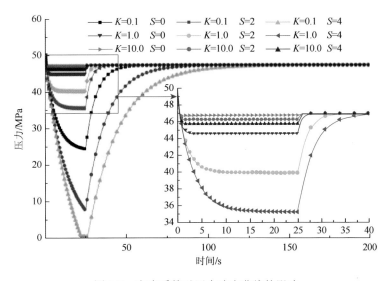

图 5-7　表皮系数对压力响应曲线的影响

的影响非常显著，主要表现在压降速率、压降幅度、压力恢复时间等方面。②若表皮系数越低（即污染越轻），地层流体更容易流到测试探头，其附加压降更小，测试压降越小，压力恢复越快。③若表皮系数越高（即污染越重），地层流体越难流到测试探头，其附加压就越大，测试压降越大，压力恢复就越慢。④不同渗透率地层对表皮系数敏感程度差异比较大，低渗透性地层（$K<1.0\text{mD}$），表皮效应的影响比较显著；中等渗透性和高渗透性地层（$K>10.0\text{mD}$），表皮效应的影响相对减弱。

　　3）储集效应的影响

　　分析不同地层渗透率（0.1mD、1.0mD 和 10.0mD）情况下储集体积对压力响应的影响，结果如图 5-8 所示。不难看出：①储集体积对压力响应的影响也十分显著，集中表现在压降速率、压降幅度、压力恢复时间等方面。②储集体积越小，测试压降和压力恢复越快，地层流体进入管线被存储压缩的量越小，从而使压降变化比较迅速，但有可能出现压力冲击现象。③储集体积越大，测试压降和压力恢复越平缓，地层流体进入管线被存储压缩的量越多，具有较好的缓冲作用，不会出现压力冲击现象。④不同渗透率地层对储集体积的敏感性差异也比较大，低渗透性地层（$K<1.0\text{mD}$），储集效应的影响比较显著；中等渗透性和高渗透性地层（$K>10.0\text{mD}$），储集效应的影响相对减弱。

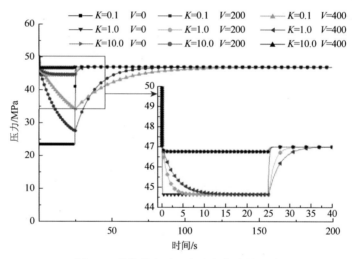

图 5-8　储集体积对压力响应曲线的影响

　　4）地层非均质性的影响

　　基于非均质系数的定义，分析不同地层渗透率（0.1mD、1.0mD 和 10.0mD）情况下，地层非均质系数对测试压力响应的影响，结果如图 5-9 所示。不难看出：①地层非均质性对压力响应的影响非常明显，主要体现在压降速率、压降幅度、压力恢复时间等方面。②不同渗透性地层，非均质性的影响不同，总体差异较大，对低渗透地层（$K<1.0\text{mD}$），非均质性的影响较为显著；对中等和高渗透性地层（$K>10.0\text{mD}$），非均质性的影响相对减弱。③地层非均质性的影响是由于地层在垂向和横向的渗透率不同所致，从而使得假设的球形渗流模型变为椭球形渗流模型，即测试时压力波在地层里的传播为椭球状，因此，不同非均质性，压力响应表现为测试压降和压力恢复时间不同。

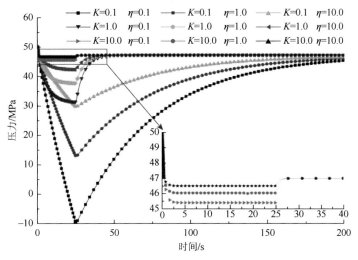

图 5-9　非均质系数 η 对压力响应曲线的影响

5）抽吸速率的影响

抽吸速率是测试的可控因素，也是测试压力响应最主要和最显著的影响因素之一，会影响平衡时的压降以及压力恢复时间。为此，分析不同地层渗透率（0.1mD、1.0mD 和 10.0mD）情况下抽吸速率 q 对测试压力响应曲线的影响，结果如图 5-10 所示。不难看出：①抽吸速率对压力响应的影响非常明显，主要体现在压降速率、压降幅度、压力恢复时间等方面，随着抽吸速率增加，最终压降逐渐增加，且基本呈线性关系；②不同渗透率地层，对抽吸速率的敏感性差异比较大，对低渗透地层（$K < 1.0$mD），抽吸速率的影响较为显著，若抽吸速率过大，可能产生较大真空度（即负压），负压的产生对仪器损伤较大，而且由于地层供液能力弱，压力恢复时间长，不利于快速测得真实地层压力，因此，低渗透地层要求采用较低抽吸速率；对中等和高渗透性地层（$K > 10.0$mD），抽吸速率的影响相对

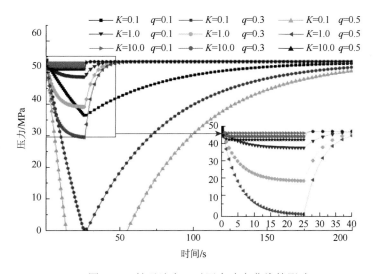

图 5-10　抽吸速率 q 对压力响应曲线的影响

减弱，主要是由于地层渗透率高，地层供液能力强，抽吸过程中达到平衡的时间短，因此，为了缩短测试时间，大都采用较大的抽吸速率，使其快速达到预定压降。

6）抽吸探头半径的影响

抽吸探头是地层流体进入的通道，其尺寸直接影响着测试响应，主要表现为两个方面：①抽吸探头自身作为流动通道的影响（流动速度）；②抽吸探头半径与井眼半径综合作用下的尺寸效应。为便于分析，假设井眼半径固定，调节探头尺寸，分析地层渗透率为 1.0mD 情况下抽吸探头半径 r（0.1cm、0.3cm、0.5cm、0.7cm、0.9cm）对压力响应的影响，结果如图 5-11 所示。由图 5-11 可知，若探头半径越小，压降就越大，这主要是由于抽吸半径过小，限制了抽吸流量，造成了附加的压降，而且探头半径过小，其强度也难以保证，并且容易堵塞。若抽吸探头半径过大，可能达不到需要的测试压降。因此，抽吸探头的尺寸对测试的影响也不能忽视。

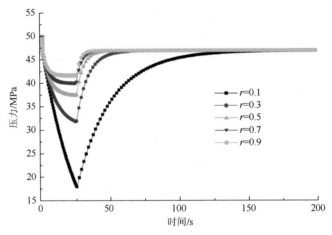

图 5-11　抽吸探头半径对压力响应曲线的影响

在动态钻井过程中，由于井下环境的复杂性，还存在很多其他因素的影响，诸如地层孔隙度、地层流体黏度、流体压缩系数、地层含气、泥饼性质、过平衡压力、井眼尺寸、钻井液浸泡时间、抽吸时间、恢复时间、抽吸流体量等，各种因素的影响程度也存在较大差异，限于篇幅，不再讨论相关因素的影响。

5.1.3　随钻地层压力测试模拟实验

1. 实验平台

为了验证所建立的地层测试压力响应数学模型，采用"油气藏地质及开发工程"国家重点实验室建立的地层测试模拟实验平台进行物理考察实验，该平台主要功能：①模拟井下地层抽吸环境，验证和修正压力解释模型；②对抽吸系统、探头设计展开验证实验；③通过实验确定相关设计参数，如确定探头密封力、橡胶头损坏力等；④试验不同橡胶材料、尺寸大小对密封效果的影响等。模拟实验平台如图 5-12 所示，其主要技术指标见表 5-2。地层测试模拟实验平台主要由液压站、电气柜、工作平台和控制电脑等组成。实验平台的关键在于模拟地层环境进行抽吸，其基本原理（图 5-12）：在岩心夹持器内安装岩心，模

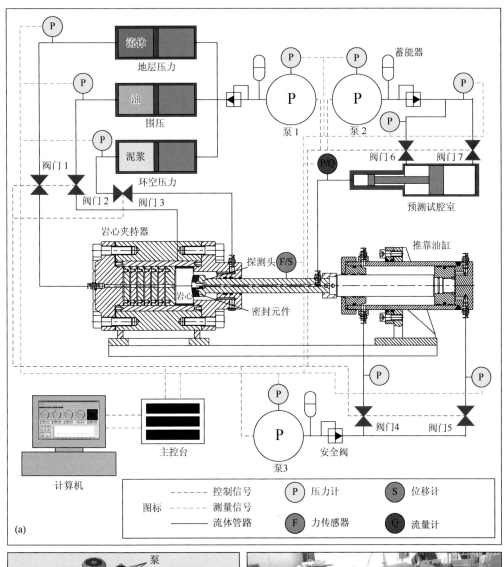

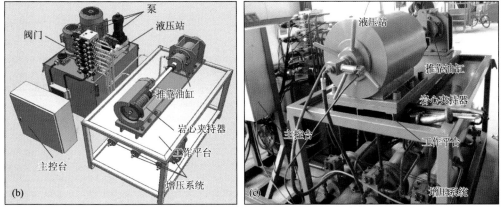

图 5-12　模拟实验装置及其原理图

拟围压、地层压力、环空压力作用下的地层环境，通过推力杆推动探头贴紧岩心端面，由抽吸系统抽吸流体，即完成抽吸模拟，抽吸完成后，测试压力恢复即达到地层压力模拟测试目的。另外，为了确保各路模拟压力的稳定性，在各压力输入口安装有独立的稳压系统。

表 5-2　实验平台主要技术指标

序号	项目	指标	控制精度
1	模拟环空压力	≤70MPa	<±1%FS
2	模拟地层压力	≤70MPa	<±1%FS
3	模拟岩石围压	≤70MPa	<±1%FS
4	抽吸体积	≤25mL	<±1%FS
5	抽吸速率	≤5mL/s	<±1%FS
6	岩心直径	ø100mm	—
7	岩心长度	50～200mm	—
8	探头直径	50～60mm	—
9	探头行程	≤60mm	<±1%FS
10	探头推靠力	≤50kN	<±1%FS

2. 实验方案

（1）岩心选择。选用 3 种不同渗透率（高渗和中低渗）的人造砂岩岩心，对岩心分别编号 1#、2#、3#。然后，分析三种岩心的物性参数，结果见表 5-3。

表 5-3　实验岩心物性参数

序号	项目名称	内容		
1	岩心编号	1#	2#	3#
2	岩性描述	浅褐色中砂岩	浅褐色细砂岩	浅褐色泥质粉砂岩
3	直径/cm	10.00	10.00	10.00
4	高度/cm	10.08	10.03	7.06
5	密度/（g/cm³）	2.179	2.261	2.451
6	孔隙度/%	16.20	15.00	12.00
7	渗透率/mD	110.25	16.31	4.85
8	渗透性	高	中等	低
9	泥质含量/%	12.50	22.60	30.0
10	泊松比	0.229	0.271	0.319
11	抗压强度/MPa	97.785	116.225	170.891

（2）抽吸参数确定。由于人造岩心渗透率较高、均质性较好，抽吸速率初步定为 0.50～5.00mL/s，且抽吸腔体积为 15.00～25.00mL，抽吸时间为 3.0～5.0s，抽吸次数为 3～

5 次，抽吸过程中通过控制系统控制抽吸时间和抽吸间隔次数。

（3）探头推靠参数。液压油推动活塞的推力为 2.0～5.0MPa（即推靠液缸工作压力），推靠活塞移动距离为 0.5～3.0cm，注意准确控制液压驱动压力，防止探头压碎岩心。

（4）探头选择。橡胶需耐用，确定在橡胶中心的金属抽吸管（探测头）是否紧密接触岩心，便于抽吸，探测头刺穿的泥饼用人工泥饼代替。

（5）模拟流体。岩心两个端面的液体应该存在明显的差异，被抽吸的一端应为模拟地层水，其环形空间中的流体应为水（或钻井液）。

（6）实验中应严格保证岩心的密封，注意判断、检验岩心是否密封。

3. 实验结果及分析

1）1#岩心实验结果及分析

1#岩心 K =110.25mD（高渗透性地层），模拟围压 35.00MPa，模拟环空压力 30.00MPa，模拟地层压力 29.50MPa，流体压缩系数 $4×10^{-5}MPa^{-1}$，模拟管线体积 500.0cm³，模拟探头半径 0.50cm，模拟抽吸时间 5.0s，模拟抽吸速度 1.00mL/s，通过实验和数值模拟，得到图 5-13a 所示压力响应曲线。不难发现，数值模拟与实测压力响应一致性非常好，数值模拟地层压力为 28.65MPa，而实际地层压力为 29.50MPa，两者绝对误差为 0.85MPa，相对误差仅为 2.88%，说明数值方法对于高渗透性地层的模拟比较准确。

2）2#岩心实验结果及分析

2#岩心 K =16.31mD（中等渗透性地层），模拟围压 35.00MPa，模拟环空压力 36.50MPa，模拟地层压力 32.50MPa，流体压缩系数 $4×10^{-5}MPa^{-1}$，模拟管线体积 500.0cm³，模拟探头半径 0.50cm，模拟抽吸时间 5.0s，模拟抽吸速度 1.00mL/s，通过实验和数值模拟，得到图 5-13b 所示压力响应曲线。不难发现，数值模拟与实测压力响应一致性比较好，数值模拟解释的地层压力为 34.10MPa，而实际地层压力为 32.50MPa，两者绝对误差为 1.60MPa，相对误差为 4.92%。但是，2#岩心模拟实验测得的地层压力偏高，这可能与围压的控制有一定关系，由于围压比环空压力略低，可能导致模拟的环空与地层形成了串流，使得模拟的地层压力高出设定值，从而导致解释值偏高。若假设串流已经发生，则可按环空压力解释，不难发现，解释得到的地层压力为 34.10MPa，实际模拟的环空压力与模拟的地层压力均为 36.50MPa，两者的绝对误差为 2.40MPa，相对误差仅为 7.38%，其误差比未串流更大，说明模拟环空压力与地层压力并未完全串流，可能只是部分串流，从而影响了模拟实验结果。即便如此，该测试结果仍然可以说明，数值方法对中等渗透性地层的模拟比较准确。

3）3#岩心实验结果及分析

3#岩心 K =4.85mD（低渗透性地层），模拟围压 30.00MPa，模拟环空压力 27.00MPa，模拟地层压力 17.00MPa，流体压缩系数 $4×10^{-5}MPa^{-1}$，模拟管线体积 500.0cm³，模拟探头半径 0.50cm，模拟抽吸时间 7.0s，模拟抽吸速度 0.50mL/s，通过实验和数值模拟，得到图 5-13c 所示压力响应曲线。不难发现，数值模拟与实测压力响应一致性非常好，数值模拟地层压力为 16.41MPa，而实际地层压力为 17.00MPa，两者绝对误差为 0.59MPa，相对误差仅为 3.47%，说明数值方法对低渗透性地层的模拟比较准确。

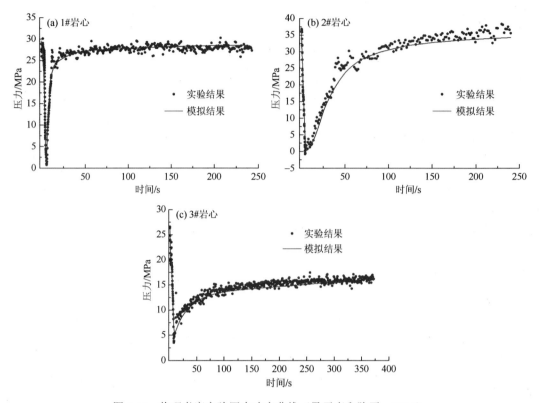

图 5-13　物理考察实验压力响应曲线（马天寿和陈平，2014）

4）实验结果对比分析

对比 3 块不同渗透率岩心实验结果，将测试环境、实验结果汇总，得到表 5-4 所示的不同渗透率岩心模拟测试实验结果。通过分析不难得出如下结论：①数值模拟与实测压力响应数据吻合程度高，数值模拟地层压力与实际地层压力的绝对误差小于 1.60MPa，相对误差低于 5.00%，说明数值模拟方法对于不同渗透性地层模拟结果的准确性比较高，完全能够满足工程需求。②岩心在抽吸时产生的压降与抽吸量呈明显的正相关关系，即抽吸量越大抽吸压降越大，但不同渗透性岩心抽吸产生的压降是不同的，岩心渗透性越低，抽吸相同量的液体，所产生的压降越大。③渗透率越高的岩心，压力恢复速度越快；渗透率越低的岩心，压力恢复速度越慢；1#岩心压力恢复时间大约为 30.0s，2#岩心压力恢复时间大约要 200.0s，3#岩心压力恢复时间大于 350.0s，与数值模拟结果基本一致。

表 5-4　不同渗透率岩心实验结果（马天寿和陈平，2014）

序号	项目名称	实验结果		
		1#	2#	3#
1	岩心编号	1#	2#	3#
2	岩心渗透率/mD	110.25	16.31	4.85
3	岩心孔隙度/%	16.20	15.00	12.00

续表

序号	项目名称	实验结果		
4	模拟围压/MPa	35.00	35.00	30.00
5	模拟环空压力/MPa	30.00	36.50	27.00
6	模拟地层压力/MPa	29.50	32.50	17.00
7	抽吸速率/（mL/s）	1.00	1.00	0.50
8	抽吸时间/s	5.00	5.00	7.00
9	抽吸量/mL	5.00	5.00	3.50
10	抽吸压降/MPa	25.00	37.00	25.00
11	压力恢复时间/s	30.0	200.0	>350.0
12	压力恢复速度	快	中等	慢
13	数值模拟地层压力/MPa	28.65	34.10	16.41
14	绝对误差/MPa	−0.85	1.60	−0.87
15	相对误差/%	2.88	4.92	3.47

5.2　随钻压力和温度测试技术及应用

　　井下钻柱内压力、环空压力已逐渐成为所有钻井过程中的标准测量参数，尤其是环空压力。目前，国外哈里伯顿、斯伦贝谢、威德福、贝克休斯等公司均研制出随钻井底环空压力测量仪（APWD），在钻井过程中实时测量钻柱内压力、井底环空压力、当量循环钻井液密度（ECD）及当量静态钻井液密度（ESD）等，通过 MWD 或 EMWD 实时将数据传送到地面，以指导欠平衡钻井（UBD）、控制压力钻井（MPD）、微流量钻井（MFC）等。随钻环空压力测量系统实测数据的应用包括：对比入口钻井液密度和井底当量循环钻井液密度，能够分析钻井时井眼清洁状况，主要应用于定向井、水平井或大位移井；ECD 数据分析有助于及时发现井涌，能够提高钻进安全性，避免一些严重的井控事故发生；环空流体温度测量有助于判断环空流体侵入情况，当油气侵入环空时温度升高、压力降低。因此，准确获取钻柱内压力、环空压力，能使很多钻井难度极高的井顺利钻成，并能准确地控制钻井环境，减少和消除井下复杂情况及事故，缩短钻井时间，提高钻井速度。

5.2.1　随钻环空压力及温度监测装置

　　中海石油研究中心和西南石油大学联合研制了随钻环空压力及温度监测装置（PTWD），PTWD 装置在钻铤外壁安装环空压力传感器、内壁安装钻柱内压力传感器、保护套内安装电路板、钻铤内安装电池以及与 MWD 连接的快速连接头，测量仪结构如图 5-14 所示。该装置具有如下特点：测量精度高；稳定的工作性能；易于安装；低耗电；可靠性能好；可直接挂接 MWD 短节的开放式结构；电路为模块化组装，维护、检修方便；由于功耗低，所以电池使用寿命长、经济性好（朱荣东等，2012）。PTWD 与 MWD 的连接方式为：PTWD 通过快速连接头与 MWD 连接，即 MWD 快速连接头一端与 MWD 连接，另一端与 PTWD 快速连接。PTWD 的原理主要是靠压力传感器测量环空压力、利用温度传感器测量环空温度，可实时监测井下压力的变化。PTWD 也可以向工程师发出环空压力变化的危险报警，在不破坏地层的情况下，提供预防措施使井眼保持清洁。因此，PTWD 可用于实时井涌监测、ECD 监控、井眼净化状况监控、钻井液性能调整等。

图 5-14 随钻环空压力及温度监测装置总体结构

此外，PTWD 测量装置可与动态压井装置联合使用，其工作原理如图 5-15 所示。PTWD 在井下随钻测量环空压力、钻柱内压、温度参数，实测数据传给 MWD 探管，MWD 探管接收数据进行编码后，通过脉冲发生器向地面立管压力传感器发送泥浆脉冲，立管压力传感器检测立管压力信号并将其通过电缆、安全箱、接口箱传给 MWD 地面处理系统，地面处理系统将泥浆脉冲编码还原为井下 PTWD 实际上传的数据，即达到数据上传的目的；解码后的 PTWD 数据传给地面数据采集及控制系统，经系统综合处理，就可以在计算机界面上显示出不同时刻的井底压力动态曲线、当量循环密度曲线、当量静态密度曲线、温度曲线等，并将其与环空压力和温度期望值进行比较；当测量值和测量点的期望值存在偏差时，系统进一步判断其是否符合溢流偏差特征，若符合则由地面数据采集及控制系统对泥浆密度动态调节装置发出命令，泥浆密度动态调节装置配置所需密度的压井液，使得动态压井钻井系统通过快速动态调节泵入井筒的泥浆密度，实现对深水无隔水管表层钻井井底压力的自动精确控制；若不符合溢流特征，系统则继续判断是否符合井漏特征、井眼不清洁等其他特征，并根据判断结果进行合理的控制措施；若完全不符合异常工况，则可采用当前控制密度继续钻进。此外，由于深水无隔水管表层钻井过程中，泥浆采用开路循环，此时缺乏一切与泥浆返出有关的信息与资料，常规溢流监测、井控手段和方法均失去了作用，只能采用随钻井下监测的方法监测和识别早期溢流，PTWD 随钻测量数据可以比较准确地反映井底压力的动态变化，可为动态压井钻井调控钻井参数提供科学依据，从而有效地保证钻井的安全（马天寿和陈平，2014）。因此，PTWD 在深水表层钻井中担负着对井下压力工况的监测、记录和分析的重要作用，能为深水表层钻井作业以及动态压井钻井技术提供指导。

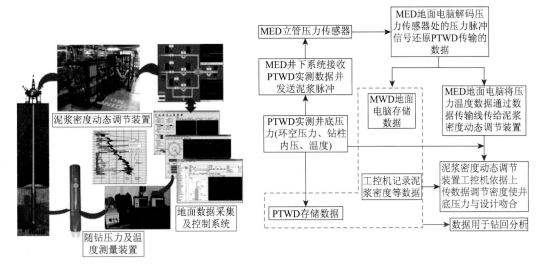

图 5-15　国内第一代深水表层钻井 DKD 系统工作原理

5.2.2　随钻压力温度测试原理及标定

1. 压力测量原理

井下钻柱内压力、环空压力的测量包括两个部分：①由位于传感器上方的井眼环空内的钻井液所产生的静液压力；②与钻柱运动、钻井液环空循环、井眼结构尺寸变化和固液相进出环空有关的动压部分。在测量分析时，还要注意钻井液的流变性、在环空的流态、井下温度对压力测量的影响。压力传感器有很多种，如应变电阻式压力传感器、压阻式压力传感器等。应变式压力传感器，由电阻应变计、弹性元件、外壳及补偿电阻组成，一般用于测量较大的压力。经过选型研究，选择了一种溅射薄膜压力传感器，其原理如图 5-16 所示。该压力传感器由保护膜、合金薄膜电阻、绝缘膜和金属弹性体元件等组成，合金薄膜电阻被制作成惠斯通全桥（图 5-17），然后采用先进的离子束溅射和离子束刻蚀工艺将其直接溅射淀积在金属测压膜片上（图 5-18）。

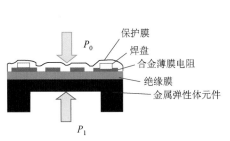

图 5-16　压力传感器原理示意图

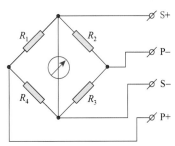

图 5-17　压力传感器电桥原理图

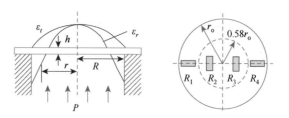

图 5-18　压力传感器膜片变形及测量原理

薄膜压力传感器的弹性敏感元件设计为周边固支的圆形金属平膜片,其作用是将被测压力(压力 P_1、P_0 为压力传感器内部作用的大气压)转换成弹性形变,膜片受力时的径向和切向应变分布为

$$\begin{cases} \varepsilon_r = \dfrac{3P}{8Eh^2}(1-v^2)(R^2-3r^2) \\ \varepsilon_t = \dfrac{3P}{8Eh^2}(1-v^2)(R^2-r^2) \end{cases} \tag{5-52}$$

式中,R 为平膜片工作部分的半径,mm;h 为平膜片厚度,mm;E 为平膜片的弹性模量,GP;v 为膜片的泊松比,无因次;r 为任意点距离圆心的径向距离,mm。

径向和切向应变的变化规律如图 5-18 所示,在膜片的中心处($r=0$),ε_r 和 ε_t 达到最大值:

$$\varepsilon_{r\max} \approx \varepsilon_{t\max} = \frac{3PR^2}{8Eh^2}(1-v^2) \tag{5-53}$$

当 $r=r_c=R/\sqrt{3}\approx 0.58R$ 时,$\varepsilon_r=0$;当 $r>0.58R$ 时,ε_r 变负;当 $r=R$ 时,$\varepsilon_t=0$,而 ε_r 达到负的最大值:

$$\varepsilon_r = -\frac{3PR^2}{4Eh^2}(1-v^2) \tag{5-54}$$

若采用小栅长应变片,在膜片正应变区中心处沿切线贴两片(如图 5-18 中的 R_2、R_3),在膜片负应变区边缘处沿径向贴两片($r>r_c$,如 5-18 图中的 R_1、R_4),并将其接成图 5-17 所示的应变全桥,则电桥输出指示应变为

$$\varepsilon_{du} = \varepsilon_1 - \varepsilon_2 - \varepsilon_3 + \varepsilon_4 = 2(|\varepsilon_r| + \varepsilon_{t\max}) \tag{5-55}$$

由此得到示应变 ε_{du} 与压力 P 之间的关系:

$$\varepsilon_{du} = \frac{3(1-v^2)}{4Eh^2}(R^2 + |R^2 - 3r^2|)P \tag{5-56}$$

从而,当薄膜电阻在膜片上的分布确定后,电阻的应变量与膜片所受的压力成正比,与材料的弹性模量成反比,建立了压力与应变之间的关系。合金薄膜压力传感器一般采用溅射淀积在弹性膜片上,薄膜应变层通过感受膜片的应变而产生相应电阻变化,从而完成非电量到电量的转换。

合金薄膜应变电阻的稳定性和电阻温度系数主要取决于合金成分的配比,电桥桥臂的阻值可以长期在 $-200\sim 400$℃的环境温度下相对保持不变,温度系数 50ppm/℃,几乎不受其他物理因素的影响。考虑井下温度较高,且现有压力传感器技术已相当成熟,决定选用

耐高温的 CYB 系列溅射薄膜压力传感器（CYB-15S 型高温压力传感器），其基本性能参数见表 5-5。这种传感器和传统的胶粘工艺传感器相比，显著改善了应变式传感器的长期稳定性及抗蠕变特性，使产品使用的温度范围大为扩展。由于没有活动部件，抗振动和抗冲击的能力很强，可用于井下恶劣的工作环境，特别适合长期在高温环境中使用，因此它具有金属电阻一体化结构、尺寸小、耐腐蚀、抗振动、温漂低、测量精度高等优点。为测量钻柱内压力和井底环空压力两个参数：将一个压力传感器安装在井下工程参数测量仪测试主轴上同环空钻井液相接触，以测量井下环空压力。另一个压力传感器也安装在测试主轴上，但同钻具内钻井液相接触，以测量井下管柱内的压力。测量井下环空压力、钻柱内压力的测量传感器各自组成一个电桥，共两个电桥，连接线路经过线密封套进入电子线路芯，经七芯接头与泥浆脉冲工具的主体相连接。

表 5-5　CYB-15S 型压力传感器产品规格

项目	规格参数
被测介质	气体，液体
供电电源	5～15V（DC）
量程	0～150MPa
输出	1.5～1.8mV/V
非线性、滞后、重复性	±0.1%FS、±0.25%FS、±0.5%FS
温度对灵敏度影响	±0.02%FS/℃
温度对零点影响	±0.01%FS/℃
输出阻抗	3±0.5KΩ
温度范围	−40～125℃、−40～150℃、−40～175℃
绝缘电阻	≥1000MΩ
连接方式	M10×1 双 O 圈密封
允许过负荷	120%FS
相对湿度	0%～90%RH
接液材料	膜片 17-4PH；过程连接 1Cr18Ni9Ti

2. 温度测量原理

井下温度传感器主要包括分布式光纤温度传感器和铠装热电阻，其中铠装热电阻的直径小、易弯曲、抗震性好，适宜安装在装配式热电阻无法安装的场合，采用引进热电阻测温元件，具有精确、灵敏、热响应时间快、质量稳定、使用寿命长等优点。铠装热电阻外保护套采用不锈钢，内充满高密度氧化物质绝缘体，因此，铠装热电阻具有很强的抗污染性能和机械强度，适合安装在环境恶劣的场合。铠装热电阻可用于测量–200～600℃的温度，可直接用铜导线和二次仪表连接使用，由于铠装热电阻具有良好的电输出特性，可为显示仪表、记录仪、调节仪、扫描器、数据记录仪以及电脑提供精确的温度变化信号。但是铠装热电阻传感器输出的不是线性电压信号，需要搭建专门的信号调理，功耗较大，不适合于井下温度信号的随钻检测。为此，考虑到井下测试环境及功耗等方面的需求，经过选型研究，选用 LM35 新型低功耗温度检测芯片测量温度，LM35 新型低功耗温度检测芯片是 National Semiconductor 生产的，其输出电压与摄氏温标呈线性关系，转换公式如下：

$$V_{\text{out\_LM35}}(T) = 10\text{mV}/\,℃ \times T\ ℃ \tag{5-57}$$

因此，在温度为 0℃时 LM35 温度传感器输出为 0V，温度每升高 1℃，输出电压增加 10mV。LM35 有多种不同封装形式，主要有 TO-46 金属罐形封装引脚、TO-92 封装引脚、SO-8 IC 封装引脚、TO-220 塑料封装引脚四种类型。经过选型研究，选择 LM35 TO-92 温度传感器，其芯片关键部位主要尺寸为宽 5.2mm、窄 4.19mm、高 5.2mm，管脚尺寸长 14.2mm，该尺寸是新型井下温度传感器设计的依据。LM35 规格参数见表 5-6，LM35 温度传感器的输出精度-温度关系曲线如图 5-19 所示。由于 LM35 可用来测量 150℃以下温度，该传感器在 0～125℃的最大误差为 ±1.5℃，能够满足设计 125℃的需求。

表 5-6　LM35 温度传感器规格参数

项目	规格参数
工作电压	直流 4～30V
工作电流	小于 133μA
输出电压	+6V～−1.0V
输出阻抗	1mA 负载时 0.1Ω
测量精度	0.5℃精度（在+25℃时）
漏泄电流	小于 60μA
比例因数	线性+10.0mV/℃
非线性值	±1/4℃
校准方式	直接用摄氏温度校准
封装方式	密封 TO-46、塑料 TO-92、贴片 SO-8 和 TO-220
使用范围	−35～150℃额定范围

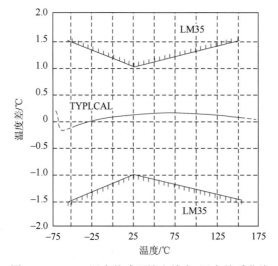

图 5-19　LM35 温度传感器输出精度-温度关系曲线

前述主要是选择了 LM35 温度传感芯片，为满足井下测试安装需求，设计出一种快速响应温度传感器。该温度传感器包括耐腐蚀不锈钢外壳、新型低功耗温度检测芯片、高导热系数导热硅脂、热缩套管、高温银导线和耐高温密封胶。该传感器一端可以通过螺纹固定在井下仪器上，外壳上开有密封槽用于密封。其特征是传感器外壳为圆柱状，外壳直径为 15mm，外壳中心孔直径为 5～8mm，长度为 50～80mm。用 3 种颜色高温银导线分别接在新型低功耗温度检测芯片引脚上，并在引脚焊接处套上热缩套管起到绝缘作用。在温度检测芯片表面涂抹适量的高导热系数导热硅脂后装入不锈钢外壳最里端，再从中心孔注入高导热系数导热硅脂，直到温度检测芯片周围充满高导热性系数的导热硅脂。最后从中心孔注入耐高温密封胶，直到填满中心孔，放置在通风处固化。按照上述设计方案，进行井下温度传感器样品试制，得到的样品如图 5-20 所示。温度检测芯片的引脚上间隔焊接有三根套设有绝缘热缩套管的高温银导线，这三种颜色的高温银导线分别为电源正、电源负（地）、信号输出，其中红色导线为电源正线、黄色导线为电源地线、绿色导线为信号输出线。

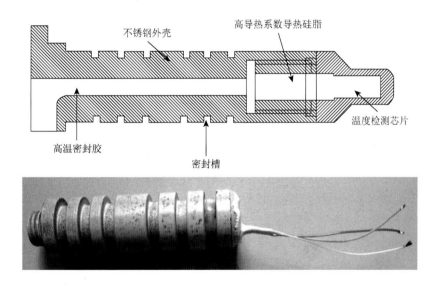

图 5-20　温度传感器样品

该传感器与其他井下温度传感器相比具有以下优点和创新点：①传感器的输出为电压信号，利于进行数据采集；②传感器输出的电压信号较大，且输出随温度变化呈现线性，温度每增加 1℃，输出增加 10mV；③传感器的功耗很低，工作电流为 50μA；④传感器的供电为单电源供电，供电电压为 4～30V。

3. 传感器标定

1）压力传感器标定

对环空压力、钻柱内压的标定由于无法直接进行内外压试验，为此，采用活塞式压力计进行相关试验。活塞式压力计是一种产生静态标准压力的装置，主要应用于对压力传感器的静态校准。活塞式压力计主要由螺旋压力发生器、测量活塞、砝码、油杯等部分组成（图 5-21）。活塞式压力计各部件用管路连接在一起，工作时关闭油杯的进油阀就形成了一个封闭系统，系统内充有清洁的工作液体（变压器油或蓖麻油），用螺旋压力发生器给工作液体加压即可，顶起测量活塞、托盘和砝码，当稳定在平衡指示线上时，系统中的油压即介质的压力为

$$P = \frac{m + m_0}{F} g \qquad (5-58)$$

式中，P 为介质的压力，Pa；m 为砝码的质量，kg；m_0 为活塞和托盘的质量，kg；F 为活塞的有效面积，m^2。

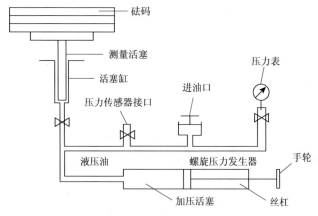

图 5-21　活塞压力计原理

对所选择的 CYB-15S 型压力传感器，首先依据现行 SY/T 6757—2009 行业标准——《井下压力计检定装置校准方法》，在活塞式压力计上对压力传感器测量准确度等级进行检验。检验结果见表 5-7，所检测压力传感器准确度等级为 0.1 [即基本误差＝（最大绝对误差/仪表量程）×100%＝max（仪表指示值–被测量真值）/（测量上限–测量下限）×100%＜0.1%]，因此，所选用的压力传感器能够满足测量精度的需求。

表 5-7　压力传感器检验结果

压力传感器		活塞式压力计		环境压力	
型号：CYB-15S		测量范围：0~100MPa		室内温度：23℃	
量程：0~100MPa		准确度等级：±0.05		相对湿度：50%	
编号：1012831		配套仪表		大气压力：103kPa	
供电：10.000V（DC）		供电电源型号：DH1718D-2		—	
温度：–40~125℃		显示仪表型号：3155A		—	
压力传感器标定数据					
标准压力/MPa		0.00	25.00	50.00	75.00	100.00
正行程 输出/mV	(1)	–0.360	3.428	7.218	11.004	14.780
	(2)	–0.360	3.428	7.218	11.004	14.780
	(3)	–0.360	3.427	7.217	11.003	14.780

续表

压力传感器		活塞式压力计			环境压力	
反行程 输出/mV	（1）	−0.360	3.428	7.218	11.004	14.780
	（2）	−0.360	3.427	7.217	11.003	14.780
	（3）	−0.360	3.428	7.218	11.004	14.780
满量程输出值		$Y_{F.S.}=Y_{max}-Y_{min}=15.1400$				
重复性误差（%F.S）		$S=0.0004$，$\varepsilon_s=0.0089\%$				
回程误差（%F.S）		$\Delta Y_H=0.0000$，$\varepsilon_H=0.0000\%$				
线性误差（%F.S）		$\Delta Y_{LS}=0.0050$，$\varepsilon_L=0.0330\%$				
基本误差（%F.S）		$A=\pm(\varepsilon_s+\varepsilon_H+\varepsilon_L)=\pm0.0419\%$				

　　压力传感器标定试验过程：①将压力传感器安装在活塞压力计连接口上，注意上密封圈；②调节压力计至水平，然后旋转手轮排除油缸内的空气；③用直流稳压电源（YB1713）给压力传感器供电，压力传感器激励电源为 5V（DC），传感器输出端接入八位半（8-1/2）高精度数字万用表；④打开进油阀，旋转手轮使螺杆最长，将液压油吸入油缸内；⑤关闭进油阀，加砝码（分别为 0MPa，1MPa，2MPa，…，60MPa），顺时针旋转手轮，液压油从螺旋压力发生器的油缸内被挤入法兰盘之间的存油腔和活塞缸，待砝码被顶起后，即说明存油腔内的油压与砝码产生的静压相等，万用表输出数据；⑥打开进油阀卸压，卸开传感器；⑦重复步骤③、④、⑤，直至 0～60MPa 标定均完成为止。按上述步骤得到的钻柱内压、环空压力两个传感器的标定结果如图 5-22 所示。由标定结果可知，两个压力传感器在加载后的线性度好，所施加的液压压力与测量电路输出信号是基本线性的，可满足井下压力测量需要。

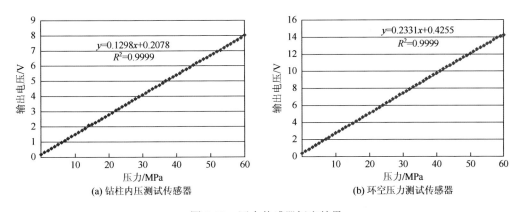

图 5-22　压力传感器标定结果

2）温度传感器标定

　　为了测试温度传感器的响应时间，将温度传感器放入温度恒定的热水浴中，利用秒表对温度传感器测得的温度随时间变化的过程进行记录。通过多次实验，其中一组实验数据如图 5-23 所示。不难看出，自制温度传感器响应速度较快、功耗低，输出为线性电压信号，完全可以满足井下温度测量需要。

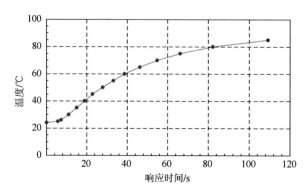

图 5-23　自制新型温度传感器响应时间测试曲线

　　将温度传感器放入温度恒定的热水浴中，利用采集电路板对温度传感器进行标定，通过调整水浴池温度，提供标准的温度，水浴池温度用温度计校正。得到的温度传感器输入输出曲线如图 5-24 所示。由实验可知，温度传感器输入输出呈线性，可满足井下温度测量的需要。

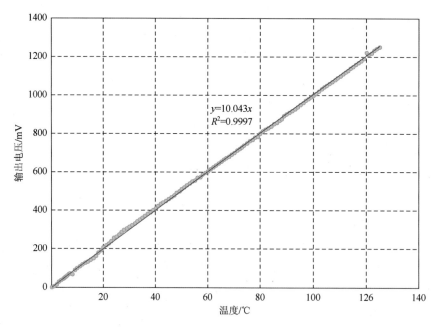

图 5-24　温度传感器标定曲线

5.2.3　基于 PTWD 的井眼工况评价技术

　　深水表层钻进过程中，PTWD 测量工具通过 MWD 实时传输数据，地面处理系统将实测 PTWD 值绘制在趋势模版上，与正常实际参数和水力学计算模型计算出的正常井底压力趋势线进行对比,如果实测压力点落在正常趋势线上,则为正常;若实测井底压力明显降低,而且和侵入液体时的井底压力变化特征相吻合,则可判断为油水侵入;若实测井底压力迅速降低,而且和侵入气体时的井底压力变化特征相符,则可判断为气侵;若实测的井底压力明显增加,则可能存在井壁坍塌情况。因此,根据前述井涌井底环空压力、温度变化规律建立 PTWD 实测数据识别井下异常工况识别准则。所建立的判别准则见表 5-8,评价程序如图 5-25 所示。根据所建立的井眼工况评价流程、评价识别准则,结合建立的溢流、井漏、井眼净化理论模型,可根据 PTWD 实测数据随钻评价井眼工况。

表 5-8　井眼工况评价识别准则

工况	环空压力（ECD）	钻柱内压	环空温度
井涌（气侵）	下降	较小波动	变化
井涌（水侵）	下降	较小波动	变化
井漏	下降	下降	不变
井眼不清洁	升高	升高	不变

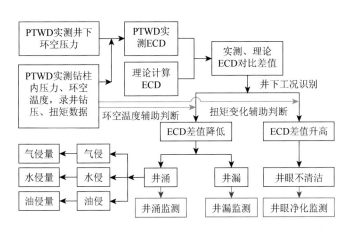

图 5-25　井眼工况评价流程

（1）当地层流体入侵时,由于地层流体一般较泥浆密度低(地层水、原油、天然气)使得井底压力降低,从而降低了当量循环密度;同时由于环空液柱压力变化,钻柱内压力也将发生变化,但变化不是很明显;由于地层流体的侵入使环空温度发生变化,变化的程度视侵入深度、侵入流体量及侵入速度而定。

（2）当井漏发生时,尤其是恶性漏失发生时,井下环空泥浆漏入地层,与常规钻进不同之处在于,环空漏失后,井筒仍然充满液体,只是液体变为海水,这时表现为环空压力大幅度下降,从而使得 ECD 降低;环空压力降低后,钻柱内压力的出口压力降低,导致钻柱内压力略有降低;此时测量的环空温度基本没有什么变化,这也是区别井涌和井漏的重要特征之一。

（3）井眼不清洁时,PTWD 实测 ECD 会呈现明显的升高趋势,这是由于环空流体通道不畅通，导致环空循环摩阻损失增加，导致井底压力升高，从而使 ECD 升高，ECD 升高的程度与井眼类型（直井、定向井、大位移井）有很大关系；由于井底压力升高，环空憋压，导致钻柱内压力升高；由于环空热能交换变化趋势不大，温度没有明显改变；此时地面立管压力会升高，地面扭矩也会升高。

根据所建立的井下复杂工况判别准则，即可以用实际钻进过程中 MWD 上传的 PTWD 实测数据所绘制的井底环空压力曲线和当量钻井液循环密度曲线识别井下各种复杂工况。在此基础上，开发了井眼工况评价软件系统（图 5-26）。

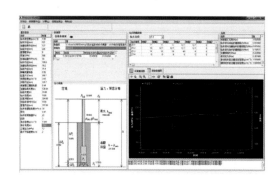

图 5-26　PTWD 监测井眼工况软件系统

5.2.4　现场试验

课题组组织开展了多次下井试验，完成了深水表层钻井随钻环空压力及温度监测装置入井应用试验研究，主要开展的试验内容包括：存储式 PTWD 样机下井试验 1 次，随钻式 PTWD 样机陆地联合调试试验 2 次，随钻式 PTWD 样机海试 1 次，累计 4 次，下井应用试验基本情况见表 5-9。由于试验次数多，数据量较大，此处仅以海洋石油 981 海试为例进行简要介绍。

表 5-9　随钻环空压力及温度监测装置入井应用试验情况统计表

工具号	井号	试验目的	入井时间	起钻时间	工作时长/h	作业井段/m	进尺/m	试验结果	备注
I	GM-2#	存储式 PTWD 样机陆地油田功能测试	2010.11.17. 14：22：00	2010.11.19. 21：40：00	74.1	0.0～168.3	168.3	基本成功	基本达到目的，未测温度
I	JJSY-2#	随钻式 PTWD 样机与 MWD、DKD 联调	2011.09.28. 22：48：00	2011.10.01. 9：09：00	58.3	147～399	252.0	成功	达到目的，数据齐全
I & II	JJSY-2#	随钻式 PTWD 样机与 MWD、DKD 联调	2012.02.20. 01：05：30	2012.02.21. 07：30：00	34.3	153～314	161.0	成功	达到目的，数据齐全
I & II	LW6-1-1PH	随钻式 PTWD 样机与 MWD、DKD 海试	2012.04.27. 02：37：47	2012.04.28. 5：21：27	26.5	1534～1731	200	成功	达到目的，数据齐全

1. 试验情况

试验目的：检验深水表层钻井环空压力及温度监测装置（PTWD）性能的可靠性、稳定性及测量数据的准确性，同时验证 PTWD 与 MWD 连接工作的可靠性；对关键设备泥浆密度动态调节装置、随钻环空压力及温度测量装置和 MWD、钻井液及整个系统进行联合海试试验；开展海洋石油 981 深水钻井平台海试试验，完成国家合同考核内容。

试验时间：2012/4/25～2012/4/30。

试验井位：南海 HYSY981 深水钻井平台 LW6-1-1PH 井。

试验井段：ø406.4mm 井眼 1500.8～1603m。

试验钻进参数：转速 50～60r/min；泵压 3～7MPa；排量 30～40spm；密度 1.03～1.32g/cm³。

试验情况：2012 年 4 月 27 日凌晨开始组合钻具并开展浅层功能测试，连接完成钻具给 PTWD 上电，进行浅层测试。通过测试，PTWD 浅层测试、中途测试、海底测试正常，钻井过程工作也正常，成功完成海试试验。

2. 实测数据分析

钻进过程中 PTWD 实测存储数据曲线如图 5-27 所示，钻进过程中 MWD 上传的实测存储数据曲线如图 5-28 和图 5-29 所示。分析实测数据可知：①在领眼井钻井作业期间，顺利完成钻进进尺 200m；②整体试验顺利，PTWD 能够连续可靠地测量钻柱内压、环空压力和井下温度，并能通过 MWD 实时传输至 DKD 控制系统；③实测数据的记录完整，井下实测数据反映了深水表层钻井的真实工况，说明 PTWD 能够满足深水表层钻井的需要。

LW6-1-1PH 井实测 ECD 曲线如图 5-30 所示。分析实测数据可得出如下结论：①在 LW001PH 领眼井钻井作业期间，钻进进尺 200m，PTWD 从井口测试、中途测试、海底测试及钻进过程中工作情况良好，整体试验顺利，PTWD 能够连续可靠地测量钻柱内压、环空压力和井下温度，存储数据 48112 组，电池使用情况良好（PTWD 在海底低温环境下连续可靠工作 26.5h），并能通过 MWD 实时传输至 DKD 控制系统。②PTWD 实测存储数据与 MWD 上传数据完全吻合，说明 PTWD 的随钻传输功能完善，MWD 上传的 PTWD 实测数据能满足随钻监测井下工况的需求，且实测 ECD 曲线清晰记录了替重浆和替海水过程，采用海水钻进与 DKD 动态压井钻井液钻进过程中的 ECD 差别明显，实测数据与实际情况完全吻合；③通过 PTWD 工程应用软件实时监测分析井下工况，测量数据能够真实反映钻井工况（1531～1631m 井段采用密度为 1.03sg 的海水钻进，钻柱内压 20.67～23.88MPa，环空压力 15.56～16.97MPa，温度 3.23～13.52℃；1632～1731m 井段采用密度为 1.32sg 的动态压井钻井液钻进，钻柱内压 23.23～28.88MPa，环空压力 17.26～18.61MPa，温度 8.53～15.29℃），海底测量温度与 ROV 所测值吻合。④采用 DKD 动态压井液钻井，停止循环时，钻柱内泥浆将在泥浆重力作用下产生自动流动的能量，钻柱内泥浆密度高、钻柱外液体密度低，钻柱内外存在压力差，从而使得下一次开泵时，钻柱内一段空间内有被掏空的现象发生，这将影响 PTWD 与 MWD 正常工作，再次开泵等到 MWD 检测开泵再继续循环就解决了此问题。HYSY981 海试试验取得圆满成功，所研制的 PTWD 在 LW001PH 井成功应用，探明了

LW6-0-0 井浅层地质灾害，指导了 HYSY981 顺利钻井 LW6-0-0 井的作业。

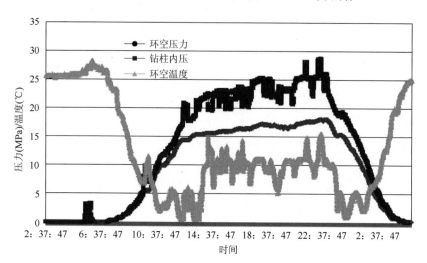

图 5-27 1530～1731m 钻进期间 PTWD 存储数据曲线

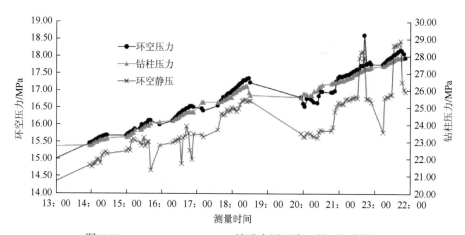

图 5-28 PTWD1530～1731m 钻进实测压力-时间关系曲线

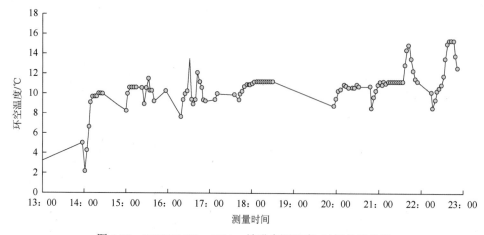

图 5-29 PTWD1530～1731m 钻进实测温度-时间关系曲线

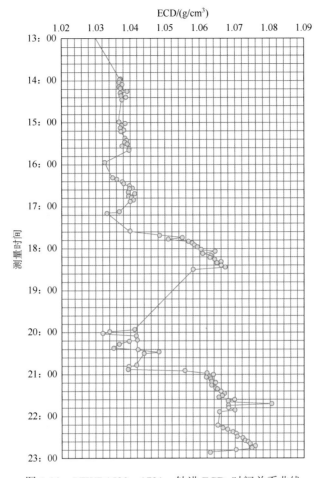

图 5-30　PTWD1530～1731m 钻进 ECD-时间关系曲线

5.3　井下钻压扭矩测试技术及应用

随着电子测量技术的发展,使得钻井工程参数的测量由地面测量逐渐转为井下随钻测量成为可能,这对提高测量数据的真实性和实用性具有重大意义（马天寿等,2011）。井下随钻测量得到的钻井井下工程参数,由于是近钻头实测数据,其测量精度较地面测量精度高,能够更加真实地反映近钻头部位的实际工况。在调研了国内外研究现状的基础上,设计出一种可随钻测量井下工程参数的测量仪。该测量仪将传感器装在近钻头部位的钻铤上,通过安放井下电源、数据采集电路,用两个应变电桥来测量钻压、扭矩,用四个应变电桥来测量钻柱内弯矩,用两个压力传感器测量钻柱内外压力,并用计时器标记数据的时间顺序。该测量仪可测量井下钻压、扭矩、钻柱弯矩、钻柱内液柱压力及井下环空压力等参数,采集到的数据可直接储存在井下存储器中,也可通过 MWD 实时传输到地面（胡泽等,2007）。该测量仪也可配合旋转导向钻井系统,完成三维井眼轨迹的实时控制,其配套使用可大大提高井眼轨迹控制的精度和水平。该测量仪已开始用于监测和分析长水平段水平井钻柱摩阻扭矩、水平井托压等。本节主要介绍该测量仪的测量原理、结构、标定技术及现场试验等内容。

5.3.1　井下钻压、扭矩测试仪器结构设计

钻井工程参数测量系统传感器关键部分的结构如图 5-31 所示，主要包括：安装在弹性元件（钻铤短节）上的电子舱内部用于测量钻压、扭矩和侧向力的应变电桥，安装在弹性元件内部的探管，内部探管安装在端盖和 MWD 连接头中间，引线销用于连接电子腔和内部探管，在弹性元件上还安装了电源开关，在内部探管与弹性元件之间的环形空间为钻井液流动提供通道（Ma and Chen，2015）。钻井工程参数测量系统的主要参数见表 5-10。

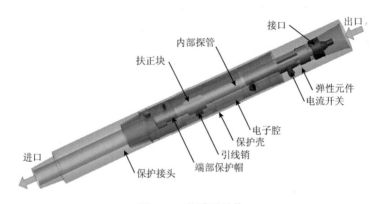

图 5-31　传感器结构

表 5-10　传感器性能指标

基本工作条件指标				基本测量参数范围及精度		
项目	指标	项目	指标	测量参数	范围	精度
适用钻头尺寸	215.9～311.1mm	最高工作时长	150h	钻压	0～250kN	5.0%
工具外径	177.8mm	最大工作振动	200m/s²			
工具长度	1656mm	最大工作冲击	10000m/s²	扭矩	0～8kN·m	5.0%
接头类型	NC56	最大工作钻压	250kN			
扣型	411×410	最大工作拉力	500kN	侧向力	0～50kN	10.0%
最高工作温度	125℃	最大工作扭矩	10kN·m			
设计工作井深	3000m	低频采样频率	1Hz	环空压力和钻柱内压力	0～60MPa	5.0%
最高工作压力	60MPa	高频采样频率	16Hz			

5.3.2　井下钻压、扭矩测试原理

1. 钻压测试原理

钻压测量常常会受到弯曲应力、温度等因素的影响，由于应变片本身不能分辨应变值

的成分，要通过优选合理的布片方式、布片方位等措施来消除弯曲应力、温度等因素的影响。依据应变测量技术，在空心圆轴上粘贴应变片测量轴向载荷的布片方案有半桥二应变片、半桥四应变片、半桥多应变片、全桥四应变片、全桥八应变片、全桥十六应变片等，综合考虑，选用全桥八应变片（其阻值相等）方案来测量钻压，应变片粘贴方式和位置及组桥方案如图 5-32 所示（图示应变片布片是沿图 5-32a 所示 0°方向展开后的效果图），在空心圆轴的纵向上均匀间隔 90°的 4 个方向上安装 4 个应变片（应变片编号 1、3、5、7），在其正下方安装 4 个横向补偿应变片（应变片编号 2、4、6、8），组桥采用全桥接法，组成的 4 个桥臂分别为 R_{15}、R_{26}、R_{37}、R_{48}（其中 R_{15}、R_{37} 为相对桥臂），在外力作用下，应变片在各测点处，随同测量短节一起变形，变形后引起应变片变形，应变片电阻发生变化，使得电桥输出信号发生变化，从而可测量钻井工况下的钻铤轴向变形，通过应力应变关系可知钻铤所受轴力值（Ma and Chen，2015）。

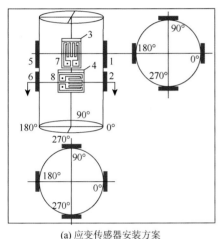

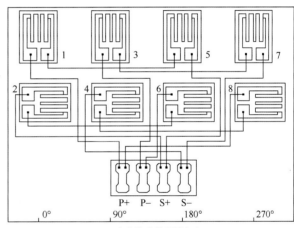

(a) 应变传感器安装方案　　　　　　　　(b) 应变传感器组桥方案

图 5-32　钻压测量传感器方案

全桥八应变片方案桥臂系数为

$$k = \frac{1}{\varepsilon}(\varepsilon_{15} - \varepsilon_{26} + \varepsilon_{37} - \varepsilon_{48}) = \frac{1}{\varepsilon}[\varepsilon - (-\nu\varepsilon) + \varepsilon - (-\nu\varepsilon)] = 2(1+\nu) \tag{5-59}$$

弹性元件上的真实应变 ε 和测量到的指示应变 ε_{cWOB} 之间的关系为

$$\varepsilon = \frac{\varepsilon_{cWOB}}{k} = \frac{\varepsilon_{cWOB}}{2(1+\nu)} \tag{5-60}$$

根据轴向拉（压）的应力应变关系，弹性元件上轴向力计算公式为

$$F_a = \sigma A = \varepsilon EA = \frac{\varepsilon_{cWOB}}{k} EA = \frac{\varepsilon_{cWOB}}{2(1+\nu)} EA \tag{5-61}$$

根据所测得的轴向力的大小，就可得到钻压。

式中，F_a 为轴向力，N；k 为桥臂系数，无因次；ε 为真实应变，无因次；ν 为材料的泊松系数，无因次；ε_c 为指示应变，无因次；A 为弹性元件粘贴应变片截面面积，m²；σ 为弹性元件粘贴应变片截面轴向应力，Pa；E 为弹性元件的弹性模量，Pa。

2. 扭矩测试原理

扭矩测量与钻压测量原理基本类似，采用应变法进行测量，布片方案必须考虑能排除弯曲应力、拉压应力、横向剪切应力的干扰。综合考虑采用全桥八应变片测量方法（图 5-33a），在空心圆轴同一横截面的纵向上均匀间隔 90°的 4 个方向上分别安装 2 个应变片，应变片不是沿着轴线方向安装，而是在与母线相交成 45°的方向安装，应变片 2、4、6、8 与母线成 45°安装，应变片 1、3、5、7 与母线成 135°（−45°）安装。组桥仍然采用全桥接法，组成的 4 个桥臂分别为 R_{15}、R_{26}、R_{37}、R_{48}（其中 R_{15}、R_{37} 为相对桥臂），图 5-33b 为组桥原理示意图，这样可消除拉压应力、弯矩的干扰，还可消除温度对电桥输出的影响（Ma and Chen，2015）。

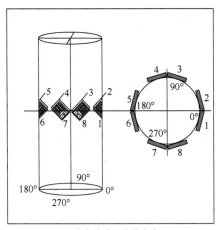
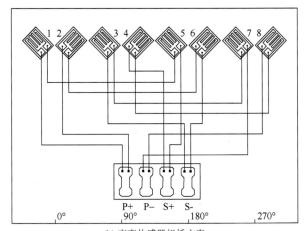

(a) 应变传感器安装方案　　　　　　　　　　(b) 应变传感器组桥方案

图 5-33　扭矩测量传感器方案

全桥八应变片测量扭矩的桥臂系数为

$$k = \frac{1}{\varepsilon}(\varepsilon_{15} - \varepsilon_{26} + \varepsilon_{37} - \varepsilon_{48}) = \frac{1}{\varepsilon}[\varepsilon - (-\varepsilon) + \varepsilon - (-\varepsilon)] = 4 \tag{5-62}$$

由材料力学可知，空心圆轴受扭矩时，沿着表面与母线成 45°角的方向上产生最大应力，其大小与圆环截面上的最大剪切应力相等，它与扭矩有如下关系：

$$\tau_{\max} = \frac{T}{W_\rho} = \frac{16TD}{\pi(D^4 - d^4)} \tag{5-63}$$

因此，根据双向应力状态的胡克定律有

$$\tau_{\max} = \sigma_{\max} = \frac{E}{1 - \mu^2}[\varepsilon + \nu(-\varepsilon)] = \frac{E}{1 + \nu}\varepsilon \tag{5-64}$$

测量得到的指示应变与测量短节真实应变之间关系为

$$\varepsilon = \frac{\varepsilon_{cT}}{k} = \frac{\varepsilon_{cT}}{4} \tag{5-65}$$

将上述公式联立，可得扭矩的计算公式为

$$T = W_\rho \tau_{\max} = \frac{\pi(D^4 - d^4)}{16D} \frac{E}{1+\nu} \frac{\varepsilon_{cT}}{4} \tag{5-66}$$

式中，T 为扭矩，N·m；W_ρ 为粘贴应变片截面模量，m³；$\tau_{\max}$ 为粘贴应变片截面剪切应力，Pa；$\sigma_{\max}$ 为粘贴应变片截面最大主应力，Pa；D 为仪器外径，m；d 为仪器内径，m；ε_{cT} 为指示应变，无因次。

5.3.3　测量仪电气系统及标定

1. 测量仪电气系统

井下工程参数测量仪控制系统总体设计如图 5-34 所示，控制系统由单片机作为控制器件，整个系统包含 7 个模块：①传感器模块：将需测量的钻压、扭矩等物理量转换为电信号，该模块输出的电信号比较微弱；②信号调理模块：将传感器模块输出的电信号放大，调理成电压为 0～5V 的模拟电信号便于 A/D 转换；③单片机控制模块：系统采用 ADI 公司高性能微转换器 AduC8xx，除电源模块和传感器模块，其余模块均由此单片机控制；④数据存储模块：系统使用非易失性的 FLASH 存储器，存储器的容量为 16MByte；⑤数据处理模块：利用 CPU 完成必要的数据处理，如软件滤波、不同制数间的转换及各种定点、浮点数的计算等；⑥数据传输模块：系统用成多机通信的下位机，由上位机发出相应下位机的地址编码信号，下位机接到后再根据要求通过 RS-232C 串口传回上位机所需要的数据；⑦电源模块：由于系统是一个供电电压为 9V、5V 和 3.3V 共存的系统，而且空间小、工作时间长，故采用一组电池供电，DC 电压调理模块变压分流获得所需电压的方案，根据实际情况选用一组高能锂电池为整个系统供电。

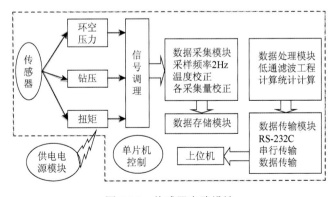

图 5-34　传感器电路设计

2. 测量仪传感器标定

在开展现场试验前必须对测量仪的各传感器和整个电路分别进行标定，以保证系统精度及回放数据有可比性。测量仪共有四路传感器,用于测量钻压、扭矩、侧向力,应变片输出信号太小需要接入电路方可标定。由于测量仪标定十分特殊,主要完成静态标定,研制并开发了专用的钻压、扭矩静态标定装置,钻压、扭矩的标定都是在该标定装置上进行的。

1)钻压标定

钻压标定是在钻压、扭矩标定装置上进行静态标定,由于所加钻压为 0~250kN,故运用杠杆原理和力矩平衡法,杠杆长度 4.0m,杠杆的一端铰接(杠杆绕此铰转动),测量仪安装距离铰 0.2m 处的支点下,在杠杆的另一端施加比较小的集中力便可实现对测量仪施加大钻压。考虑到钻具入井后基本为受压状态,因此仅对轴向受压进行了标定,在轴向压力分别为 0kN、50kN、100kN、150kN、200kN、250kN 时进行了标定,标定结果如图 5-35 所示。由标定结果可知,传感器的线性度非常好,在轴向压力差值为 50kN 情况下,测量仪输出信号平均差值为 0.4658V,理论应变值为 18.125με。在轴向压力加载 50kN 时,测量仪实测值为 47.515kN,误差为 4.97%(<5%),说明钻压测量能够满足精度要求。

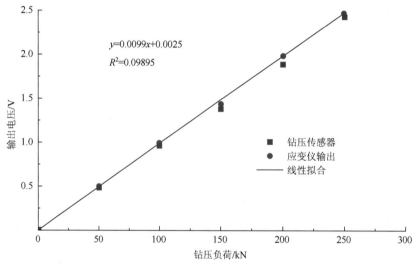

图 5-35 钻压标定

2)扭矩标定

扭矩标定是在钻压、扭矩标定装置上进行扭转试验,由于所加扭矩仍然较大,故同样运用杠杆原理和力矩平衡法,杠杆长度 1.0m,将测量仪固定在标定装置的夹持器上,在测量仪的另一端安装卡盘接头,卡盘接头和与之配合的杠杆安装在一起,即杠杆的固定端原点在测量仪轴线上,杠杆另一端施加载荷后将使杠杆绕测量仪轴线转动,从而实现扭矩的施加。在测试扭矩分别为 0N·m、1467N·m、2831N·m、4243N·m、4628N·m 时进行标定,标定结果如图 5-36 所示。由标定结果可知,传感器的线性度也非常好,在施加测试扭矩为 4243N·m 时的测量误差最大为 5.42%(接近 5%),说明扭矩测量基本能够满足精度要求。

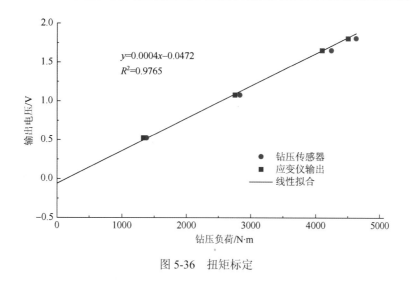

图 5-36　扭矩标定

3. 测量仪与 MWD 连接设计

随钻测量技术的关键之一就是信号的传输。信号传输按讯号传输通道分类，可将 MWD 系统分为两大类：有线随钻传输系统和无线随钻传输系统。根据随钻测量仪器的研究现状，结合研究的实际情况（旋转导向工程化技术中 MWD 系统采用的是 ZT-MWD），工程参数测量仪与 MWD 系统通讯连接也采用中天启明成熟的泥浆正脉冲无线随钻测量系统（ZT-MWD 无线随钻测量系统）。与测量仪连接与配套的 MWD 系统组成如图 5-37 所示，系统主要由两部分组成：井下部分和地面部分。其中，地面部分主要以中天启明成熟的泥浆正脉冲无线随钻测量系统相关配套设备为主，完成与测量仪监测装置连接与配套需要对地面处理系统进行适当修改，以适应测量仪上传数据的接收；井下部分除探管与测量仪的连接方式外其余技术均采用成熟技术。

系统运行原理：测量仪在井下测量钻压、扭矩、钻柱内压、环空压力、弯矩参数，实测数据传给 MWD 探管，MWD 探管接收数据进行编码后，通过脉冲发生器向地面立管压力传感器发送泥浆脉冲，压力传感器检测立管压力信号并将其通过电缆、安全箱、接口箱传给地面处理系统，地面处理系统将泥浆脉冲编码还原为井下测量仪实际上传的数据，即达到数据上传的目的。

5.3.4　井下工程参数测量仪应用

井下工程参数测量仪样机研制完成后，在四川地区进行了多次现场试验，并取得成功，验证了测量仪的强度、可靠性和设计合理性，相关实验情况统计见表 5-11。

1. 试验情况

试验井是二开二完直井，套管程序：Φ339.7mm×30m+Φ244.5mm×560m+Φ177.8mm×2670m。试验阶段泵压 11.2～14.6MPa，排量 27.47～29.66L/s，钻井液密度 1.25～1.60g/cm³，转速 98～108r/min。测量仪完整地进行了一趟钻的试验，在井下连续工作 156.33h，由

表5-11 井下工程参数测量仪现场试验情况统计表

序号	工具号	日期	地点	井号	井型及钻井方式	试验目的	入井时间	起钻时间	作业井段/m	进尺/m	起钻原因
1	I-1	2008/11/23	四川省罗江县	WX5	常规直井	检验仪器入井工作情况	2008/11/23 07：05	2008/11/23 17：00	998.72~1017.00	18.28	发现气层起钻换钻具取心
2	I-2	2008/11/29	四川省罗江县	WX5	常规直井	调整放大倍数后下井检验	2008/11/29 12：20	2008/12/06 00：30	1685.29~2509.00	823.71	二开完钻起钻固件
3	I-1	2009/05/15	四川省仪陇县	LG162	直井空钻	检验仪器空钻工作情况	2009/05/15 20：19	2009/05/19 04：30	318.00~1556.00	1238.00	起钻更换钻头
4	II-1	2010/02/23	四川省德阳市	X21-4H	常规水平井	检验仪器II型样机工作情况	2010/02/23 12：10	2010/03/05 08：20	2770.00~3410.00	640.00	起钻更换钻头
5	II-2	2010/08/05	四川省德阳市	XC26	直井欠平衡	检验仪器II型样机工作情况	2010/08/05 04：34	2010/08/09 02：49	806.00~1044.97	238.97	钻速过低起钻换钻头
6	II-1	2011/07/31	天津市塘沽区	JJSY-4	常规定向井	II型样机与MWD联调试验	2011/07/31 12：40	2011/07/31 23：50	525.00~528.50	3.50	MWD无信号
7	II-1	2011/08/02	天津市塘沽区	JJSY-4	常规定向井	II型样机与MWD联调试验	2011/08/02 09：50	2011/08/02 22：00	528.25~558.83	30.58	试验完成
8	III-1	2011/08/03	天津市塘沽区	JJSY-4	常规定向井	III型样机与MWD联调试验	2011/08/03 09：55	2011/08/05 01：11	598.00~743.00	145.00	试验完成
9	II-1	2012/04/22	甘肃省华池县	H43-33-1	常规定向井	II型样机、MWD、旋转导向联调试验	2012/04/22 16：45	2012/04/23 06：21	525.83~630.60	104.80	试验完成
10	III-1	2012/05/28	四川省德阳市	SF6-1HF	常规水平定向段	III型样机、MWD、旋转导向联调试验	2012/05/28 13：00	2012/05/29 00：40	1580.30~1626.08	45.80	试验完成

于电路板设置了断电程序，测量仪有效测量时间为 36.6h，钻进 1686.35～2528.24m 井段，进尺 841.89m。测量仪取出后，外观一切正常，将保护壳拆开，确认硬件和软件均能正常工作。

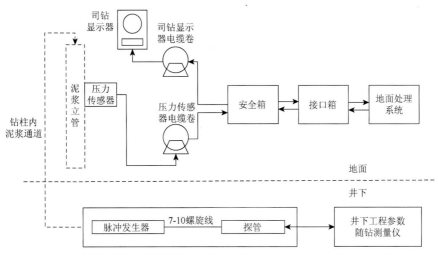

图 5-37　测量仪与 MWD 系统组成

2. 实测数据分析

图 5-38 和图 5-39 是根据试验数据绘制的 1686.35～1761.79m 井段实测轴向力、扭矩、

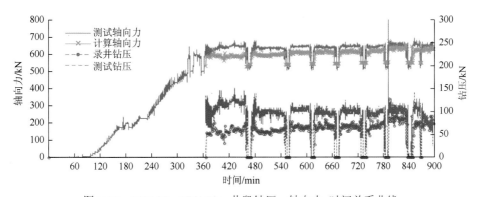

图 5-38　1686.35～1761.79m 井段钻压、轴向力-时间关系曲线

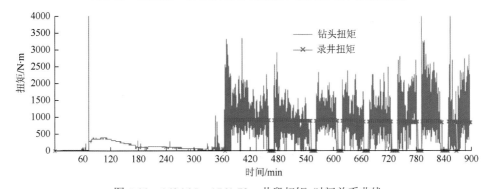

图 5-39　1686.35～1761.79m 井段扭矩-时间关系曲线

侧向力及相应时间内录井钻压、扭矩数据曲线。从图中能明显地看到上扣、下钻、划眼、钻进、接单根等工况下的钻柱轴向力、扭矩、侧向力及其变化情况。

（1）实测的钻柱轴向力大于录井钻压计算出的轴向力，实测轴向力为 450～750kN，录井计算轴向力为 450～650kN；实测钻压大于录井钻压，实测钻压为 80～110kN，录井钻压为 40～90kN。由于录井得到的钻压是通过井口悬重计算而来，而钻进过程中钻柱与井壁作用复杂，录井得到的钻压不能排除钻柱与井壁作用的影响。

（2）实测井下近钻头扭矩数据与录井扭矩比较接近，实测扭矩中值为 950N·m（即钻头处的扭矩），录井扭矩中值为 830N·m（即井口扭矩）。但实测井下近钻头扭矩数据波动范围较大，而井口扭矩一直比较平稳，这说明测量仪扭矩测量灵敏度高，能够更真实地反映井下情况，井口扭矩只能在一些特殊情况下才能反映井下情况。

（3）在 0min 测量仪通电，由于测量仪在井场待用钻具摆放场地通电，通电后测量仪上没有施加载荷，故轴向力、扭矩和侧向力数据均为零。

（4）在 56～86min 将测量仪接到下部钻具组合上。测量仪轴向没有施加载荷，故测得的轴向载荷仍然基本为零，但也有个别非零点（10kN 左右），这是由于上扣时将仪器放入小鼠洞用大钳施加扭矩造成轴向拉压造成的；由于安装时需要上扣，故扭矩突然增加并超过量程，此时与上扣工况非常吻合；由于上扣时将仪器放入小鼠洞用大钳施加扭矩，测量仪在小鼠洞内的部分受约束，受弯曲力作用，因此上扣时侧向力较大，达到 400N 左右。

（5）在 169～198min、317～356min 和 867～878min 都在进行划眼作业，均是下钻遇阻造成的；317min 时下钻遇阻，此时钻头位置在 1580m 处，根据钻后实测井斜数据该处的井斜角较大（2.2598°），故此时由于遇阻使得一部分钻柱重量作用于钻头上，且钻柱与井壁相互作用，使得实际测到的轴向力出现了突变，且波动较大；侧向力也较大；而由于钻头没有吃入井底岩石，钻头处的扭矩相对较小。

（6）86～169min、198～317min 和 356～368min 这三个时段均为下钻时间，下钻时轴向力随着井深的增加逐渐增加，而扭矩和侧向力基本保持为零，但是随着钻柱的下入，钻头侧向力逐步增加，这可能是由于下部井眼不规则造成下部钻具组合发生弯曲，从而在测量仪实测数据中反映为钻头侧向力增大。

（7）在 368min 时钻头下至井底并加钻压开始钻进。图 5-38 中实测钻柱轴向力和通过录井钻压、泥浆密度、井深和钻具组合计算的轴向力基本上接近，其误差比较小，说明测量仪测量的数据能够满足工程需要。

（8）在 451min、552min、604min、665min、718min、775min、829min 时进行接单根作业。停钻并上提钻柱，钻柱轴向力降到 450kN 左右，这是因为钻具受到泥浆的浮力；扭矩降低为零；侧向力在接单根时波动很小，基本在 50N 左右，由于钻柱上提和停钻使得井底钻具组合受力情况发生变化。

（9）在 793min 时，钻压、轴向力和扭矩发生突变，钻压突增为 200kN，轴向力突增为 700kN 左右，扭矩突增为 3000N·m。由于出现溜钻，可能钻进过程中送钻不均（或失控）使钻柱下滑，出现瞬时过大钻压。

3. 动力学分析与应用

测量仪所测得的井下钻压、扭矩数据也可以用于分析井下钻柱振动情况，图 5-40 为某单根钻进过程中的钻压、扭矩曲线。可以看出：①钻压、扭矩数据呈现出规律性的波动，轴向力的波动可以比较清晰地反映出钻压的变化情况；井下实测扭矩和轴向力曲线呈现出明显的周期变化，其变化周期大致为 0.125～0.167s，即频率为 6～8Hz，钻压、扭矩的变化频率一致，且钻压、扭矩的变化倾向也一致。说明测量仪清楚地记录了纵向振动和扭转振动情况下的钻柱轴向力、扭矩力学参数，在地层和钻头一定的情况下，钻压是影响扭矩的主要因素之一。钻压（轴向力）增加，扭矩也相应增加，这是由于钻压增加，钻头牙齿

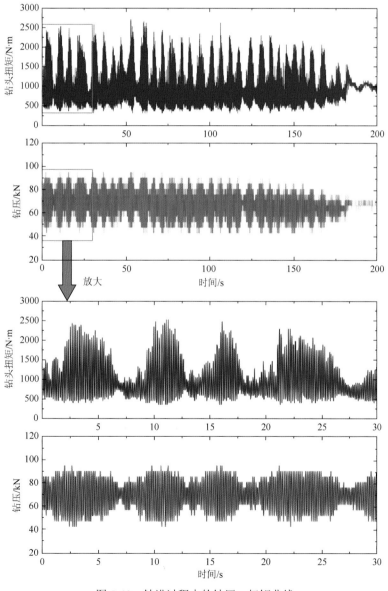

图 5-40　钻进过程中的钻压、扭矩曲线

吃入深度增加，使扭矩增加。②轴向力中值为 730kN 左右，轴向力波动幅度为 30kN，此时的钻压为 60kN，则钻压波动幅度为中值钻压的 ±25%～±50%，钻压峰值可达平均钻压的 2～3 倍以上；扭矩中值为 600N·m 左右，扭矩的波动幅度为 ±200N·m，则扭矩的波动幅度为中值扭矩的 ±15%～±45%，扭矩峰值可达平均扭矩的 1.5～2 倍以上。

如图 5-40 所示，钻进过程中的钻压、扭矩曲线也反映了钻柱的振动和冲击，严重的振动及冲击对钻铤、LWD、MWD、PTWD 及钻头等昂贵钻井设备带来的危害尤为突出。钻柱振动和冲击归为三种基本形式：轴向（纵向）振动和冲击、横向振动和冲击、周向（扭转）振动，其中黏滑、涡动及冲击是重点研究对象。钻柱横向冲击不仅对钻柱自身伤害大，而且会对井筒质量造成严重伤害。根据实验数据反映的特征建立了钻柱振动和冲击的控制程序（图 5-41）。目前已形成多种钻柱振动和冲击控制措施，按照其控制原理和控制工程领域知识可分为被动控制、主动控制和半主动控制。以被动控制方法为主，主动和半主动控制方法为辅。另外，由于钻柱振动信号传输的复杂性和信号的衰减，造成井口监测到的信号并不能完全反映井底的振动情况，所以通过井底近钻头处安装随钻工程参数测量短节，实时记录和传输井下信号，综合分析钻柱和钻井参数等制定了钻柱振动和冲击控制程序，基

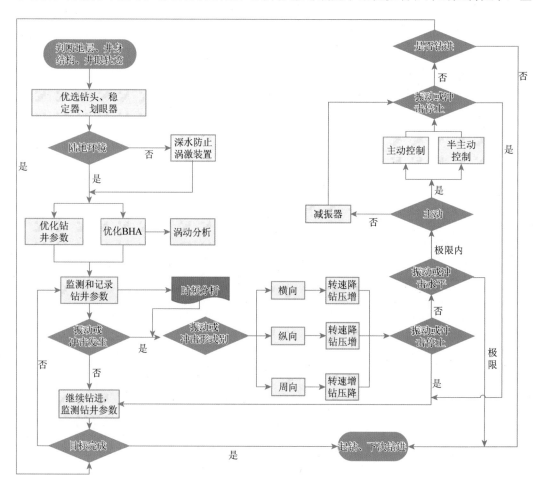

图 5-41　钻柱振动和冲击控制分析程序（董广建等，2016）

于井下随钻工程参数测量仪和多种控制方法,该分析程序可为现场工程师处理钻柱振动和冲击提供指导,最终实现"无害化钻井"。

5.4　井下微流量随钻测试与控制技术

在地面微流量 MFC(Micro Flow Control)技术的基础上,首次提出了井下微流量钻井 DMFCD(Downhole Micro Flow Control Drilling)技术,将常规 MFC 流量测量点安装于井下近钻头位置,能够更加及时、准确的监测到溢流的发生,尤其是对水平井等特殊轨迹井,同时研制了配套的井下微流量测量装置并成功下井实验 2 次。下面简要介绍井下微流量随钻测试与控制技术所取得的成果。

5.4.1　井下微流量控制钻井系统

1. 井下微流量控制钻井系统组成

井下微流量控制钻井技术是在现有地面微流量控制钻井技术基础上提出的,是以井下环空流量为主要控制对象的新的控压钻井方法。该技术的核心是通过实时监测钻井过程中井下环空流量的变化,并把相关数据通过 MWD 及时传输到地面,结合地面其他钻井参数进行分析处理,判断井下发生的各种复杂情况,借以指导下一步钻井操作。井下微流量控制系统主要由井下流量测量及信号传输系统、地面参数测量及数据采集系统、专用地面节流管汇和中央控制系统组成(图 5-42)。井下环空流量测量短节及地面参数(包括进、出口流量,井口回压,井口温度等)测量传感器组是该钻井系统的关键组成部分,所采集数据的准确性和可靠性是决定整个钻井作业成败的前提;中央控制系统主要负责对所采集的各路信号进行处理及分析,并给出下一步应该采取的措施;专用节流管汇是钻井液循环管道的地面主体组成部分,上面安装有 2 个可控电动节流阀,一个正常工作,一个作为备用,随时按照中央控制系统发送的控制信号调节阀门开度,保证井环空压力剖面在安全密度窗口以内。

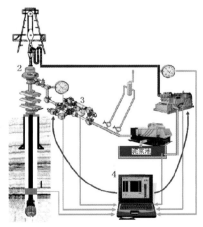

1.井下流量测量短节;2.旋转控制头图;3.专用节流管汇;4.中央控制系统

图 5-42　井下微流量控制钻具系统组成(石磊等,2011)

2. 井下微流量控制钻井的优势

相比地面微流量控制钻井技术，井下微流量控制钻井技术的优势在于能够通过实时监测井下环空流量的微小变化，更加及时、准确地判断如溢流、井漏等井下复杂情况，更好地控制井筒压力剖面，从而保证钻井作业的快速、安全、顺利进行（石磊等，2010）。

（1）能够大幅度提高溢流/漏失的监测能力。井下环空流量测量短节的测量精度很高，较大的溢流或井漏能够立即发现并采取措施进行控制，较小的溢流或井漏则可以通过对出口钻井液流量变化的实时监测及时发现，从而把总溢流或漏失量控制在很小的范围内，降低钻井风险，节约钻井成本。

（2）能够更准确地确定地层孔隙压力和破裂压力。目前地面微流量控制钻井技术能够在钻井过程中直接测试真实地层孔隙压力和破裂压力，具体实施方法是：如果井内条件允许，在钻完某一井段时，通过调节井口节流阀来增加井底压力，直到监测到一个微流出量的发生，这相当于在没有影响到正常钻井作业的情况下做了一次漏失测试。与之相反，如果监测到一个微流入量，则可以确定该裸眼段的地层孔隙压力。目前该方法中流量变化的监测是通过井口质量流量计实现的，受环空流体（特别是气体）弹性的影响，无法精确确定破裂压力或孔隙压力，把井下流量测量装置应用于该方法，则可以大幅度提高测试精度。

（3）更加有效地减少所下套管数量，大幅降低钻井成本。控压钻井的一大特点在于通过精确控制环空压力剖面来扩展有效安全密度窗口，最大限度地增加可钻开裸眼段的长度，从而减少所下套管层数及相关作业所需时间，大幅降低钻井成本，其原理如图 5-43 所示。

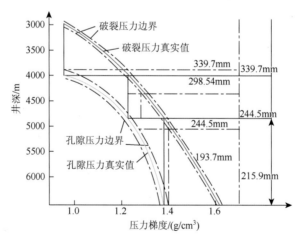

图 5-43　控压钻井下的压力控制与套管设计

（4）利用实测井下环空流量数据，可以改进环空压力场的数值计算方法，优化现有多相流计算模型和公式，提高计算精度，为地面控制措施提供更精确的指导数据。目前现场应用的控压钻井施工，均是随钻测量井底压力数据，并根据实测数据控制井底压力值。但由于无法得到井下环空流量数据，所以无法根据公式准确计算出地层压力，使得控压目的性不强；而现有的环空压力场计算理论也是以假设地层压力值为已知量来进行计算的，一旦地层压力预测不准确，就会导致控压钻井达不到预期效果。因此，实测井下环空流量数据为实现精确控压提供了保证。

（5）由于测量短节采用压差法进行环空流量测量，需要测量节流元件两端的绝对压力值，并根据两者压差来计算流量，因此其中任一压力测量值还可反映实时井底压力的大小，等效于 APWD 的功能，为井筒流量、压力的控制提供了另一可靠的参考数据，这也增加了测量短节的应用价值。

5.4.2　井下微流量测量装置及其测量原理

1. 测量原理

微流量测量短节的设计思路是以稳定器结构为基础，考虑钻井液和岩屑能够有效通过，采用节流压差原理进行井下环空流量测量，其测量原理如图 5-44 所示。在离钻头一根钻铤（约 9m）的位置安装微流量测量短节，在一定位置处安装前端（离钻头较近位置）压力传感器 A 和后端压力传感器 B。钻井液循环时，A 与 B 传感器的读数分别为两测点位置处的环空压力，二者读数存在一个差值，这个差值就是节流短节节流作用所引起的压差，根据这个压差可推算出环空钻井液实时上返流量的大小；再将钻井液环空上返流量与入口流量进行比较，两者的差值反映了井底流量变化情况。测量短节与 MWD 连接，可以将井下数据实时传输至地面，实现井下溢流的实时监测，便于及时采取相应措施。

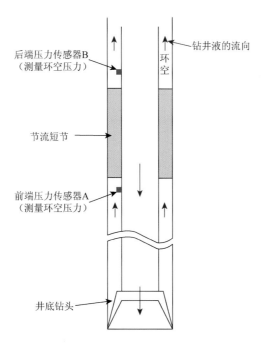

图 5-44　井下微流量测量装置的测量原理（屈俊波等，2012）

根据流体力学原理，A 与 B 传感器的压差与钻井液环空流速（或流量）之间的理论计算关系式为

$$\Delta p = p_A - p_B = \rho_m g(h_f + h_j) = \rho_m g\left\{ \lambda \frac{L}{d}\frac{[v_1(Q)]^2}{2g} + \frac{[v_1(Q)]^2 - [v_2(Q)]^2}{2g} \right\} \tag{5-67}$$

式中，Δp 为节流短节两端压差，Pa；p_A、p_B 分别为节流短节前端和后端实测压力，Pa；L 为节流短节长度，m；d 为节流短节当量直径，m；Q 为环空流量，L/s；$v_1(Q)$、$v_2(Q)$ 分别为节流元件处和测量装置主体处的环空流速，m/s；ρ_m 为钻井液密度，kg/cm^3；g 为重力加速度，m/s^2；λ 为沿程摩阻损失系数，层流 $\lambda = 96/\mathrm{Re}$，紊流 $\lambda = 0.015 \sim 0.024$。

2. 环空节流装置方案设计

如图 5-45 所示，工具整体由标准钻杆螺纹连接到上部钻具，并由引导头将多芯接头与上部钻具的连接头接合，从而接通信号传输通道。工具安装于近钻头处，在下钻前打开仪器侧面的电源开关，此时仪器开始工作。在钻井过程中，泵入的循环流体从短节内孔流道向下流动，并沿节流元件与井壁所形成的通道按一定速度上返，当循环流体在上返过程中经过节流短节时，在节流件两端产生一定的压差，安装在节流短节两端的压力传感器分别测量所在点的压力值，并通过压力传感器，实现被测压力信号由非电量到电信号的转换。由于压力传感器输出信号微弱，需要通过信号调理模块进行信号放大滤波，放大后的信号送入仪器内置芯片的微处理器进行 A/D 转换，将得到的数字量送到数据存储模块，并与上位机（地面接收终端）之间通过 MWD 进行数据通信，将所测得的数据传回地面进行分析处理，得到井下环空流量的变化情况。并将所测得的数据应用测得的压差值，结合相应的算法即可计算出每个瞬时的环空上返流体的流量。在正常工况下，环空上返流量趋于稳定，所以流体通过节流元件所产生的压差也保持不变；当发生溢流或井漏等异常情况时，环空上返流体的流量发生变化，这个变化会反映到节流件两端压差的变化上，通过 MWD 传送的数据，在地面上也可以同时检测到压力的变化情况，根据压力的变化就可以判断井下溢流或井漏等复杂情况，并及时采取相应措施进行井控。

根据大量的理论研究，结合现场应用的需要，设计出稳定器结构的节流元件，其结构示意图如图 5-46a 所示。考虑到实际钻井情况需要，将稳定器结构设计为多段，这种情况下设计成的环空节流装置方案如图 5-46b 所示。

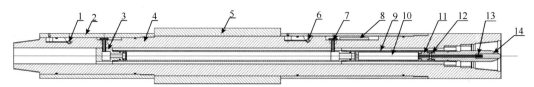

1. 压力传感器A；2. 保护外壳；3. 中心管堵头；4. 主体；5. 节流元件；6. 压力传感器B；7. 引线孔；
8. 电路板；9. 中心管；10. 电池；11. 电器接头；12. 哈弗连接头；13. 多芯接头；14. 引导头

图 5-45　井下流量测量装置结构图

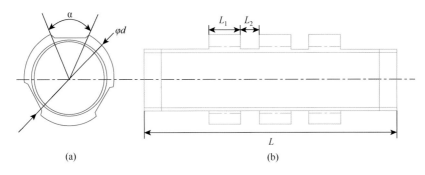

图 5-46　节流元件结构示意图（Ge et al.，2014）

3. 井下微流量测量装置电路设计

由于井下测量环境恶劣，为了提高测量电路系统的可靠性，设计采用可靠性更高的双系统。要实现微流量测试双系统，必须根据微流量测试系统的特性确定冗余方式，使得不同的冗余方式得到合理的应用。其中，硬件冗余适用于各方面，但硬件冗余量增加，会降低系统可靠度，增加成本；时间冗余常用于程序比较固定的地方；信息冗余技术的优点是系统增加的冗余度比别的冗余方法低，工作效率高，广泛应用在逻辑域中；软件冗余技术成本较高，只有优点超过硬件冗余时才使用。无论是硬件冗余、信息冗余、时间冗余，还是软件冗余，相互之间并不排斥，在微流量测试双系统方案的设计过程中，需要综合应用这四种冗余技术。但是需要注意的是，由于设计的微流量测试系统是通过电池供电，在满足所需要的可靠性的前提下，应该尽量减少电能的消耗，在可靠性与电能消耗之间权衡利弊。

井下双电气系统采用完全相同的两套测量系统，但主系统包含检测转换电路模块。主系统包含传感器模块、信号放大模块、数据采集模块、数据处理模块、数据存储模块、数据传输模块、电源模块以及检测转换电路（图 5-47）。检测转换电路能对系统中的数据采集、

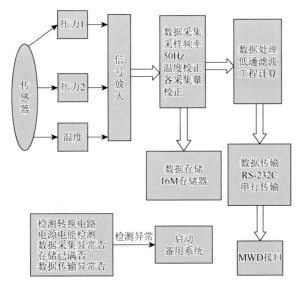

图 5-47　双电气系统框架

数据存储、数据传输以及电源电能进行检测，当系统中的主系统出现程序故障、掉电、电池用完、存储器存满和通讯故障等情况时，工程参数随钻测试系统将自动切换到备用系统工作状态继续工作，以保证测试系统的可靠性。

另外，井下微流量测量装置信号上次采用 MWD 系统，因此，井下微流量测量装置与 MWD 的通讯采用主从机通讯模式，其中 MWD 主控模块为主机，测量短节控制模块为从机。MWD 与测量短节采用双线连接。同时要求从机除非接收到主机命令，不得占用发送总线。当从机接收到主机申请数据的命令时，从机必须在规定时间内通过总线向主机返回数据，其应答延迟不得超过 10ms。

5.4.3　环空流量与压差计算理论模型

钻井过程中，环空流体性质视地层流体侵入情况而定，当井底发生油水侵和漏失时可按照单相流流量-压差计算模型，气侵时按照多相流流量-压差计算模型。为此，根据模拟实验和流体力学理论，分别建立单相流和多相流情况下的流量与压差关系模型。

1. 单相流模型

建立单相流模型时，分别对节流装置的单个稳定器节流元件建立流量与压差关系模型，建立模型时单个稳定器节流元件的压差主要是由稳定器前端的沿程水头损失、突缩结构水头损失、稳定器凹槽的沿程水头损失和突扩结构水头损失四部分组成，图 5-48 中表示

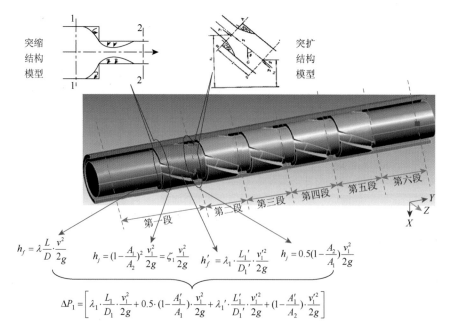

$$h_f = \lambda \frac{L}{D} \cdot \frac{v^2}{2g} \qquad h_j = (1-\frac{A_1}{A_2})^2 \frac{v_1^2}{2g} = \zeta_1 \frac{v^2}{2g} \qquad h_f' = \lambda_1 \cdot \frac{L_1'}{D_1'} \cdot \frac{v_1'^2}{2g} \qquad h_j = 0.5(1-\frac{A_2}{A_1})\frac{v_1'^2}{2g}$$

$$\Delta P_1 = \left[\lambda_1 \cdot \frac{L_1}{D_1} \cdot \frac{v_1^2}{2g} + 0.5 \cdot (1-\frac{A_1'}{A_1}) \cdot \frac{v_1^2}{2g} + \lambda_1' \cdot \frac{L_1'}{D_1'} \cdot \frac{v_1'^2}{2g} + (1-\frac{A_1'}{A_2}) \cdot \frac{v_1'^2}{2g} \right]$$

图 5-48　单相流模型分析方法

出了计算第一段压降的计算方法。通过计算出这四部分的水头损失，然后叠加即可得到第一段的压差计算模型。

$$\Delta p_1 = \lambda_1 \frac{L_1}{D_1}\frac{v_1^2}{2g} + \frac{1}{2}\left(1-\frac{A_1'}{A_1}\right)\frac{v_1^2}{2g} + \lambda_1' \frac{L_1'}{D_1'}\frac{v_1'^2}{2g} + \left(1-\frac{A_1'}{A_2}\right)\frac{v_1'^2}{2g} \tag{5-68}$$

在此基础上，可根据前面一段的压降和伯努利方程计算出后面一段的速度，用每段各自的速度 v_2、v_3、v_4、v_5 来代替上述过程中的 v_1，第二段、第三段、第四段、第五段的 Δp_2、Δp_3、Δp_4、Δp_5 的计算过程与第一段完全相同。

$$\begin{cases} \Delta p_2 = \lambda_2 \dfrac{L_2}{D_2}\dfrac{v_2^2}{2g} + \dfrac{1}{2}\left(1-\dfrac{A_2'}{A_2}\right)\dfrac{v_2^2}{2g} + \lambda_2' \dfrac{L_2'}{D_2'}\dfrac{v_2'^2}{2g} + \left(1-\dfrac{A_2'}{A_3}\right)\dfrac{v_2'^2}{2g} \\[2mm] \Delta p_3 = \lambda_3 \dfrac{L_3}{D_3}\dfrac{v_3^2}{2g} + \dfrac{1}{2}\left(1-\dfrac{A_3'}{A_3}\right)\dfrac{v_3^2}{2g} + \lambda_3' \dfrac{L_3'}{D_3'}\dfrac{v_3'^2}{2g} + \left(1-\dfrac{A_3'}{A_4}\right)\dfrac{v_3'^2}{2g} \\[2mm] \Delta p_4 = \lambda_4 \dfrac{L_4}{D_4}\dfrac{v_4^2}{2g} + \dfrac{1}{2}\left(1-\dfrac{A_4'}{A_4}\right)\dfrac{v_4^2}{2g} + \lambda_4' \dfrac{L_4'}{D_4'}\dfrac{v_4'^2}{2g} + \left(1-\dfrac{A_4'}{A_5}\right)\dfrac{v_4'^2}{2g} \\[2mm] \Delta p_5 = \lambda_5 \dfrac{L_5}{D_5}\dfrac{v_5^2}{2g} + \dfrac{1}{2}\left(1-\dfrac{A_5'}{A_5}\right)\dfrac{v_5^2}{2g} + \lambda_5' \dfrac{L_5'}{D_5'}\dfrac{v_5'^2}{2g} + \left(1-\dfrac{A_5'}{A_6}\right)\dfrac{v_5'^2}{2g} \end{cases} \tag{5-69}$$

而第六段主要考虑其沿程摩阻损失，即：

$$\Delta p_6 = \lambda_6 \frac{L_6}{D_6}\frac{v_6^2}{2g} \tag{5-70}$$

井下微流量测量装置总的压降为上述压降的总和，即：

$$\Delta p = \Delta p_1 + \Delta p_2 + \Delta p_3 + \Delta p_4 + \Delta p_5 + \Delta p_6 \tag{5-71}$$

式中，Δp_i 为第 i 段节流压差（i=1，2，3，…，6），Pa；L_i 为第 i 段节流元件长度，m；D_i 为第 i 段节流元件直径，m；A_i' 为第 i 段节流元件螺旋槽水力过流面积，m^2；A_i 为第 i 段节流元件环空水力过流面积 m^2；v_i 和 v_i' 分别为第 i 段节流元件突缩和突扩情况下的流体流速，m/s；λ_i 和 λ_i' 分别为第 i 段节流元件突缩和突扩情况下的沿程摩阻损失系数，无因次。

2. 多相流模型

建立多相流模型时，可以采用与单相流计算类似的方法，分别对节流装置的单个稳定器节流元件建立流量与压差关系模型，建立模型时单个稳定器节流元件的压差主要是由稳定器前端的沿程水头损失、突缩结构水头损失、稳定器凹槽的沿程水头损失和突扩结构水头损失四部分组成，图 5-49 为计算第一段压降的计算方法。通过计算出这四部分的水头损失，然后叠加即可得到第一段的压差计算模型。

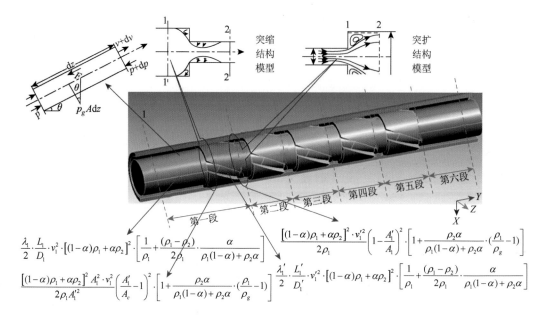

$$\frac{\lambda_1}{2} \cdot \frac{L_1}{D_1} \cdot v_1^2 \cdot [(1-\alpha)\rho_1 + \alpha\rho_2]^2 \cdot \left[\frac{1}{\rho_1} + \frac{(\rho_1-\rho_2)}{2\rho_1} \cdot \frac{\alpha}{\rho_1(1-\alpha)+\rho_2\alpha}\right]$$

$$\frac{[(1-\alpha)\rho_1 + \alpha\rho_2]^2 \cdot v_1'^2}{2\rho_1}\left(1-\frac{A_1'}{A_1}\right)^2 \cdot \left[1 + \frac{\rho_2\alpha}{\rho_1(1-\alpha)+\rho_2\alpha} \cdot \left(\frac{\rho_1}{\rho_g}-1\right)\right]$$

$$\frac{[(1-\alpha)\rho_1 + \alpha\rho_2]^2 A_1^2 \cdot v_1^2}{2\rho_1 A_1'^2}\left(\frac{A_1'}{A_c}-1\right)^2 \cdot \left[1 + \frac{\rho_2\alpha}{\rho_1(1-\alpha)+\rho_2\alpha} \cdot \left(\frac{\rho_1}{\rho_g}-1\right)\right] \qquad \frac{\lambda_1'}{2} \cdot \frac{L_1'}{D_1'} \cdot v_1'^2 \cdot [(1-\alpha)\rho_1 + \alpha\rho_2]^2 \cdot \left[\frac{1}{\rho_1} + \frac{(\rho_1-\rho_2)}{2\rho_1} \cdot \frac{\alpha}{\rho_1(1-\alpha)+\rho_2\alpha}\right]$$

图 5-49　多相流模型分析方法

$$\begin{aligned}
\Delta p_1 = &\frac{\lambda_1}{2}\frac{L_1}{D_1}v_1^2[(1-\alpha)\rho_l + \alpha\rho_g]^2\left[\frac{1}{\rho_l} + \frac{\rho_l-\rho_g}{2\rho_l}\frac{\alpha}{\rho_l(1-\alpha)+\rho_g\alpha}\right] \\
&+ \frac{\lambda_1'}{2}\frac{L_1'}{D_1'}v_1'^2[(1-\alpha)\rho_l + \alpha\rho_g]^2\left[\frac{1}{\rho_l} + \frac{\rho_l-\rho_g}{2\rho_l}\frac{\alpha}{\rho_l(1-\alpha)+\rho_g\alpha}\right] \\
&+ \frac{[(1-\alpha)\rho_l + \alpha\rho_g]^2 v_1'^2}{2\rho_l}\left(1-\frac{A_1'}{A_1}\right)^2\left[1 + \frac{\rho_g\alpha}{\rho_l(1-\alpha)+\rho_g\alpha}\left(\frac{\rho_l}{\rho_g}-1\right)\right] \\
&+ \frac{[(1-\alpha)\rho_l + \alpha\rho_g]^2 A_1^2 v_1^2}{2\rho_l A_1'^2}\left(\frac{A_1'}{A_c}-1\right)^2\left[1 + \frac{\rho_g\alpha}{\rho_l(1-\alpha)+\rho_g\alpha}\left(\frac{\rho_l}{\rho_g}-1\right)\right]
\end{aligned} \qquad (5\text{-}72)$$

　　在此基础上，可根据前面一段的压降和伯努利方程计算出后面一段的速度，用每段各自的速度 v_2、v_3、v_4、v_5 来代替上述过程中的 v_1，第二段、第三段、第四段、第五段的 Δp_2、Δp_3、Δp_4、Δp_5 的计算过程与第一段完全相同，此处不再累述。而第六段主要考虑其沿程摩阻损失，即：

$$\Delta p_6 = \lambda_6 \frac{L_6}{D_6}\frac{v_6^2}{2g} \qquad (5\text{-}73)$$

井下微流量测量装置总的压降为上述压降的总和，即：

$$\Delta p = \Delta p_1 + \Delta p_2 + \Delta p_3 + \Delta p_4 + \Delta p_5 + \Delta p_6 \qquad (5\text{-}74)$$

式中，ρ_l 为液相密度，kg/m^3；ρ_g 为气相密度，kg/m^3；α 为含气率，%；A_c 代表突缩管收缩断面面积，m^2。

5.4.4　井下环空流量的流体动力学模拟

1. 正常钻进工况模拟

通过模拟正常钻井工况下的理论压差，并采用单相流模型进行计算，分别分析不同环空流量下的压差，结果见表 5-12。不难看出，整体上理论模型计算的压差比模拟得到的压差略低，而且随着排量的增加误差逐渐增加，但压差计算结果的误差整体上小于 5%，能够满足工程需求。

表 5-12　ϕ215.9mm 井眼中不同排量理论计算结果与 ANSYS 模拟结果对比

排量/（L/s）	理论计算压差/MPa	压差变化率/（MPa/L）	ANSYS 模拟压差/MPa	压差变化率/（MPa/L）	误差/%
27	0.420	—	0.432	—	2.78
28	0.456	0.036	0.469	0.037	2.78
29	0.494	0.038	0.510	0.041	3.13
30	0.532	0.038	0.555	0.045	4.14
31	0.573	0.041	0.605	0.050	5.29

2. 溢流工况模拟

为了对比流体动力学模拟结果与多相流模型，此处分别分析油水侵和气侵两种工况下的压差压力分布规律，其结果分别如图 5-50 和图 5-51 所示。实际钻井过程中，井眼扩大、流道堵塞、钻井液排量变化等因素均会影响压差，因此，采用理论模型和流体动力学方法分别模拟不同工况下井眼扩大、流道堵塞等因素对压差的影响规律，其结果如图 5-52～图 5-54 所示。由图不难发现：

（1）井眼扩大对节流元件的过流面积影响极大，从而影响到所产生的压差大小，分析不同工况下的压差变化情况：①油水侵工况下，泥浆排量为 36L/s 时，随井眼扩大率的增加，测量压差逐渐下降，压差下降率 0.014MPa/1%（1%表示井眼扩大率，下文同）；②气侵工况下，泥浆排量为 36L/s 时，随井眼扩大率的增加，压差下降率 0.013/0.011/0.010MPa/1%；气侵量越大，平均井径每扩大 1%时所造成的压差值变化越来越小。

（2）流道堵塞对节流元件的过流面积影响极大，从而影响到所产生的压差大小，分析不同工况下的压差变化情况：①油水侵工况下，泥浆排量为 36L/s 时，随着流道面积的减小，测量压差逐渐增加，压差增加率 0.023MPa/1%；②气侵工况下，泥浆排量为 36L/s 时，随流道面积的减小，压差增加率 0.020/0.016/0.014MPa/1%；气侵量越大，流道面积每减小 1%时所造成的压差值变化越来越小。

（3）钻井液排量对产生的压差大小也有较大影响，分析不同排量和井眼变化率下的压差变化情况：随着排量增加，压差增大；随着井眼扩大率增加，压差降低；随着井眼缩径率增加，压差增大。

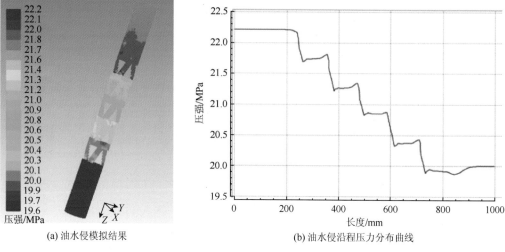

(a) 油水侵模拟结果　　　　　　　　(b) 油水侵沿程压力分布曲线

图 5-50　油水侵工况下流体动力学模拟结果

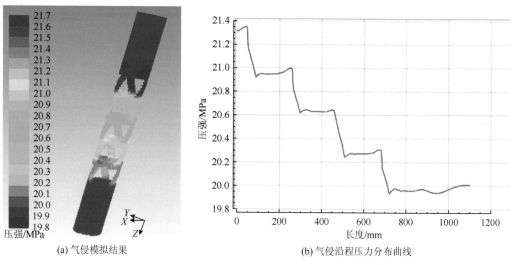

(a) 气侵模拟结果　　　　　　　　　(b) 气侵沿程压力分布曲线

图 5-51　气侵工况下流体动力学模拟结果

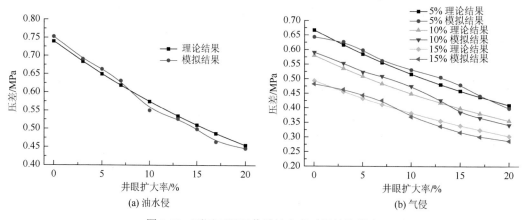

(a) 油水侵　　　　　　　　　　　　　(b) 气侵

图 5-52　不同工况下井眼扩大率对压差的影响

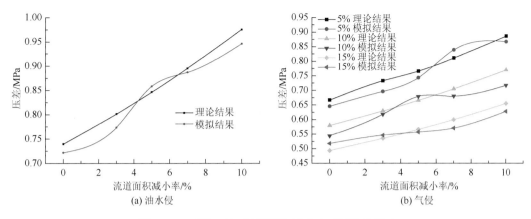

图 5-53　不同工况下流道面积减小率对压差的影响

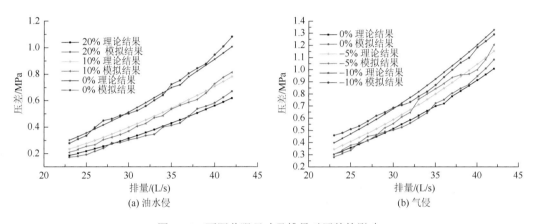

图 5-54　不同井眼尺寸及排量对压差的影响

5.4.5　井下微流量测量装置现场试验

　　试验井是四川某气田的一口水平井，试验井段为二开直井段，井深 1221～1910m，套管程序：Φ244.5mm×334m+Φ139.7mm×2997m，试验井段井径 215.9mm。试验阶段钻遇地层自上而下包括蓬莱镇组二段、蓬莱镇组一段和遂宁组。钻具组合：Φ215.9mm 钻头+减震器+Φ177.8mm 无磁钻铤×1 根+回压阀+Φ177.8mm 钻铤×5 根+Φ158.8mm 钻铤×9 根+旁通阀+Φ127mm 加重钻杆×12 根+Φ127mm 钻杆（钻杆壁厚 9.19mm、钻杆接头外径 165.1mm）。试验阶段泵压 9.2～15.2MPa，排量 27.40～36.12L/s，泥浆密度 1.12～1.50g/cm³，转速 98～116spm。

　　考虑到在生产井开展试验，无法模拟井下真实溢流这类高风险工况，为此在现场试验中通过改变泥浆入口排量来达到改变井下流量变化的工况，即通过调节泥浆泵泵冲模拟井下排量改变。调节泥浆入口排量的试验要求及过程大致如下：①泥浆泵排量调节方案：在单泵条件下从小到大，然后在双泵条件下大小反复交替（相当于发生了多次人工溢流或失返，以增强试验效果），再在单泵条件从大到小改变排量，改变泵冲（spm）方案：88↗92↗96↗100↘116↘112↘104↗116↘104↗116↘100↘96↘92↘88，实验过程中观察并记录各种排量下的立压值；②每组排量下在流动稳定后（改变排量15min后）再读取立压值；③记录每次调节泥浆排量的操作时间节点。

测量短节下钻前与起钻后相比，测量短节表面及流道上黏附有一些泥饼，阻塞了部分流道，其中大部分泥饼是由于起钻时测量短节刮削井壁造成堆积而形成。仪器起钻后回放数据正常，工作正常，说明仪器设计合理，结构及强度能够满足工程需要。

图5-55所示的曲线表示了从下钻到起钻的一趟钻过程中井底压力变化情况，蓝色曲线代表前端（以钻井液循环方向为准进行判断）压力传感器A实测压力，绿色代表后端压力传感器B实测压力，受两测试点间节流元件的影响，两条曲线代表的意义略有区别。

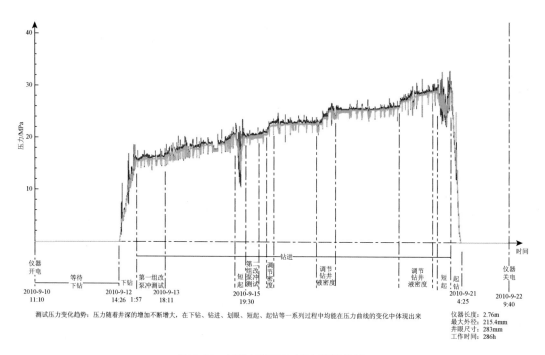

图 5-55　试验过程两点压力测量曲线

由于节流元件对压力测量的影响主要体现在前端压力传感器上，所以其所测数据为真实井底压力数据，受节流压差变化的影响，井底压力也要发生变化；后端压力传感器不受节流压差变化的影响，只与环空静液柱压力、井口回压与环空摩阻等因素有关，在这些因素没有发生变化时，压力数据基本保持平稳。井底压力的测量短节的压力测试数据基本满足现场工况的要求，仪器测量的环空压力值的总体趋势是随井深的增加不断增大，由于电路板的数据记录时间与现场操作时间在下井前已实现同步，所以对比现场操作与数据采集时间可知，下钻、钻进、划眼、短起、接单根、调节密度和起钻等一系列钻井操作过程均能在图中曲线上得到合理的体现；曲线上出现的三个明显的台阶是由于调节泥浆密度引起；曲线中间部分及起钻前的两个明显的压力下降是由于短起造成的；而曲线中大量的毛刺则代表着接单根过程。

图5-56为试验期间井下微流量测量装置的实测数据曲线，其中蓝线代表前端压力传

感器 A 实测压力，红线代表后端压力传感器 B 实测压力。后端压力传感器 B 不受节流压差变化的影响，只与环空静液柱压力、井口回压与环空摩阻等因素有关，在这些因素没有发生变化时，压力数据基本保持一致，故后端压力即红色曲线保持平稳。前端压力传感器 A 所测数据为真实的井底压力，节流短节由于受到泥饼的黏附以及试验时排量不断改变的影响，节流压差存在一定的波动，而井底压力又受节流压差变化的影响，故造成前端压力即蓝色曲线存在一定的波动。前端压力蓝色曲线的波动正好反映了节流压差的变化，与试验阶段现场工况完全吻合。

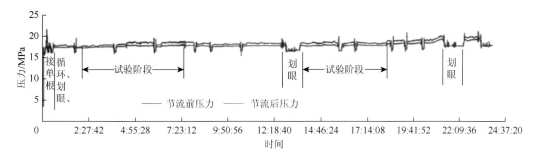

图 5-56　试验当日两点压力测量曲线

通过实测数据和记录数据，对比分析试验阶段不同排量情形下的理论计算压差和实测压差平均值，结果见表 5-13，由表中数据可知实测压差与理论压差误差总体上都比较接近，二者的误差总体约为 10%，实测数据的平均压差变化率为 0.048MPa·s/L，另由于井下微流量测量装置的测量分辨率为 0.02MPa，则井下微流量测量装置测量分辨率为 0.417L/s，因此井下微流量测量装置的测量精度为 0.5L/s。同时，由实测压差与理论压差数据绘制压差值与排量的变化规律曲线如图 5-57 所示。

由图 5-57 可知实测压差与理论压差曲线非常接近，实测压差与排量拟合结果为：
$$\Delta P = -0.0038Q^2 + 0.2817Q - 4.5471(R^2 = 0.8312) \tag{5-75}$$

说明实测压差与排量变化关系与理论变化关系非常接近，能够满足现场井下微流量测量及井下压力测量的需求。实测数据表明装置的测量精度为 0.5L/s，说明井下微流量测量装置大幅度提高了溢流监测能力，能够及时发现井下溢流，为微流量钻井提供了更加及时的井下监测数据和更加先进的技术手段，同时该装置还同时兼备随钻环空压力测量（APWD）的功能，不再需要单独的 APWD 测量工具，具有非常显著的优点。

表 5-13　试验阶段不同排量下压差对比数据

序号	泵冲/spm	排量/（L/s）	立压/MPa	理论压差/MPa	实测压差均值/MPa	排量变化/（L/s）	压差变化/MPa	压差变化率/（MPa·s/L）
1	88	27.4	10.00	0.382	0.336	—	—	—
2	92	28.64	11.10	0.418	0.332	1.24	-0.004	0.003
3	96	29.89	11.80	0.455	0.431	1.25	0.099	0.079
4	100	31.13	14.10	0.494	0.482	1.24	0.051	0.041

续表

序号	泵冲/spm	排量/（L/s）	立压/MPa	理论压差/MPa	实测压差均值/MPa	排量变化/（L/s）	压差变化/MPa	压差变化率/（MPa·s/L）
5	116	36.10	16.20	0.664	0.681	4.97	0.199	0.040
6	112	34.87	15.20	0.619	0.731	−1.23	0.050	0.041
7	104	32.38	14.10	0.534	0.597	−2.49	−0.134	0.054
8	116	36.12	14.00	0.664	0.709	3.74	0.112	0.030
9	108	33.62	13.20	0.576	0.698	−2.50	−0.011	0.004
10	116	36.12	13.50	0.664	0.624	2.50	-0.074	0.030
11	104	32.38	13.10	0.534	0.564	−3.74	−0.060	0.016
12	116	36.11	14.50	0.664	0.653	3.73	0.089	0.024
13	100	31.13	11.50	0.494	0.569	−4.98	−0.084	0.017
14	96	29.89	12.10	0.455	0.534	−1.24	−0.035	0.028
15	92	28.64	11.20	0.418	0.501	−1.25	−0.033	0.026
16	88	27.42	9.90	0.382	0.450	−1.22	−0.051	0.042
17	均值	—	—	0.536	0.570	2.49	0.120	0.048

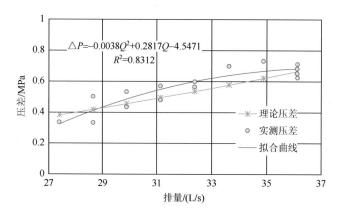

图 5-57　试验阶段理论压差与实际压差比较

参 考 文 献

陈平，马天寿.2014. 深水钻井溢流早期监测技术研究现状[J]. 石油学报，35（3）：602-612.

董广建，陈平，邓元洲，等.2016. 钻柱振动与冲击抑制技术研究现状[J]. 西南石油大学学报（自然科学版），38（3）：121-134.

胡泽，陈平，黄万志，等.2007. 应变测试法测试钻井参数的数据采集系统设计[J]. 西南石油大学学报，29（3）：49-52.

林梁.1994. 电缆地层测试器资料解释理论与地质应用[M]. 北京：石油工业出版社.

马天寿，陈平.2014. 随钻地层测试压力响应数学模型及物理实验考察[J]. 地球物理学报，57（7）：2321-2333.

马天寿，陈平，黄万志，等.2011. 钻井井下工程参数测量仪研究进展[J]. 断块油气田，18（3）：389-392.

屈俊波，陈平，马天寿，等.2012. 精确监测井底溢流的井下微流量装置设计与试验[J]. 石油钻探技术，40（5）：106-110.

石磊，陈平，胡泽，等.2011. 井下微流量控制方法[J]. 天然气工业，31（2）：79-81.

石磊，陈平，胡泽，等.2010. 井下流量测量装置在 MPD 系统中的应用研究[J]. 西南石油大学学报（自然科学版），32（6）：89-92.

王旭东，陈平，张杰. 2010. 井下钻井工程参数测量系统设计[J]. 西南石油大学学报（自然科学版），32（5）：155-160.

杨川，陈平，夏宏泉，等. 2013a. 随钻地层压力测量仪研究新进展[J]. 天然气工业，33（2）：71-75.

杨川，陈平，马天寿，等. 2013b. 随钻地层流体分析取样新技术及其应用[J]. 石油机械，41（1）：101-104.

杨再生，陈平，杨川，等. 2013. 随钻地层压力测试增压效应响应机理研究[J]. 西南石油大学学报（自然科学版），35（3）：117-123.

朱荣东，陈平，周建良，等. 2012. 深水表层钻井随钻压力温度测量仪的研制[J]. 机械，39（S1）：93-95.

Ge L，Hu Z，Chen P，et al. 2014. Research on Overflow Monitoring Mechanism Based on Downhole Microflow Detection[J]. Mathematical Problems in Engineering，（6）：1-6.

Ma T，Chen P，Han X. 2015. Simulation and interpretation of the pressure response for formation testing while drilling[J]. Journal of Natural Gas Science & Engineering，23：259-271.

Ma T，Chen P. 2015. Development and Use of a Downhole System for Measuring Drilling Engineering Parameters[J]. Chemistry & Technology of Fuels & Oils，51（3）：294-307.

第6章 复杂地层井筒压力控制技术

复杂地层钻井受地质条件影响,地层压力高且预测困难,易发生井下溢流等复杂情况。特别是在高温、高压、高产气井中,井下溢流具有量大、速度快、关井压力高等特点,并极易形成井喷或井喷失控事故。合理有效的井筒压力控制技术是确保复杂地层条件下高温高压高产井安全高效钻探的关键。本章将主要介绍适用于高温高压高产井的非常规井控技术、压井参数设计及优选以及井喷失控后的含硫天然气扩散问题。

6.1 高温高压高产井非常规井控技术

钻井过程中一旦发生溢流,需要及时采取井控措施进行压井。高温高压高产气井溢流条件下压井,其主要问题是地层高压力和高产量给压井作业带来的风险,影响压井成功率。因此,在处理高温高压高产气井溢流时,压井方法的选择非常重要。对于高温高压高产气井来说,地层压力高,失去压力平衡后地层的出气量较大,溢流发展迅速,极可能在较短时间内出现钻井液全部喷空的情况。此时,常规的司钻法和工程师法已不再适用,需要采用非常规的井控技术进行压井。

非常规压井方法是指发生井喷或井喷失控以后不具备常规压井方法所要求的条件时进行的压井作业,以及一些特殊情况下,为在井内建立液柱、恢复和重新控制地层压力所采用的压井方法。高温高压高产气井中常用的非常规压井方法主要包括动力压井法、平衡点法、直推法(荣伟等,2015)。

1. 动力压井法

动力压井法利用流体循环时产生的环空流动阻力与静液柱压力之和所产生的井底压力来平衡地层压力。其原理简单地说,就是使用水力摩阻来增加井底流动压力。由于利用了流动压降,从而使得受井口和地层条件限制而无法使用常规压井作业的井控工作得以实现。动力压井法的实施分为两个阶段:第一阶段,将初始压井液以一定的排量泵入,在该排量下使井底的流动压力等于或大于地层压力,从而阻止地层流体进一步进入井内,达到"动压稳"状态;第二阶段,逐步替入加重压井液,使得在井内流体静止时能平衡地层压力,达到"静压稳"状态(金业权,1997;邓大伟和周开吉,2004)。

动力压井法的环空流动压降均匀地分布在整个井身,也就是说动力压井法将产生较小的井壁压力。发生井喷时,钻柱在井底或离井底不远时,可通过井内管柱向事故井直接泵入压井液进行压井。但对于钻柱不在井底,或离井底较远的情况下采用此方法时,以下问题还值得讨论:

(1)动力压井法压井结束后,压井液停止循环,当注入管柱距井底较远时,残留的气体会慢慢向井口运移，并且在运移的过程中体积发生膨胀，将一部分压井液挤出井口，使得井内液柱有效密度降低，井筒中的压力平衡可能遭到破坏（图 6-1）。

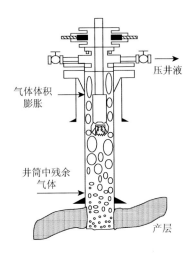

图 6-1 井筒中残余气体向上运移

（2）采用动力压井法压井时，常通过井底的流入曲线及井筒的流出曲线来确定压井参数，当钻柱不在井底时，钻柱以下气液混合相流体的具体情况不能确定，因此钻柱至井底段的压力梯度就不能确定，从而影响压井参数的设计（图 6-2）。

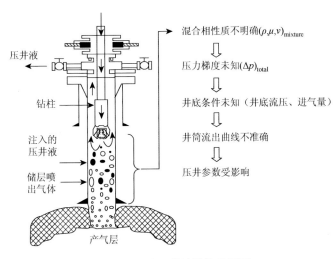

图 6-2 动力压井法计算分析图

2. 平衡点法

1）基本原理

平衡点法压井是一种井内液柱喷空后，钻柱在井底时的快速压井法（郭蒲等，2013）。其通过向钻柱内泵注压井液，当压井液进入环空上返到平衡点后，环空有效液柱压力与井口回压所产生的井底压力刚好平衡地层压力。此后，继续循环，直至环空充满压井液，套压逐渐降为零。

2）平衡点

由于钻井液喷空后，井内无液柱压力的作用，压井开始时井口回压加上环空天然气的流动压力和静压力，一般情况下都不能达到保持井底压力等于或大于地层压力这一压井原则。当压井液从井底沿环空上返，如果压井液静液柱压力加上流动压力以及井口回压所形成的井底压力不能与地层压力平衡，那么地层中的天然气就要继续流入井内，与压井液混合形成气液两相流动；如果井底压力刚好达到与地层压力平衡，地层中的天然气就停止流入井内，从这一时刻起进入环空的压井液就是纯液柱。由此可见，压井的转折点就是压井液进入环空后形成的井底压力达到与地层压力平衡这一时刻，此时的液柱高度称为平衡点。井底压力与地层压力的平衡是动态过程，它与地层特性、地层压力、压井排量、压井泥浆密度、井口回压等有关。

3. 直推法

1）基本原理

直推法也叫压回法，即高压气井钻井液喷空后，在井控装置可以关井、井内无钻具不能进行循环压井的情况下，直接将进入井筒内的天然气压回地层（雷宗明和李强，2000）。关井后，为了快速在井筒内形成液柱压力，向井内直接泵入压井液，压井过程中套压将经历一个先增加后降低的过程。根据套压变化规律，可将直推法压井分为两个阶段：第一阶段，首先关井，向井内泵入压井液，开始时地层压力恢复速度大于井内液柱压力增加速度，因此套压不断升高，直至地层压力恢复速度等于井内压井液的液柱压力，此时出现套压的最大值；第二阶段，继续向井内泵入压井液，套压开始下降，直到压井液充满井筒，套压变为零。

2）套压转折点

从关井向井内泵注压井液起，井内液柱压力逐渐增加，同时地层压力也在逐步恢复，前者的压力增长速度基本保持稳定，而后者的压力增长速度呈下降趋势，但在最初一段时间内速度差呈现负值，致使井口套压逐渐上升，当两者的压力增长速度达到相等时，套压升至最大值。随着压井液的继续注入，速度差出现正值，套压逐渐下降。井内液柱压力增长速度与地层压力恢复速度的相等点，正是井口套压发生根本性变化的转折点。

3）压力平衡关系

从放喷状态下转为关井，若不计井内天然气的重力，则最初时刻的关井套压和地层压力均为放喷时的井底流动压力。关井后，地层压力开始逐渐恢复，随着压井液注入，井内液柱压力开始逐渐建立的同时，因压井液挤占井筒空间使天然气压缩引起井口套压增长。压井初期，液柱压力增长速度与因天然气压缩引起的套压增长速度之和（即两者所产生的井底压力增长速度）小于地层压力恢复速度，井底呈欠平衡状态，地层中的天然气将向井内流动，从而使套压进一步升高，驱使井底压力与地层压力平衡。随着压井的进行，地层压力恢复速度逐渐下降，而井底压力增长速度逐渐加大（液柱压力增长速度保持一定，天然气压缩引起的套压增长速度加大），从地层流向井内的天然气流量逐渐减小，但套压仍呈上升趋势。当井底压力增长速度与地层压力恢复速度达到相等时，井底压力等于地层压力，井底出现短暂平衡状态，天然气停止向井内流动（即压井平衡点）。虽然过了平衡点后，井底压力增长速度大于地层压力恢复速度，井底处于过平衡状态，井内天然气逐渐向地层中反挤，但由于一段时间内液柱压力增长速度仍低于地层压力恢复速度，压缩井内天然气的同时，套压还将继续上升。当井内液柱压力增长速度等于地层压力恢复速度时，套压达到最大值。继续注入压井液，套压开始逐渐下降，直至井内液柱压力等于地层压力，套压降为零。

4）压井参数计算

（1）地层压力。由地层压力恢复特性知，其压力恢复公式为

$$P_p = P_{pi} - (P_{pi} - P_s)e^{at} \tag{6-1}$$

式中，P_p 为地层压力，MPa；P_{pi} 为原始地层压力，MPa；P_s 为井底流动压力，MPa；a 为地层压力恢复系数；t 为时间，min。

（2）井内静液柱压力：

$$P_k = 0.0098\rho_k \frac{4Q_k t}{\pi D^2} \tag{6-2}$$

式中，P_k 为压井液静液柱压力，MPa；ρ_k 为压井液密度，g/cm³；Q_k 为压井排量，m³/s；D 为井眼直径，m。

（3）挤入压井液压缩天然气所产生的套压。如果忽略井底压力达到平衡点前从地层流入井内的天然气对井筒内气体摩尔数的影响，并将天然气的压缩看作等温过程，根据气体状态方程可得

$$P_g = \frac{P_s V}{V - Q_k t} \tag{6-3}$$

式中，P_g 为压缩天然气所产生的套压，MPa；V 为井筒容积，m³。

（4）液柱压力与压缩天然气所产生的套压之和作用于井底的压力：

$$P_b = 0.0098\rho_k \frac{4Q_k t}{\pi D^2} + \frac{P_s V}{V - Q_k t} \tag{6-4}$$

（5）关井套压：

$$P_a = P_{pi} - (P_{pi} - P_s)e^{-at} - 0.0098\rho_k \frac{4Q_k t}{\pi D^2} \tag{6-5}$$

（6）压井泵压：

$$P_d = P_{pi} - (P_{pi} - P_s)e^{-at} - 0.0098\rho_k \frac{4Q_k t}{\pi D^2} + \frac{1.16^{-7}\rho_k^{0.8}Q_k^{2.8}t}{D^{6.2}} \tag{6-6}$$

（7）套压转折点时间。令地层压力恢复速度与液柱压力建立速度相等可得：

$$t_B = \left[\ln a(P_{pi} - P_s) - \ln \frac{0.0098\rho_k 4Q_k}{\pi D^2} \right] \Big/ a \tag{6-7}$$

式中，t_B 为套压转折点时间，min。

（8）达到套压转折点时的压井液累计泵入量：

$$V_k = Q_k t_B \tag{6-8}$$

（9）最大套压。将计算得到的套压转折点时间 t_B 代入套压计算公式可得到压井中的最大关井套压 P_{amax}。

把 V_k 和 P_{amax} 分别与井筒容积和允许最大关井套压比较，若不满足要求，可重新设计压井液密度，即在达到套压转折点之前采用一段加重压井液，使达到套压转折点的时间提前，并可降低最大关井套压。

6.2　改进动力压井法

针对高压、高产气井在起、下钻过程中，钻柱不在井底时发生的井喷问题，以及动力压井法的不足，提出了一种适用于井口承压能力不足、钻头不在井底时的改进动力压井法。改进动力压井法在压井过程中仅用一种密度的压井液，操作简单实用，同时避免了强行下钻作业带来的风险。改进动力压井法的基本原理是利用压井液产生的环空流动压降来增加井底压力。具体过程为：压井时，压井液从钻柱泵入，在沿环空上返循环出井筒中的气体时，压井液产生的流体静压、摩擦压降和加速度压降共同作用于井底，增大井底压力。当压井液的钻头处流体压力动态平衡形成后，一部分向下流动的压井液将钻柱以下的残余气体挤入地层。在压井时将残余气体压回地层，使压井液全部充满井筒，避免残余气体在向上运移的过程中因体积膨胀而再次发生井喷。

改进动力压井法的压井过程分为两个阶段：钻头处流体压力动态平衡的形成过程和挤入过程（图 6-3）（Santos，1989；Al-Shehri，1994；Oudeman，1999）。

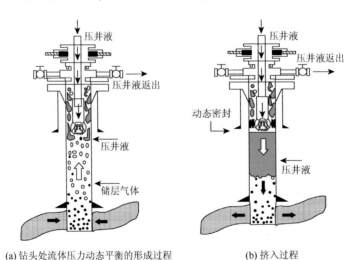

(a) 钻头处流体压力动态平衡的形成过程　　　　(b) 挤入过程

图 6-3　改进动力压井法的压井过程

6.2.1　压力平衡过程环空压力场模型

钻头处流体压力动态平衡形成过程的计算包括井筒和储层两部分。根据流动形态，井底到井口从下到上可依次分为四段，如图 6-4 所示。在模型推导过程中，有以下基本假设：

（1）产层为高压气层，地层物性（孔隙度和渗透率）较好。

（2）井筒中的流体为一维流动。

（3）按静止条件下的地温梯度计算温度分布。

（4）不考虑温度、压力对压井液性能的影响。

（5）在密封形成之前，井筒钻柱以下为单相气体。

（6）在井底流压大于地层压力之前，井筒中区段 2 没有压井液流入。

（7）注入压力恒定后压井液沿环空上返的速度不变。

（8）钻柱以下全为压井液时，压井完成。

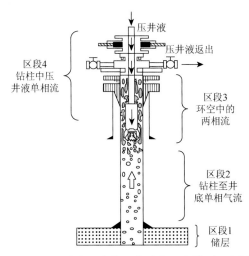

图 6-4　钻头处流体压力动态平衡模型示意图

区段 1 和区段 2 在垂直井筒部分为地层喷出气体的单相流动，区段 3 为环空中压井液与地层喷出气体的两相流动，区段 4 为钻柱中压井液的单相流动。压井过程中井筒中的压力要根据流动情况分别计算。

1. 井筒中单相气流压力计算

进行压井时，井筒中区段 1 和区段 2 为单相气体流动，压力梯度方程为（Mott and Robert，2000）：

$$\left(\frac{\mathrm{d}P}{\mathrm{d}L}\right)_T = \left(\frac{\mathrm{d}P}{\mathrm{d}L}\right)_{Hy} + \left(\frac{\mathrm{d}P}{\mathrm{d}L}\right)_{Fric} + \left(\frac{\mathrm{d}P}{\mathrm{d}L}\right)_{Acc} \tag{6-9}$$

式中，$\left(\dfrac{\mathrm{d}P}{\mathrm{d}L}\right)_T$ 为总压力梯度，Pa/m；$\left(\dfrac{\mathrm{d}P}{\mathrm{d}L}\right)_{Hy}$ 为重力压力梯度，Pa/m；$\left(\dfrac{\mathrm{d}P}{\mathrm{d}L}\right)_{Fric}$ 为摩阻压力梯度，Pa/m；$\left(\dfrac{\mathrm{d}P}{\mathrm{d}L}\right)_{Acc}$ 为加速度压力梯度，Pa/m。

对于气体垂直管流动，从井底到井口没有功的输出，也没有功的输入，动能损失相对于总的能量损失可以忽略不计，因此有如下表达式：

$$\frac{\mathrm{d}p}{\rho} + g\mathrm{d}L + \frac{fu^2\mathrm{d}L}{2d} = 0 \tag{6-10}$$

式中，p 为压力，MPa；ρ 为流动状态下的气体密度，kg/m^3；g 为重力加速度，m/s；L 为垂直井深，m；f 为 Moody 摩阻系数；u 为井喷状态下的气体流速，m/s；d 为套管内径，m。

标态下，可以取 $p_{sc} = 0.101325\,MPa$，$T_{sc} = 293\,K$，则任意压力、温度（P，T）条件下，圆形管柱中气体的流速 u 可表示为

$$u = B_g u_{sc} = \left(\frac{q_{sc}}{86400}\right)\left(\frac{T}{293}\right)\left(\frac{0.101325}{p}\right)\left(\frac{Z}{1}\right)\left(\frac{4}{\pi}\right)\left(\frac{1}{d^2}\right) \tag{6-11}$$

同理，在环空中流动时，环形空间流速 u 有如下表达式：

$$u = \frac{q_{sc}}{\frac{\pi}{4}[(d_2^2) - (d_1^2)]} \tag{6-12}$$

在某一压力、温度（P，T）条件下气体密度有如下关系式：

$$\rho = \frac{pM_g}{ZRT} = \frac{28.97\gamma_g p}{0.008314ZT} \tag{6-13}$$

将式（6-10）以及式（6-11）带入式（6-13），采用分离变量法有

$$\int_{P_{tf}}^{p_{wf}} \frac{\dfrac{ZT}{p}\,\mathrm{d}p}{1 + \dfrac{1.342 \times 10^{-18} f(q_{sc}TZ)}{d^5 p^2}} = \int_0^L 0.03415\gamma_g\,\mathrm{d}L \tag{6-14}$$

要计算井底压力，需对上式进行积分，但在上式中，方程左端的积分号内有 p、T 和 Z，直接积分是困难的。因此，可采用 Cullender 和 Smith 算法。

2. 环空两相流动压降计算

区段 3 为环空中气体与压井液的两相流动，可查阅相关书籍，本部分不再阐述。

3. 钻柱中压井液流动压降计算

区段 4 为钻柱中压井液的单相流动，单相压井液流动压降计算公式为

$$\left(\frac{\mathrm{d}P}{\mathrm{d}L}\right)_T = \left(\frac{\mathrm{d}P}{\mathrm{d}L}\right)_{Hy} + \left(\frac{\mathrm{d}P}{\mathrm{d}L}\right)_{Fric} + \left(\frac{\mathrm{d}P}{\mathrm{d}L}\right)_{Acc} \tag{6-15}$$

整理式（6-15）有：

$$\frac{\mathrm{d}p}{\mathrm{d}L} = \rho g + \frac{f\rho v^2}{2d} + \rho v\frac{\mathrm{d}v}{\mathrm{d}L} \tag{6-16}$$

式中，ρ 为压井液密度，g/cm^3；v 为压井液流速，m/s；f 为摩擦系数；d 为管径，m。

6.2.2 挤入过程压力模型

环空气体安全挤入地层考虑压井液为单相流体或含水、油、气，但不含固相，注入的压井液向四周扩散，流入地层。在压井过程中，压井液分两部分流动：一部分沿环空上返；一部分向下流动（该排量定义环空气体有效挤入地层的最小压井液排量）。向下流动的压井液将

钻柱以下残余气体挤入地层，在挤入过程中，可以根据流动情况将井筒分为 3 个部分（图 6-5）。

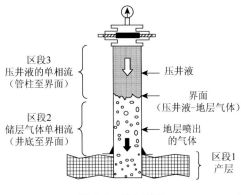

图 6-5　挤入过程

1. 挤入过程井底压力的计算

在改进动力压井法压井过程中，压井液在钻头处达到流体压力动态平衡以后，压井液就会将钻柱以下残余的气体挤入地层。压井液将气体挤入地层时，气体体积发生变化，考虑气体压缩系数对挤入过程的影响，有如下表达式：

$$\frac{\mathrm{d}p}{\mathrm{d}V} = \frac{1}{V_i c_g} \tag{6-17}$$

气体体积的变化 $\mathrm{d}V$ 为泵入井中压井液的体积 V_{kf} 与挤入地层的体积 V_g 之差，即：

$$\mathrm{d}V = V_{kf} - V_g \tag{6-18}$$

在式（6-18）中引入时间变量有

$$\mathrm{d}V = (q_{kfb} - q_{gb})\mathrm{d}t \tag{6-19}$$

式中，q_{kfb} 为压井液排量；q_{gb} 为气体向地层的流量。

联立式（6-17）以及式（6-19）可得

$$\frac{\mathrm{d}p}{\mathrm{d}t} = \frac{(q_{kfb} - q_{gb})}{V_i c_g} \tag{6-20}$$

气体向地层的流量为

$$q_{gb} = \frac{kh(p - p_R)}{162.6 B_g \mu_g \left[\lg\left(\dfrac{kt}{\Phi \mu_g c_t r_w^2}\right) - 3.23\right]} \tag{6-21}$$

式中，h 为储层厚度，m；P_R 为储层压力，MPa；r_w 为井眼半径，m；Φ 为储层孔隙度；k 为渗透率，mD；C_t 为总压缩系数。

式（6-21）可以简写为

$$q_{gb} = C(t)(p(t) - p_R) \tag{6-22}$$

那么 $\mathrm{d}p/\mathrm{d}t$ 有

$$\frac{\mathrm{d}p}{\mathrm{d}t} = \frac{q_{kfb} - C(t)p(t) + C(t)p_R}{V_i \cdot c_g} \tag{6-23}$$

式（6-23）为挤入地层过程中井底压力随时间变化的表达式，用幂级数法展开得

$$\begin{aligned}
p(t) = {} & p(0) + \frac{q_{kfb} - C(t)p(0) + C(t)p_R}{V_i c_g}t - \frac{C(t)(q_{kfb} - C(t)p(0) + C(t)p_R)}{2V_i^2 c_g^2}t^2 \\
& + \frac{C(t)^2(q_{kfb} - C(t)p(0) + C(t)p_R)}{6V_i^3 c_g^3}t^3 - \frac{C(t)^3(q_{kfb} - C(t)p(0) + C(t)p_R)}{24V_i^4 c_g^4}t^4 \\
& + \frac{C(t)^4(q_{kfb} - C(t)p(0) + C(t)p_R)}{120V_i^5 c_g^5}t^5 - \frac{C(t)^5(q_{kfb} - C(t)p(0) + C(t)p_R)}{720V_i^6 c_g^6}t^6 \\
& + \frac{C(t)^6(q_{kfb} - C(t)p(0) + C(t)p_R)}{5040V_i^7 c_g^7}t^7 \cdots - \frac{C(t)^{n-1}(q_{kfb} - C(t)p(0) + C(t)p_R)}{n!V_i^n c_g^n}t^n
\end{aligned} \tag{6-24}$$

其中，

$$C(t) = \frac{q_{gb}}{(p - p_R)} = \frac{kh}{162.6B_g\mu_g\left[\lg\left(\dfrac{kt}{\varPhi\mu_g c_t r_w^2}\right) - 3.23\right]} \tag{6-25}$$

式中，$p(t)$ 为时间 t 时的井底压力，MPa；$p(0)$ 为刚开始将气体挤入地层时的井底压力，MPa；$C(t)$ 为气体的流动系数。

井底至气液界面处单相气体的压力分布有

$$\int_{p_{tf}}^{p_{wf}} \frac{\dfrac{ZT}{p}\mathrm{d}p}{1 + \dfrac{1.342\times10^{-18}f(q_{sc}TZ)}{\mathrm{d}^5 p^2}} = \int_0^H 0.03415\gamma_g \mathrm{d}H \tag{6-26}$$

2. 钻柱以下单相压井液压力计算

单相压井液向井底流动过程中，压力梯度方程有

$$\left(\frac{\mathrm{d}P}{\mathrm{d}L}\right)_T = \left(\frac{\mathrm{d}P}{\mathrm{d}L}\right)_{Hy} + \left(\frac{\mathrm{d}P}{\mathrm{d}L}\right)_{Fric} + \left(\frac{\mathrm{d}P}{\mathrm{d}L}\right)_{Acc} \tag{6-27}$$

整理式（6-27）有

$$\frac{\mathrm{d}p}{\mathrm{d}L} = \rho g + \frac{f\rho v^2}{2d} + \rho v\frac{\mathrm{d}v}{\mathrm{d}L} \tag{6-28}$$

钻柱处的压力 p_{sd} 表示为

$$p_{sd} = p_{\mathrm{interface}} - (\Delta p_{kf})_s \tag{6-29}$$

其中，

$$(\Delta p_{kf})_s = (\Delta p_{kf})_{Hy} - (\Delta p_{kf})_{Fric} \tag{6-30}$$

由压井液产生的摩阻压降有如下表达式：

$$\left(\frac{\mathrm{d}p}{\mathrm{d}L}\right)_{Fric} = \frac{f\rho_{kf}v_{kf}^2}{2d} \tag{6-31}$$

$$(\Delta p_{kf})_{Fric} = \left(\frac{\mathrm{d}p}{\mathrm{d}L}\right)_{Fric} \Delta L_{kf} \qquad (6\text{-}32)$$

压井液的重力压降为

$$\left(\frac{\mathrm{d}p}{\mathrm{d}L}\right)_{Hy} = \rho_{kf}g \qquad (6\text{-}33)$$

$$(\Delta P_{kf})_{Hy} = \left(\frac{\mathrm{d}p}{\mathrm{d}L}\right)_{Hy} \Delta L_{kf} \qquad (6\text{-}34)$$

6.2.3　压井参数设计

压井参数设计中，压井液密度、排量的确定至关重要。因此，针对出气量大、地层压力高的特点，研究能够形成稳定液柱并能平衡地层压力的压井液密度极为关键。同时为了避免出现压井时液柱压力能够平衡地层压力但压井结束后一段时间又发生井喷的现象，需要研究将井筒中的气体全部挤入地层的条件。

1. 最小压井液密度计算模型

在井喷或压井过程中，如果环空液体的密度过低，地层中的气体就会聚集在环空并将环空液体顶替出井筒。此外，当气体速度足够高时，可以将环空液体全部携带到地面，导致环空出现连续气柱，诱发恶性井喷事故。该阶段井筒中的主要流型为雾状流，雾状流在中心高速气流的拖曳下缓慢上行，同时大量小液滴均匀散布在气相中，此时将很难在井底形成有效液柱。因此，需要研究高速气流携带液滴的能力，为制定合理的压井液密度和排量提供依据。

1）高速气流条件下液滴临界尺寸计算

液体随高速气流的流动过程中受到许多力的相互作用，主要有液滴自身重力、气体对液滴的悬浮力和气体在流动过程中对液滴的拖曳力（图 6-6）（魏纳等，2007）。

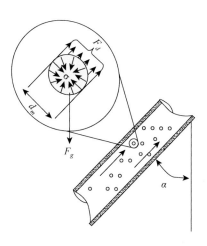

图 6-6　雾状流中液滴受力分析

图 6-6 显示了一个液滴在倾斜井筒中的受力情况,液滴受到的力包括:气液表面张力、气流对它的拖曳力、气体对液滴的浮力以及自身重力。假设该液滴形状为球形且运动中形状保持不变,在图 6-6 的基础上建立液滴受力分析图(图 6-7)。

液滴自身重力和浮力之差称为液滴的沉降重力 F_g,有

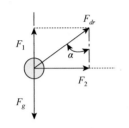

图 6-7　单个液滴在气体
中的受力图

$$F_g = \frac{\pi}{6}d_m^3 g(\rho_l - \rho_g) \qquad (6\text{-}35)$$

式中,ρ_l 为液体密度,kg/m³;ρ_g 为气体密度,kg/m³;g 为重力加速度,m/s²。

液滴所受气体的拖曳力 F_{dr} 可表示为

$$F_{dr} = \frac{\pi}{8}d_m^2 \rho_g v_g^2 C_d \qquad (6\text{-}36)$$

式中,F_{dr} 为气体对液滴的拖曳力,N;C_d 为拖曳力系数;v_t 为液滴自由沉降的最终速度,m/s;d_m 为液滴直径,m。

液滴所受拖曳力在竖直和水平方向的分力可分别表示为

$$F_{dr1} = F_{dr1}\cos\theta = \frac{\pi}{8}d_m^2 \rho_g v_g^2 C_d \cos\theta \qquad (6\text{-}37)$$

$$F_{dr2} = F_{dr1}\sin\theta = \frac{\pi}{8}d_m^2 \rho_g v_g^2 C_d \sin\theta \qquad (6\text{-}38)$$

根据液滴的力平衡关系和牛顿第二定律,得出液滴的运动速度和时间的关系可以表示为

$$\frac{\pi}{6}d_m^3 \rho_l \frac{\mathrm{d}v}{\mathrm{d}t} = \frac{\pi}{6}d_m^3(-\rho_g)g - \frac{\pi}{8}d_m^2 \rho_g v_g^2 C_d \cos\theta \qquad (6\text{-}39)$$

当液滴达到终了速度匀速下落时,速度不再变化,即:

$$\frac{\mathrm{d}v}{\mathrm{d}t} = 0 \qquad (6\text{-}40)$$

此时,气流中液滴向下的沉降力等于气体对液滴向上的拖曳力垂直向上的分力,联合式(6-39)和式(6-40),令液滴在气流中达到平衡时的气体速度为 v_{cri},整理可得:

$$v_{cri} = \sqrt{\frac{4d_m g(\rho_l - \rho_g)}{3\rho_g C_d \cos\alpha}} \qquad (6\text{-}41)$$

由式(6-41)可以看出,当气流的实际流速 v_g 大于气体的临界速度 v_{cri} 时,直径为 d_m 的液滴就会被高速气流携带到注入点以上,由于从井底至井口气体流速越来越高,液滴最终会被携带到井口。反之,如果注入点处气体的流速小于气体的临界速度,则液滴无法被携出,会落到注入点和井底之间的井筒空间,从而在井底形成积液。

在气体临界速度公式中,液滴的直径 d_m,可根据 Hinze(1948)等的理论利用韦伯数的方法得到。Hinze 等通过研究认为:对于气流中的液滴受到两种相互对抗力的作用,一种是驱使液滴被打散、粉碎的惯性力($v_g^2\rho_g$),另一种是驱使液滴表面收缩,为保持液滴完整而不被打散的气液表面张力(σ/d)。这两种力之间的相互作用决定气流中最终形成液滴的尺寸,这两种力的比值,称为韦伯数。

$$W_e = \frac{\rho_g v_g^2 d}{\sigma} \tag{6-42}$$

韦伯数的大小正比于气体流速的平方，在韦伯数较小时，表面张力起主要作用，当气体流速增大到一定值时，韦伯数达到临界值 $20 \sim 30$。此时，惯性力开始起主要作用，表面张力不足以保证液滴收缩，大的液滴就开始破碎。Turner 等（1969）取能形成稳定液滴的最大韦伯数 30，代入式（6-42），解出直径 d_{max} 即为气流中可出现的最大液滴的直径。

$$d_{max} = \frac{30\sigma}{v_g^2 \rho_g} \tag{6-43}$$

因此，能够携带最大稳定液滴条件下的最小气体流速为

$$v_g = \left[\frac{40\sigma(\rho_l - \rho_g)}{C_d \cos\alpha} \right]^{\frac{1}{4}} \left(\frac{1}{\rho_g} \right)^{\frac{1}{2}} \tag{6-44}$$

2）高速气流条件下形成稳定液柱的最小压井液密度计算

由能够携带最大稳定液滴条件下的最小气体流速计算公式可知，压井液在环空不被高速气流携带走且能在环空形成液柱所需的最小压井液密度为

$$\rho_l = \rho_g + \frac{v_g^4 \rho_g^2 C_d \cos\alpha}{40\sigma g} \tag{6-45}$$

地层出气量（井底压力小于地层压力时，地层天然气进入井筒的量）与气体表观速度之间的关系为

$$Q_g = 2.5 \times 10^4 \times \frac{A_{an} P v_g}{Z_g T} \tag{6-46}$$

式中，Q_g 为气井携液临界流量，$10^4 \mathrm{m}^3/\mathrm{d}$；$A_{an}$ 为环空面积，m^2；P 为油（套）管流动压力，MPa；T 为温度，K；Z_g 为气体偏差因子。

气体密度与相对密度之间的关系为

$$\rho_g = 3484.4 \frac{\gamma_g P}{ZT} \tag{6-47}$$

式中，γ_g 为混合气体的相对密度。

从而可以得到压井液的最小密度，即：

$$\rho_{l min} = 3.5 \times 10^3 \frac{\gamma_g P}{Z_g T} + 8.1 \times 10^{-15} \frac{Q_g^4 Z_g^2 T^2 r_g^2 C_d \cos\alpha}{A_{an}^4 P^2 \sigma g} \tag{6-48}$$

2. 环空气体有效挤入地层的最小压井液排量

由于气体滑脱效应，将环空气体压回地层存在较大难度。根据国外相关研究，如果压井液排量过小，即使采取非常大的压井液密度，也不能保证将气体压回地层，从而可能再次诱发井喷；如果压井液排量过大，将会增加地面设备的负担或者地面设备达不到所需排量的要求。

因此，在挤入过程中，首先要考虑的是压井液将钻柱以下的气体挤入地层时的挤入率，也就是钻柱处往下流动的压井液能否将气体全部挤入地层，这是改进动力压井法能否成功实施的关键。Koederitz（1995）在此问题上进行了实验研究，发现压井液将气体挤入地层时，

钻柱以下压井液流速的大小是决定挤入率的关键因素。Koederitz 指出，挤入率的大小主要由压井液类型和注入速度来决定，井底压力对挤入率的影响不大，并给出以下关系式：

$$RE = -161.4 + 75.9 \cdot FL + 890 \cdot IVEL \qquad (6\text{-}49)$$

式中，RE 为挤入率，%；FL 为注入压井液类型，1 为水，2 为钻井液；$IVEL$ 为液相的泵入速度，m/s。

6.2.4　改进动力压井法压井程序

1. 压井液密度

计算能够实现钻头处流体压力动态平衡所需压井液的密度，且此密度的压井液在全部充满井筒后，产生的静液柱压力要大于地层压力。

2. 压井液排量

在进行压井浪排量的计算时，要考虑两部分，即实现钻头处流体压力动态平衡所需的排量和挤入地层所需排量。

1）钻头处流体压力动态平衡条件下，压井液排量的确定步骤

（1）根据气液两相流动力性模型，计算环空压力场。

（2）计算给定密度条件下压井液在不同排量下的井筒流出曲线（WHP 曲线）。

（3）计算井底流入曲线（IPR 曲线）。

（4）合理排量计算。

2）挤入过程需要压井液的排量

在确定挤入地层需要的压井液排量时，采取 Koederitz 和 Oudeman 推荐的最小临界流速 0.21336m/s，即在钻柱下压井液流速达到 0.21336m/s 所需要的排量。

6.3　非常规压井方法实例计算分析

1. 直推法（黄建林，2009）

1）D-1 井的基本情况

D-1 井是川东北构造北高点所钻的一口预探井。井口海拔 419.40m，设计井深 5250m，钻探目的层是石炭系。1995 年 5 月 14 日开钻，Φ339.7mm 套管下至井深 217m，Φ244.5mm 套管下至井深 3727.57m。1995 年 12 月 25 日用 Φ215.9mm 钻头钻至井深 5037m。泥浆密度为 1.68g/cm³。井口装有环形、双闸板防喷器、双四通和套管头等，井口试压 25MPa。

1995 年 12 月 25 日，用 Φ215.9mm 钻头钻至井深 5037m，进入地层 P_{12}^3，发现溢流 2.2m³，钻井液密度为 1.68g/cm³。钻具结构：钻头 Φ215.9mm×0.25m（水眼直径 Φ15mm+Φ11mm+0）+430×410 接头×0.48m+7″钻铤×52.79m+411×410A 接头×0.5m+6-1/2″钻铤 136.37m+411A×410 接头×0.53m+G105 钻杆 171 柱+411×520 接头×0.51m+方钻杆下旋塞 0.6m+方入 10.05m，未接回压凡尔。

由于钻进时未接回压凡尔，放喷 2h 45min 后，泥浆泵保险阀剪断，放喷 2h 55min 后，立管上堵头冲掉，三条放喷管线放喷，井口压力 4.5MPa。准备喷砂切割井口钻杆未成功。通过天车辅助滑车导向，利用下放游车的力量上提井内钻具，然后关井。当开井后，井内钻杆即旋转冲出井口，冲出钻杆总长 83.70m，随即关全闭防喷器控制井口。

处理过程：①控制井口，避免井口失控着火；②清除井口、地面障碍；③压井准备；④压井施工。

2）设计结果

D-1 井在压井作业施工中采用直推压井法，设计结果见表 6-1。

表 6-1　D-1 井压井设计结果

原始数据		计算结果	
井深/m	5037	地层压力/MPa	87.13
井径/mm	215.9	压井泥浆密度/（g/cm³）	1.77
关井立压/MPa	4.2	排量/（L/s）	19.6
钻井液密度/（g/cm³）	1.68	套压转折点时间/min	50
排量/（L/s）	17	压井泥浆量/m³	234
循环泵压/MPa	10	最大施工泵压/MPa	24.11
地面管汇承压力/MPa	14	压井施工时间/min	169
初始井口压力/MPa	7.5	—	—
地层压力恢复系数	0.01887846	—	—

3）压井施工步骤

（1）控制井口后，根据井口和井下条件计算压井参数。

（2）按密度 1.77g/cm³ 将泥浆加重，并备足所需压井泥浆量 234m³。

（3）启动泥浆泵向井内注入压井泥浆，见压井泥浆返出时迅速关闭放喷闸阀。

（4）保持压井排量为 19.6L/s，按压井时间或累计泵入不敷出量核对套压转折点（50min）前后的实际与设计套压值，根据其吻合情况可适当调整压井泥浆密度和压井排量。

（5）施工中判断：若累计泵入量已达到井筒容积，而停泵关井套压仍未降至零，一种可能是注入压井泥浆密度控制不均匀，实际井内液柱压力低于地层压力，确认后，可用低泵速注入一段高密度压井泥浆；另一种可能是井下裸眼地层出现漏失，这时可采用置换法压井。若累计泵入量尚未达到井筒容积，而停泵关井套压已降至零，说明井内液柱压力已平衡地层压力，这时可采用置换法或继续采用直推法注入一段低密度压井泥浆。

（6）确信井已压稳后，停泵关井，观察一段时间，让混入压井泥浆中的天然气滑脱升至井口，通过节流阀间断泄压，同时向井内补充压井泥浆。

（7）放完井口天然气后，打开节流阀检查是否有溢流，若无，则可打开井口防喷器，关闭节流阀，然后及时下钻。

（8）将泥浆按规定的附加值加重，恢复正常钻进。

4）压井施工曲线

图 6-8、图 6-9 分别是 D-1 井井口套压随时间变化的曲线图和 D-1 井泥浆池增量随时间变化的曲线图。

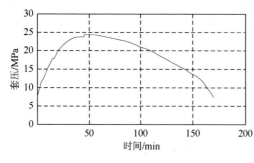

图 6-8　D-1 井井口套压变化曲线

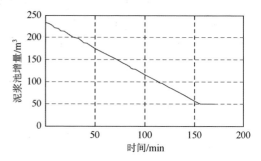

图 6-9　D-1 井泥浆池增量变化曲线

2. 平衡点法（黄建林，2009）

1）WQ-4 井的基本情况

WQ-4 井是在川东北构造西段下盘石炭系构造高点上钻的一口探井。设计井深 4650m，钻探目的层是石炭系。Φ339.7mm 套管下至 238.99m，井口装有环形、双闸板防喷器和双四通，试压 12MPa。三开用 Φ215.9mm 钻头钻进，泥浆密度为 1.14g/cm³。

1998 年 3 月 24 日发生井喷，井深 1869.6m，层位是嘉二。该井在井段 609.5～1747m 用密度 1.07~1.14g/cm³ 的泥浆钻进时发生井漏，累计损失钻井液 579.4m³。3 月 18 日，当钻至井深 1835.9m 时，井口微涌，泥浆密度 1.09g/cm³，岩性为白云岩。3 月 22 日，钻至井深 1869.6m 时井涌，泥浆池增量 5m³。关井后套压 8.5MPa，立压 7.9MPa。反注 120m³ 泥浆压井无效。由于套管下得浅、裸眼长、漏层多，不得不进行间断放喷。

处理过程：①准备正向压井，但钻具不通；②钻杆内射孔，但压井未成功；③压井、封堵漏层。

2）设计结果

WQ-4 井在第三次压井作业施工中采用了平衡点压井法，设计结果见表 6-2。

表 6-2　WQ-4 井压井设计结果

原始数据		计算结果	
井深/m	1869.6	地层压力/MPa	30.46
井径/mm	311	压井泥浆密度/（g/cm³）	1.66
钻杆外径/mm	127	压井排量/（L/s）	63.3
钻杆壁厚/mm	10	平衡点时间/min	20
钻井液密度/（g/cm³）	1.14	最小压井泥浆量/m³	241
井口放喷压力/MPa	5.5	最大施工泵压/MPa	14.8
放喷管线长度/m	100	压井施工时间/min	56
放喷管线内径/mm	92	—	—
天然气相对密度	0.57	—	—

续表

原始数据		计算结果	
地热增温率/（m/℃）	41.5	—	—
井口温度/℃	20	—	—
地面管汇承压力/MPa	15	—	—
井口承压力/MPa	10	—	—

3）压井施工步骤

（1）控制井口后，根据井口和井下条件计算压井参数。

（2）按密度 1.66g/cm³ 将泥浆加重，并备足 241m³ 压井泥浆。

（3）作出压井施工单。

（4）缓慢启动泥浆泵，将排量调整到压井排量 63.3L/s，用节流阀调节套压保持 10MPa 不变。

（5）保持套压为 10MPa，排量为 63.3L/s 循环，直至达到平衡点的时间 20min 为止。

（6）用平衡点判断方法，对是否达到平衡点进行实时检查。

（7）以压井排量 63.3L/s 循环，调节节流阀使立压等于终了循环立管压力 14.8MPa。

（8）保持压井排量 63.3L/s，立管压力 14.8MPa 循环，直至压井终了时间 56min。

（9）停泵，关井，检查立套压是否为零，如是则开节流阀检查是否有溢流，如无溢流，再开防喷器检查是否有溢流。

4）压井施工曲线

图 6-10 和图 6-11 分别是 WQ-4 井井口立压和套压随时间变化的曲线图和 WQ-4 井泥浆池增量随时间变化的曲线图。

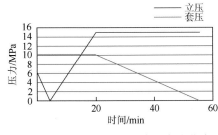 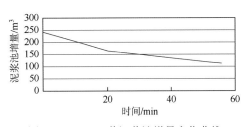

图 6-10　WQ-4 井立压和套压变化曲线　　图 6-11　WQ-4 井泥浆池增量变化曲线

5）压井数据对比

表 6-3 是 WQ-4 井的实际压井资料与理论数据的对比。

表 6-3　平衡点法压井数据对比

计算参数	理论值	实际值
地层压力/MPa	29.39	29.39
压井液密度/（g/cm³）	1.6	1.8
压井排量/（L/s）	61	75

计算参数	理论值	实际值
达到平衡点时间/min	18	15
最小压井液量/m³	249	240
最大施工泵压/MPa	15	14
压井施工时间/min	54	102（注水泥封堵时间64min）

3. 改进动力压井法

1）模拟井的基本情况

（1）井涌发生时的实钻井深为3385m；井眼直径为Φ215.9mm。

（2）钻具组合为：Φ215.9mm钻头+Φ127mm加重钻杆（3根）+Φ127mm加重钻杆（27根）+Φ127mm钻杆。

（3）钻井液密度为1.95g/cm³，钻井液排量为25L/s。

（4）发现井涌时，泥浆池增量5m³，关井立压3MPa，关井套压5MPa，地面管汇承压12MPa，井口承压10MPa，破裂压力当量密度2.6g/cm³，初始井口压力5MPa，关井等候时间15min，卸压时间15min。假设在起钻过程中发生井喷，且井眼内的钻井液全部被喷空，钻柱已经被取出1385m，当前钻头深度为2000m。由于套管发生磨损且地面节流系统受到破坏，井口只能施加10MPa的回压。

由于发生严重井喷且井口承压能力不足，采用改进动力压井法压井，压井参数为：压井泥浆密度2.3g/cm³；压井排量59L/s；压井施工时间77min；压井泥浆量174m³。

2）压井施工曲线

采用改进动力法压井过程中，套压随时间变化的关系如图6-12所示。

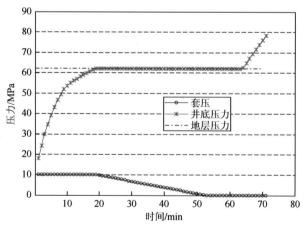

图6-12　套压变化曲线

从图6-12中可以看出，压井作业刚开始，泵入压井液后，在压井液上返的过程中，由于环空中液相组分的增加，流体产生的摩阻压降与液柱压力逐渐变大，井底压力随之变大，最后和地层压力相等，从而钻头处流体压力达到动态平衡。继续泵入压井液后，一部分压井液会将钻柱以下残余气体压回地层，在此过程中，由于钻柱以下压井液液柱不断增大，残余气体被挤入地层时体积减小，两者的变化都会对井底产生一个附加的压力，使得井底压力呈继续增大的趋势，直至压井结束。

采用改进动力法压井过程中，泥浆池增量变化曲线如图 6-13 所示。

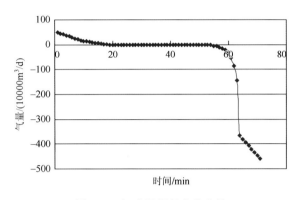

图 6-13　泥浆池增量变化曲线

从图 6-13 中可以看出，在压井过程中，随着井底压力的增大，地层出气量逐渐减小，当井底压力与地层压力相等时，地层出气量降为零；在压回过程中，由于井底压力大于地层压力，气体改变流动方向，向地层流入，其流量逐渐变大。

6.4　井喷失控后复杂地形含硫天然气扩散机理

在气井钻井和生产过程中，当酸气气井井喷失控时，酸性气体的污染扩散和一般的污染物扩散相比，具有其特殊的地方：井喷速度大，在短时间内泄漏量大，如果井喷着火或点火放喷时，气体的燃烧能改变井场的局部气象，使得扩散过程复杂化。因此，建立井喷失控后硫酸性重气，特别是 H_2S 在特定地形和气象条件下的扩散模型，及时了解喷出的含硫酸性重气（H_2S）的气体在大气中的扩散速度及浓度分布，科学判定酸性气体扩散的危险区范围、浓度分布和持续时间，对井场布置、管道走向确定、集气站选址以及制定补救与防护措施（如现场戒严、人员疏散、火源控制区域的确定），都具有十分重要的意义（刘鹏举，2009）。

6.4.1　常见扩散模型及其特点

1. 国外常用模型

通过实验的原始数据积累，国外的环保部门和实验室都推出了各自的扩散模型，用于污染物的浓度预测和风险评估。重气扩散方面，一般采用唯象模型、箱及相似模型和三维传递模型等。轻气扩散方面，基本上都是基于高斯模型，根据不同的边界条件和初始条件进行简化和求解，比较成熟的模型有 EPA 的 CTDMPlus（Complex Terrain Dispersion Model Plus Algorithms for Unstable Situations）模型和 Aermod 模型、CERC 的 ADMS 模型等；一些研究机构也研发了一些用于气体扩散和安全评估的商业软件包，美国海岸警备队和气体研究所开发的 DEGADIS、美国壳体研究有限公司开发的 HGSYSTEM、丹麦 Aalbord 大学开发的 EXSIM、挪威 Christian Michelsen 研究所开发的 FLACS、荷兰 TNO 和 Century Dynamics 合作开发的 Tutorages 等，下面就几种常见的模型予以介绍。

1）ISC3 模式

ISC3（Industrial Source Complex 3）模式是美国环保局开发的为环境管理提供支持的一个复合工业源空气质量扩散模式，它是基于统计理论的正态烟流模式，使用的公式为目前广泛应用的稳态封闭型高斯扩散方程。ISC3 模式的模拟范围小于 50km，模拟物质为一次污染物，采用逐时气象观测数据来确定气象条件对烟流抬升、传输和扩散的影响。ISC3 模式在国内外城市空气质量管理中得到了广泛的应用（杜鹏飞等，2005）。

2）ADMS 模式

ADMS 大气扩散模型是由英国剑桥环境研究中心（CERC）开发的一套先进的大气扩散模型，属新一代大气扩散模型。该模型已在英国及其他地区建立起来，包括伦敦、布达佩斯、罗马等地区，世界范围内用户已达 300 多家（孙大伟，2004）。

ADMS 是一个三维高斯模型，以高斯分布公式为主计算污染浓度，但在非稳定条件下的垂直扩散使用了倾斜式高斯模型。烟羽扩散的计算使用了当地边界层的参数，化学模块中使用了远处传输的轨迹模型和箱式模型。它使用了 Moniu-Obukhov 长度和边界结构的最新理论，精确地定义了边界层特征参数，将大气边界层分为稳定、近中性和不稳定三大类，采用连续性普适函数或无量纲表达式；在不稳定条件下摒弃了高斯模式体系，而采用 PDF 模式及小风对流模式，可以模拟计算点源、线源、面源、体源所产生的浓度。ADMS 模型特别适合于对高架点源的大气扩散模拟。

由于其特殊的地形处理方式，ADMS 在处理平坦地形或地形变化较小的区域的气体扩散方面吻合度较高，对于地形起伏较大，有突变地貌的地区，其地形处理程序的结果往往导致地形失真，影响后续模拟的准确度。

3）AERMOD 模型

AERMOD 模型由美国国家环保局联合美国气象学会组建的法规模式改善委员会（AER-MIC）开发。AERMIC 的目标是开发一个能完全替代 ISC3 的法规模型，新的法规模型将采用 ISC3 的输入与输出结构，应用最新的扩散理论和计算机技术，更新 ISC3 计算机程序，保证能够模拟目前 ISC3 能模拟的大气过程与排放源。20 世纪 90 年代中后期，法规模式改善委员会在美国国家环保局的财政支持下，成功开发出 AERMOD 扩散模型。该系统以扩散统计理论为出发点，假设污染物的浓度分布在一定程度上服从高斯分布。模式系统可用于多种排放源（包括点源、面源和体源）的排放，也适用于乡村环境和城市环境、平坦地形和复杂地形、地面源和高架源等多种排放扩散情形的模拟和预测（杨多兴等，2005）。

AERMOD 适用于定场的烟羽模型，它的特殊功能包括对垂直非均匀边界层的特殊处理，不规则形状面源的处理，对流层的三维烟羽模型，稳定边界层中垂直混合的局限性和对地面反射的处理，复杂地形上的扩散处理和建筑物下洗的处理，还考虑了干沉降和湿沉降。

AERMOD 具有下述特点：

（1）以行星边界层（PBL）湍流结构及理论为基础。按空气湍流结构和尺度概念，湍流扩散由参数化方程给出，稳定度用连续参数表示。

（2）中等浮力通量对流条件采用非正态的 PDF 模式。

（3）考虑了对流条件下浮力烟羽和混合层顶的相互作用。

（4）对简单地形和复杂地形进行了一体化的处理。

（5）包括处理夜间城市边界层的算法。

4）CALPUFF 模型

CALPUFF 是三维非稳态拉格朗日扩散模式系统，可以模拟时空变化的气象条件对污染物输送、转化和清除的影响，是美国国家环保局（USEPA）长期支持开发的法规导则模型，也是我国环境保护部颁布的《环境影响评价技术导则-大气环境》（修订版）推荐的模式之一，适用于从 50km 到几百公里内的模拟尺度（伯鑫等，2009）。

5）Models-3 模式

Models-3 是由美国国家环保局野外研究实验室大气模式研制组研制的第三代空气质量预测和评估系统。该系统由中尺度气象模式、排放模式及通用多尺度空气质量模式三大模式组成，核心是通用多尺度空气质量模式（CMAQ）。它在空间范围上已经扩展到大陆尺度，可以同时预报多种污染物，在预报方法上加入了化学物和气象要素之间的反馈作用，可用于多尺度、多污染物的空气质量预报、评估和决策研究等。

2. 国内常用模型

我国从 20 世纪 80 年代开始城市空气污染潜势预报研究，2000 年 6 月 5 日国内 42 个重点城市开展了空气质量日报，2001 年 6 月 5 日 47 个重点城市向社会公众发布了预报结果。随着预报工作的开展，污染预报由潜势预报、统计预报，发展到气象模式与污染模式相结合的数值预报系统。

1）中国大气导则

假定空气污染在空间上遵循高斯分布。考虑地面和混合层顶面均为不可穿透平面，按照 Pasquill 稳定度分类法将大气边界层的稳定度用 A～G 表示。各稳定度对应的扩散参数，则应用 Pasquill 和 Grifford 根据 Prarie Crass 实验数据绘制的曲线确定。因此，第一代模式采用了离散的稳定度分类和离散的扩散参数体系。不论是点源模式，还是以点源模式为基础通过积分方法得到的线源模式或面源模式，都具有两个特点：①浓度计算在水平方向和垂直方向上都采用高斯分布假设；②湍流分类和扩散参数采用离散化的经验分类方法。这不仅在理论上与大气边界层湍流特征的连续变化相违背，也与近几十年对湍流扩散的研究成果不符，尤其是在对流条件下。

2）CAPPS 系统

在引进国外模式的基础上，很多城市和研究单位结合地域特点和自己的创新成果，开发建立了自己的模式，如中国科学院大气物理研究所研究建立的城市空气污染数值预报系统、中国气象科学研究院建立的 CAPPS 系统（城市空气污染数值预报系统）、南京大学研制的城市空气质量数值预报系统（NJU-CAQPS）等，其中应用最广泛的是 CAPPS 系统。

　　CAPPS 系统是用有限体积法对大气平流扩散方程积分得到的多尺度箱格预报模型，与 MM5 或 MM4 中尺度数值预报模式嵌套形成的城市空气污染数值预报系统。它由 MOMS 中尺度气象模式提供气象背景场（在国家气象中心 CRAY 机上使用 MM5），再用大气平流扩散箱格模式预报污染潜势指数和污染指数模式。它不需要污染源强资料就可预报出城市空气污染潜势指数（PPI）和 SO_2、NO_2、PM10、CO 等主要污染物的污染指数（API），克服了由污染源调查本身所具有的不确定性给城市空气污染的数值预报所带来的困难（朱蓉等，2001）。

　　国内目前的法规大气预测模式为 93 版大气导则推荐的环境质量预测模式。该模式基于 20 世纪 60～70 年代的大气边界层理论，已落后于当今国际主流环境质量预测模式所应用的 20 世纪 80～90 年代的大气边界层理论。它假定大气中污染物的扩散在空间上遵循高斯分布，并且认为地面和混合层顶均为不可穿透的平面；将大气稳定度以 Pasquill 分类法分成 6 类，扩散参数由稳定度、扩散距离和时间决定，因此，稳定度和扩散参数是不连续的。这不仅在理论上与大气边界层湍流特征的连续变化相违背，也与近几十年对湍流扩散的研究成果不符，尤其是在对流条件下。

　　在新版环境影响评价技术导则（大气环境）HJ/T2.2-200（征求意见稿）中推荐了新的法规模式清单，包括 AERSCREEN、AERMOD、ADMS 和 CALPUFF 模式。

　　推荐模式清单中的估算模式 AERSCREEN、AERMOD 和 CALPUFF，由美国国家环保局（U.S.EPA）提供，已得到 EPA 许可，可供中国用户自由使用。

　　AERMOD 模型具有输入少、计算速度快、局部地形吻合较好的优势。此外，AERMOD 也是中国大气环评导则推荐的法规性模式，而且国内已有 AERMOD 模型的应用实例，如宝山区 SO_2 浓度模拟（徐永清，2008）、AERMOD 空气扩散模型在沈阳的应用等，其验证结果比较符合实际情况。因此，对于气井井喷失控后酸性气体的扩散，以 AERMOD 和 CTDMPLUS（复杂地形扩散模型）为基础模型，并在此基础上考虑化学转换和酸气泄漏燃烧对 SO_2 扩散的影响，采用通用的流体力学建模方式，建立高含硫化氢天然气复杂地形扩散模型（杨洪斌等，2006）。

6.4.2　基本扩散模型的建立

　　扩散模型实质是质量传输，它本身与流体力学里的组分守恒方程是一致的。假设对混合气体有 i 物质的扩散处理，根据质量守恒原理，该扩散物质的浓度随时间和空间的变化 $c_i(x,y,z,t)$ 应满足方程：

$$\frac{\partial c_i}{\partial t} + \frac{\partial}{\partial x}(uc_i) + \frac{\partial}{\partial y}(vc_i) + \frac{\partial}{\partial z}(wc_i) = D_i\left(\frac{\partial^2 c_i}{\partial x^2} + \frac{\partial^2 c_i}{\partial y^2} + \frac{\partial^2 c_i}{\partial z^2}\right) + R_i + S_i \qquad (6-50)$$

式中，i 为第 i 种物质；D 为物质的分子扩散系数；t 为温度；S 为排放速率；R 为物质的转化生产率，包括沉降、化学反应、耗散等；u、v、w 分别为速度沿 x、y、z 三个方向的分量。

　　由于空气中分子的扩散速率可以忽略不计，根据大气湍流性质，将风速看为平均风速和脉动风速之和，$u = \bar{u} + u'$；$v = \bar{v} + v'$；$w = \bar{w} + w'$，将式（6-50）化为

$$\frac{\partial \overline{c_i}}{\partial t} + \frac{\partial}{\partial x}(\overline{uc_i}) + \frac{\partial}{\partial y}(\overline{vc_i}) + \frac{\partial}{\partial y}(\overline{wc_i}) + \frac{\partial}{\partial x}(\overline{u'c_i'})$$

$$+ \frac{\partial}{\partial y}(\overline{v'c_i'}) + \frac{\partial}{\partial z}(\overline{w'c_i'}) = R_i + S_i \tag{6-51}$$

根据梯度传输理论，设 x，y，z 三方向的扩散系数分别为 k_x、k_y 和 k_z。则有

$$\overline{u'c'} = -k_x \frac{\partial \overline{c_i}}{\partial x}; \overline{v'c'} = -k_y \frac{\partial \overline{c_i}}{\partial v}; \overline{w'c'} = -k_z \frac{\partial \overline{c_i}}{\partial z} \tag{6-52}$$

将各表达的平均标识去掉，式（6-52）转变为

$$\frac{\partial c_i}{\partial t} + \frac{\partial}{\partial x}(uc_i) + \frac{\partial}{\partial y}(vc_i) + \frac{\partial}{\partial z}(wc_i)$$

$$= \frac{\partial}{\partial x}\left(k_x \frac{\partial c_i}{\partial x}\right) + \frac{\partial}{\partial y}\left(k_y \frac{\partial c_i}{\partial y}\right) + \frac{\partial}{\partial z}\left(k_z \frac{\partial c_i}{\partial x}\right) + R_i + S_i \tag{6-53}$$

式（6-53）即为三维扩散基本方程。

6.4.3　特定条件下模型的解

对于基本的三维模型，通常情况下没有解析解，但在特定情况下，可以得到解析解，对于 x，y，z 三维坐标系：

（1）无界空间的点（0，0，0），源强为 Q，x 轴沿平均风速方向（$v = w = 0$，$u = const$），此时，污染物对流远远大于湍流扩散，故式（6-53）变为

$$u\frac{\partial c}{\partial x} = \frac{\partial}{\partial y}\left(k_y \frac{\partial c}{\partial y}\right) + \frac{\partial}{\partial z}\left(k_z \frac{\partial c}{\partial z}\right) + S \tag{6-54}$$

边界条件：

$$x = y = z = 0，c \to \infty，x = y = z \to \infty，c = 0；z \to 0，k_z\frac{\partial c}{\partial z} \to 0；\iint uc\mathrm{d}y\mathrm{d}z = Q。$$

可得到解析解为

$$c(x, y, z) = \frac{Q}{4\pi\sqrt{k_y k_z}}\exp\left[-\frac{u}{4x}\left(\frac{y^2}{k_y} + \frac{z^2}{k_z}\right)\right] \tag{6-55}$$

从式（6-55）可以看出，沿风向横截面上的浓度分布为二维高斯分布。

横向和纵向扩散浓度分布的标准差分别定义为

$$\delta_y = \frac{\int_{-\infty}^{+\infty}\int_{-\infty}^{+\infty} cy^2\mathrm{d}y\mathrm{d}z}{\int_{-\infty}^{+\infty}\int_{-\infty}^{+\infty} c\mathrm{d}y\mathrm{d}z} \tag{6-56}$$

$$\delta_z = \frac{\int_{-\infty}^{+\infty}\int_{-\infty}^{+\infty} cz^2\mathrm{d}y\mathrm{d}z}{\int_{-\infty}^{+\infty}\int_{-\infty}^{+\infty} c\mathrm{d}y\mathrm{d}z} \tag{6-57}$$

将式（6-56）和式（6-57）带入式（6-55），可以得到

$$\delta_y^2 = \frac{2k_y x}{u}, \quad \delta_z^2 = \frac{2k_z x}{u} \tag{6-58}$$

标准差 σ_y 和 σ_z 分别代表了 y 向和 z 向的烟羽宽度，从上述可以看出，扩散的烟羽宽度的平方与下风距离成正比。k_y、k_z 和 u 都是常数，代入解析式，就可得到标准的连续点源的高斯模式：

$$c(x, y, z) = \frac{Q}{4\pi u \delta_y \delta_z} \exp\left(-\frac{y^2}{2\delta_y} - \frac{z^2}{2\delta_z}\right) \tag{6-59}$$

（2）位于 $(0, 0, z_s)$ 处源强为 Q，边界条件：

源强和风速：

$$S = Q\delta(x)\delta(y)\delta(z - z_s) \tag{6-60}$$

纵向扩散系数：

$$k_z = bz^n \tag{6-61}$$

横向扩散系数：

$$k_x = k_y = \frac{1}{2}\frac{\mathrm{d}\delta_y^2}{\mathrm{d}t} = \frac{1}{2}u\frac{\mathrm{d}\delta_y^2}{\mathrm{d}x} \tag{6-62}$$

式中，δ_y 为横向浓度分布的标准差。

其解析解为：

$$c = \frac{Q}{\sqrt{2\pi}\delta_y} \exp\left(-\frac{y^2}{2\delta_y^2}\right) \frac{(z \cdot z_s)^{(1-n)/2}}{abx} \exp\left[-\frac{a(z^a + z_s^a)}{a^2 bx}\right] I_{-v}\left[\frac{2a(z \cdot z_s)^{a/2}}{a^2 bx}\right] \tag{6-63}$$

其中，$a = 2 + p - n$，$v = (1 - n)/2$，I_{-v} 为 $-v$ 的第一类变型贝塞尔函数，a、b、n、p 取决于大气状况和地面粗糙度。

当风速和扩散系数都不随高度变化时，则有 $p = n = 0$ 且 $v = 1/2$，在均匀的湍流场中，泄漏源位于 $(0, 0, H)$ 处，可以得到解析解：

$$c(x, y, z, H) = \frac{Q}{2\pi u \sigma_y \sigma_z} \exp\left(-\frac{y^2}{2\sigma^2}\right)\left\{\exp\left[-\frac{(z \cdot H)^2}{2\sigma_z^2}\right] + \exp\left[-\frac{(z + H)^2}{2\sigma_z^2}\right]\right\} \tag{6-64}$$

这里得到的结果是以横向和纵向都为正态分布的结果，在稳定大气状态下，其结果比较合乎实际，此时横向分布函数为

$$F_y = \frac{1}{\sqrt{2\pi}\sigma_y} \exp\left(\frac{-y^2}{2\sigma_y^2}\right) \tag{6-65}$$

纵向分布函数（$H = 0$）：

$$F_z = \frac{1}{\sqrt{2\pi}\sigma_z} \exp\left(\frac{-z^2}{2\sigma_z^2}\right) \tag{6-66}$$

但在非稳定大气情况下，与实际情况差别较大，因为在非稳定大气条件下，有上升和下降的对流气流。根据二元大气概念，在对流边界层中，气流可分为两种状态：含有较多热力湍流；代表下沉的背景气流，包含湍流较少。两种状态的概率均是正态的，实际的湍流分布是二者的总和，故当横向使用高斯分布时，而纵向使用双高斯分布，在非稳定大气

情况的实际扩散情况：

$$F_z = \frac{\lambda_1}{\sqrt{2\pi}\sigma_{z1}}\exp\left(-\frac{z^2}{2\sigma_{z1}^2}\right) + \frac{\lambda_2}{\sqrt{2\pi}\sigma_{z2}}\exp\left(-\frac{z^2}{2\sigma_{z2}^2}\right) \tag{6-67}$$

式中，σ_{z1}，σ_{z2} 为二元大气两种状态分布的标准差；λ_1，λ_2 为二元大气两部分所占比例。

由于模型解析解求解的条件苛刻，在扩散气体为含硫化氢天然气情况下采用数值积分方法进行计算。

6.4.4　模型数值计算方法研究

1. 对流条件下污染物的扩散

在对流边界层（Convective Boundary Layer，CBL）里，根据对流中的二元大气学说，烟羽部分在上升气流和下降气流中运动，烟羽各成分的横向和纵向运动速度随机变动，其特性可以用概率密度函数（Probability Density Functions，PDF）来描述，根据文献 Weil 等（1997）、Misra（1982）、Venkatram（1983）、Weil（1988），浓度可以从泄漏源点位置的概率函数得到，这些位置 PDF 来源于气流的纵向和横向的速度。

在 CBL 中，横向速度 PDF 近似高斯分布（Venkatram，1983）。垂向速度 w 是正歪（skewness）的，所以垂向上的扩散浓度分布 Fz 为非高斯分布，因而纵向采用了双高斯模型。垂向速度的正偏斜与高频率出现的上升和下降气流一致，使烟羽的中心线看起来既光滑又好看，CBL 里的瞬时和总体形状如图 6-14 所示。

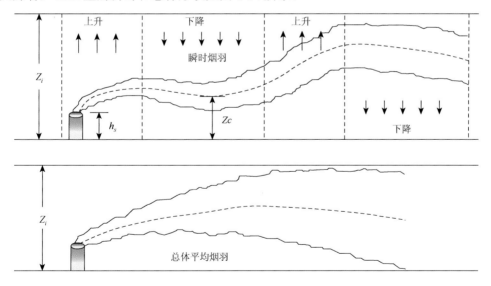

图 6-14　CBL 里的瞬时和相应的平均烟羽

1）总浓度

对流条件下浮力烟羽和混合层顶的相互作用，即浮力烟羽抬升到混合层顶部附近时，除了完全反射和完全穿透之外，还有"部分穿透和部分反射"，穿透进入混合层以上稳定层中的烟羽，经过一段时间还将重新进入混合层，并扩散到地面。烟羽向混合层顶端冲击的同时，虽然在水平方向也有扩散，但相当缓慢，等到烟羽的浮力消散在环境湍流之中，向上的速度消失之后，才滞后地扩散到地面。所以，CBL 里扩散源的处理可按扩散过程分解成三个单纯的扩散源：直接源、间接源和穿透源（图 6-15）。

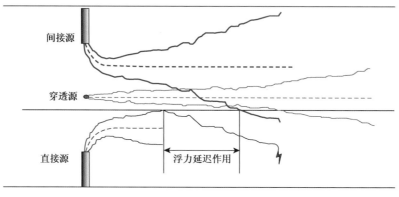

图 6-15　CBL 里扩散源的处理

因此，在 CBL 里，总浓度 C_c 由下沉气流扩散到地面上的直接源的质量浓度 C_d、上升气流扩散到混合层顶层的间接源的质量浓度（间接扩散浓度）C_r、穿透进入混合层上部稳定层中的穿透源质量浓度（穿透扩散浓度）C_p 三部分构成，在平坦地形下烟羽表示为：

$$C_c\{x_f, y_f, z_f\} = C_d\{x_f, y_f, z_f\} + C_r\{x_f, y_f, z_f\} + C_p\{x_f, y_f, z_f\} \qquad (6\text{-}68)$$

在复杂地形下，浓度形式同上，只需要把 z_f 换成 z_p，区别在于 z 的计算意义不一样。

在对流层的物质扩散中，垂向上的扩散浓度由概率密度函数 p_w 决定。在 CBL 里，较好的近似函数 p_w 是双高斯分布函数的叠加，公式如下：

$$P_w = \frac{\lambda_1}{\sqrt{2\pi}\sigma_{w1}} \exp\left[-\frac{(w - \overline{w_1})^2}{2\sigma_{w1}^2}\right] + \frac{\lambda_2}{\sqrt{2\pi}\sigma_{w2}} \exp\left[-\frac{(w - \overline{w_2})^2}{2\sigma_{w2}^2}\right] \qquad (6\text{-}69)$$

式中，λ_1，λ_2 为两种气流（上下）占的比例；w_1，w_2 为两种气流运动速度，m/s，上面带 "—" 表示平均速度；σ 为扩散系数。

2）直接扩散到地面上的质量浓度 C_d

$$C_d\{x_f, y_f, z_f\} = \frac{Qf_p}{\sqrt{2\pi}\tilde{u}} F_y \sum_{j=1}^{2} \sum_{m=0}^{\infty} \frac{\lambda_j}{\sigma_{zj}} \left\{ \begin{array}{l} \exp\left[-\dfrac{(z - \Psi_{dj} 2mz_i)^2}{2\sigma_{zj}^2}\right] \\[2mm] + \exp\left[-\dfrac{(z + \Psi_{dj} + 2mz_i)^2}{2\sigma_{zj}^2}\right] \end{array} \right\} \qquad (6\text{-}70)$$

式中，Ψ_{dj} 为直接源烟羽总高度，m；F_y 为水平分布函数，$F_y = \dfrac{1}{\sqrt{2\pi}\sigma_y} \exp\left[\dfrac{-y^2}{2\sigma_y^2}\right]$；$\tilde{u}$ 为泄漏源顶端的风速，m/s；σ_y 为水平扩散参数；z_i 为混合层高度，m；f_p 为对流条件中烟羽的比重；σ_{zj} 为间接源垂直扩散系数；λ_j（$j=1$，2）为上升和下降两部分烟羽的权系数，

下标 1，2 分别代表上升和下降。

3）间接扩散到地面上的质量浓度 C_r

$$C_r\{x_f,y_f,z_f\} = \frac{Qf_p}{\sqrt{2\pi}\tilde{u}} F_y \sum_{j=1}^{2} \sum_{m=0}^{\infty} \frac{\lambda_j}{\sigma_{zj}} \left\{ \exp\left[-\frac{(z+\Psi_{rj}-2mz_i)^2}{2\sigma_{zj}^2} \right] \right\} \tag{6-71}$$

式中，Ψ_{rj} 为间接源烟羽高度，m。

4）穿透扩散浓度 C_p

进入混合层上部稳定层中的穿透源质量浓度 C_p，其在稳定和对流条件下均满足高斯分布：

$$C_p\{x_f,y_f,z_f\} = \frac{Q(1-f_p)}{\sqrt{2\pi}\tilde{u}\sigma_{zp}} F_y \sum_{m=-\infty}^{\infty} \left\{ \begin{array}{l} \exp\left[-\frac{(z-h_{ep}+2mz_{ieff})^2}{2\sigma_{zp}^2} \right] \\ +\exp\left[-\frac{(z+h_{ep}+2mz_{ieff})^2}{2\sigma_{zp}^2} \right] \end{array} \right\} \tag{6-72}$$

式中，h_{ep} 为穿透源高度，m；z_{ieff} 为稳定层中反射面高度，m。$z_{ieff} = \max\left[(h_{es}+2.15\sigma_{zs}\{h_{es}\};z_{im}) \right]$，其中 h_{es} 为有效源高，m；z_{im} 为机械混合层高度，m。

2. SBL 的扩散浓度计算

SBL（Stable Boundary Layer，稳定边界层）的浓度表达式为

$$C_s\{x_r,y_r,z\} = \frac{Q}{\sqrt{2\pi}\tilde{u}\sigma_{zs}} \cdot F_y \cdot \sum_{m=-\infty}^{\infty} \left[\begin{array}{l} \exp\left(-\frac{(z-h_{es}-2mz_{ieff})^2}{2\sigma_{zs}^2} \right) \\ +\exp\left(-\frac{(z+h_{es}+2mz_{ieff})^2}{2\sigma_{zs}^2} \right) \end{array} \right] \tag{6-73}$$

式中，C_s 为对流边界层质量浓度，g/m^3；x_r、y_r、z 为接受点的三维坐标，m；Q 为源的泄放速率，g/s；u 为泄漏源顶端的风速，m/s；σ_{zs} 为稳定边界垂直扩散参数，m；F_y 为水平分布函数；h_{es} 为有效源高，m；Z_{ieff} 为稳定层中反射面高度，m。

3. 模型建筑物下洗（downwash）

建筑物下洗时，用烟羽抬升模型改进估算受建筑物影响的烟羽的增长和抬升浓度 C_{pr}，通过计算背风涡边界将烟羽分为背风涡区域和尾迹区域。背风涡区域的扩散基于建筑物的几何形状，在垂直方向均匀混合。除背风涡边界的背风涡烟羽扩散到尾迹区域外，尾迹区域的烟羽还包括尚未进入背风涡，受排放源位置、排放高度和建筑物几何形状影响的烟羽。在距尾迹区域很远的地方，建筑物的影响可以忽略，可以直接按前面的方法计算 C_{AE}，为确保尾迹区域的污染物浓度与尾迹区域远处的污染物浓度之间的平滑过渡，尾迹区域远处的污染物浓度为这两种估算浓度的权重之和。

$$C_T = \gamma C_{pr} + (1-\gamma)C_{AE} \tag{6-74}$$

式中，C_{pr} 为上升烟羽估算的浓度，g/m^3；C_{AE} 为不考虑建筑物影响时估算的浓度，g/m^3；

γ 为权重系数，其随着垂直、横向和下风向距离呈指数衰减。

4. 烟羽抬升

对流层直接源的动量和浮力对烟羽的抬升，由 Briggs（1984）提出的抬升高度有：

$$\Delta h_d = \left(\frac{3 F_m x}{\beta_1^2 u_p^2} + \frac{3}{2\beta_1^2} \cdot \frac{F_b x^2}{u_p^3} \right)^{1/3} \tag{6-75}$$

式中，F_m 为排放点（Stack）的动量通量；F_b 为浮力通量；Δh_d 为烟羽抬升高度，m；β_1 为夹带参数（常取 0.6）；u_p 为风速。

5. 沉降处理

沉降（deposition）是由于分散相和分散介质的密度不同，分散相粒子在力场（重力场等）作用下发生的定向运动。沉降分为干沉降（dry deposition）和湿沉降（wet deposition）两种方式。

1）干沉降

干沉降是气溶胶及其他酸性物质直接沉降到地表的现象，包括大气污染物在扩散时被地面土壤、水面、植物、建筑物吸收和吸附，它由重力沉降和扩散沉降两部分组成。干沉降通量计算公式为

$$F_d = V_d C_d \tag{6-76}$$

式中，F_d 为干沉降通量，ug/m^2/s；C_d 为参考高度的扩散物浓度；V_d 为沉降速度，m/s，$V_d = \dfrac{V_g}{1 - \exp(-V_g / V_{dd})}$；$V_g$ 为重力沉降速度，m/s；V_{dd} 为扩散速度，m/s。

2）湿沉降

湿沉降是指由于雨、雪等所吸收和包含的污染物及雨水等降下时将污染物冲刷到地面的过程。湿沉降过程可分为两种：一种是在云中清洗，就是各种形成云的水滴吸收包含污染物的过程；另一种是在下雨时雨滴冲刷污染物的过程。这些都会降低污染在物大气中的浓度。

湿沉降通量的计算公式为

$$\frac{\mathrm{d}Q}{\mathrm{d}x}\Big|_{wet} = -\int_{-\infty}^{\infty} F_{wet} \mathrm{d}y \tag{6-77}$$

式中，Q 为某点的污染物总量；F_{wet} 为湿沉降速度，m/s，$F_{wet} = \int_0^{\infty} \wedge c \mathrm{d}z$；$\wedge$ 为冲刷系数；c 为污染物浓度。

考虑到酸性气体的有效溶解度由溶解系数 k_1 和电离常数 k_2 确定，它将对湿沉降有所限制。设根据其有效溶解度计算的湿沉降浓度为 C_1，根据式（6-54）计算的浓度为 C_2，则实际沉降浓度为

$$C = \min(C_1, \ C_2) \tag{6-78}$$

6. 化学转化

化学转化是指污染物自身的衰减和大气中污染物间、污染物与其他物质间发生化学反

应，生成新物质，从而减少大气环境中初生污染的过程。对于不同的气体，转化过程不同，可以简化为转化率函数进行统一计算。

7. 模型中对复杂地形的处理

对于复杂地形，采用了临界分流的概念。在 CTDMPLUS 和 AEARMOD 都采用了这种处理方式。临界分流的概念由 Sheppard（1956）提出，基本物理理论是将层结位能与气流动能进行比较，以确定气流是绕过山体还是翻越山顶，具体处理方式是将扩散气体（云团）视为两部分：一部分能量大于或等于爬上山顶所需要的位能，从而足够越过障碍物继续向前，另一部分能量不足，只能平绕障碍物扩散，这样，扩散流场被视为翻越和环绕两层结构。

临界分流高度 H_c 定义为：

$$\frac{1}{2}u^2\{H_c\} = \int_{H_c}^{H_c} N^2(h_c - z)\mathrm{d}z \tag{6-79}$$

式中，N 为 Brunt-Vuisala 频率，$N^2 = \dfrac{g}{\theta}\dfrac{\partial\theta}{\partial z}$，$\theta$ 是位温；H_c 为临界分流高度，m；u 为气流速度，m/s。

公式左端是 H_c 高度流体的动能，在临界分流高度 H_c 以下的流体，没有足够的能量越过山体，只能绕过山体。在高于临界分流高度 H_c 的气层内，气流有足够的动能克服位能并越过山头，示意图如图 6-16 所示。

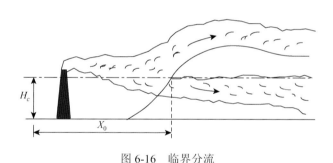

图 6-16　临界分流

因此，复杂地形上的污染物浓度取决于烟羽的两种极限状态，一种极限状态是在非常稳定的条件下被迫绕过山体的水平烟羽，另一种极限状态是沿着山体向上抬升的烟羽，任一网格点的总浓度值就是这两种烟羽浓度的加权和：

$$C_T\{x_r, y_r, z_r\} = f \cdot C_{c,s}\{x_r, y_r, z_r\} + (1-f) \cdot C_{c,s}\{x_r, y_r, z_P\} \tag{6-80}$$

式中，C_T 为总浓度；z_p 为点 (x_f, y_f, z_f) 处的有效高度值；f 为两种烟羽状态的权函数；$C_{c,s}$ 为按平地时计算的浓度。

z_p 表达式为 $z_p = z_f - z_t$，z_t 是该点处地形的高度值，$C_{c,s}\{x_r, y_r, z_p\}$ 反映了地形对浓度分布的影响，也就是沿地形抬升烟羽的浓度表达式。f 决定着地形对浓度计算的影响程度。当 $f=1$ 时，所有网格点的浓度计算均按平坦地形的扩散处理。权函数 f 由大气稳定度、风速以及烟羽相对于地形的高度等因素决定。在稳定条件下，水平烟羽占主导地位，赋给它的权值就大些；而在中等稳定及不稳定条件下，沿地形抬升的烟羽则被赋给较大的权值。

无论在 CBL 还是 SBL，总浓度表达式的一般形式为

$$C\{x,y,z\} = (Q/\bar{u})p_y\{y;x\}p_z\{z;x\} \tag{6-81}$$

式中，Q 为源的排放速率；$\bar{u}$ 为有效风速值；$p_y\{y,x\}$，$p_z\{z,x\}$ 为表述水平方向和垂直方向浓度分布的概率密度函数，在 CBL（对流边界层）和 SBL（稳定边界层）中，它们有不同的表达形式。

8. 模型中对气象的处理

气象处理主要是对气象的参数进行计算，具体是对 Monin-Obuhov 长度、对流速度尺度、温度尺度、混合层高度及摩擦速度、湍流扩散系数、廓线方程等的计算，主要计算过程：

（1）按大气相似理论，根据大气边界层的能量平衡原理，计算行星边界层从 CBL 向 SBL 转换的临界点，判断边界层是处于 CBL 还是 SBL。

（2）按照判断的边界层所处的状况（SBL 或 CBL），计算相应的参数尺度，有了这些参数，就能得到边界层的风廓线、温廓线和位温梯度廓线。

（3）计算边界层的扩散参数。

6.4.5　计算实例

以一口高含硫井井喷事故为例进行含硫天然气扩散实例分析。该井喷出的天然气硫化氢含量 $151g/m^3$，出口温度 353K。在地形处理中，使用了当地实际的高程数据 DEM，并从中提取了以井为中心的方圆 5.0km 的地形，然后划分为计算网格。地面气象条件采用了当时的气象条件，探空气象采用了 MM5 预测项并参考了美国在气象条件和本地相似的探空结果。事发于 23 日夜间天气晴朗，24 日凌晨有雾，气温为 4~7℃，相对湿度 94%~99%，风速较小。考虑干沉降和湿沉降的降影响，取 $200\times10^4m^3/d$（该井设计无阻流量 $258\times10^4m^3/d$）计算，数值模拟结果如图 6-18 所示。

而本次事故中遇难人员分布如图 6-17 所示（来自中国安全生产科学研究院"12·23"事故分析报告），主要分布在高桥镇和正坝镇。

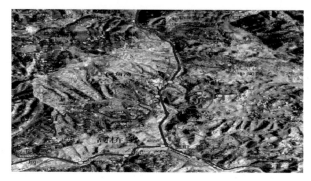

图 6-17　12·23 遇难人员分布示意图

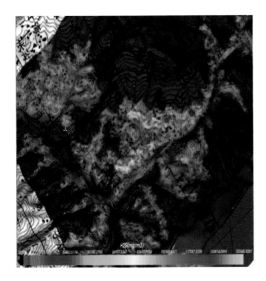

图 6-18　计算模拟结果三维显示

对比模拟结果图 6-18 和反映实际情况的图 6-17 可知，模拟图中重灾区的位置与实际遇难人员较多的区域基本一致，以井口附近西南偏西的地区最为严重；在模拟结果图中，硫化氢浓度高于 60mg/m³ 的均是人员遇害区域，在遇害人员和家禽家畜死亡集中的地方，浓度甚至超过 300mg/m³，可见模拟结果与实际情况相当吻合。

从浓度分布上可以看出，高浓度区域主要集中在井场周围和井场西南、东南，对照模拟结果浓度分布图和地形图可以看出，井口 1000m 范围内，北边相距 100m 有高约 300m 的朝阳寨山，其余方向为浅丘，井口周围通过一个互相通连的峡谷与毗邻乡镇连接。由于当时该地高空受高压前部的东北气流控制，盛行下沉气流，抑制了湍流的向上发展，加上夜间天气晴朗，形成辐射逆温，阻止了硫化氢气体向高空的扩散，在小风速作用下，硫化氢烟羽不足以越过山顶，而是顺着这些峡谷向低处扩散，这与实际扩散规律一致，也与实际遇难人员区域相吻合。

在正坝三喜村一带，井喷后 11h 和 18h 两个实际测点浓度与计算浓度的对比见表 6-4。

表 6-4　实测数据与计算结果对比

类别	11h 测点浓度	18h 测点浓度
实测	24ppm（34.56mg/m³）	48ppm（69.12mg/m³）
计算	42.49mg/m³	79.36mg/m³
误差	23%	14%

从表 6-4 可以看出，实测结果和计算结果吻合得很好。

对 12·23 事故的反演分析可以看出，模型模拟结果与事故实际情况非常一致，可以看出，在小风条件下影响浓度分布的主要原因是地形条件。根据给定的初始条件和风向、风速可定性地预测高浓度区域的位置，这在井场设计和应急区域选择方面有实际应用价值。

参 考 文 献

伯鑫, 丁峰, 徐鹤, 等. 2009. 大气扩散 CALPUFF 模型技术综述[J]. 环境监测管理与技术, 21 (3): 9-13.

邓大伟, 周开吉. 2004. 动力压井法与计算方法研究[J]. 天然气工业, 24 (9): 83-85.

杜鹏飞, 杜娟, 郑筱津, 等. 2005. 基于 ISC3 模型的南宁市 SO₂ 污染控制策略[J]. 清华大学学报: 自然科学版, 45(9): 1209-1212.

郭蒲, 田院刚, 李亮, 等. 2013. 平衡点法压井计算与应用[J]. 科学技术与工程, 13 (12): 3424-3427.

黄健林. 2009. 川东北地区高压气井井控技术研究[D]. 成都: 西南石油大学.

金业权. 1997. 动力压井法理论及适用条件的分析[J]. 石油学报, 18 (4): 106-110.

雷宗明, 李强. 2000. 直推法压井技术[J]. 天然气工业, 20 (3): 54-56.

刘鹏举. 2009. 井喷事故分析与气体扩散研究[D]. 湘潭: 湖南科技大学.

荣伟, 申洪伟, 侯学松, 等. 2015. 普光气田非常规压井方法模拟研究[J]. 重庆科技学院学报 (自然科学版), 17 (2): 34-37.

孙大伟. 2004. 新一代大气扩散模型 (ADMS) 应用研究[J]. 环境保护科学, 30 (1): 67-69.

魏纳, 李颖川, 李悦钦, 等. 2007. 气井积液可视化实验[J]. 钻采工艺, 30 (3): 43-45.

徐永清. 2008. 宝山区大气环境容量及环境影响研究[D]. 上海: 华东师范大学硕士学位论文, 78-79.

杨多兴, 杨木水, 赵晓宏, 等. 2005. AERMOD 模式系统理论[J]. 化学工业与工程, 22 (2): 130-135.

杨洪斌, 张云海, 邹旭东, 等. 2006. AERMOD 空气扩散模型在沈阳的应用和验证[J]. 气象与环境学报, 22 (1): 58-60.

朱蓉, 徐大海, 孟燕君, 等. 2001. 城市空气污染数值预报系统 CAPPS 及其应用[J]. 应用气象学报, 12 (3): 267-278.

Al-Shehri Dhafer A. 1994. A Study in the Dynamic Kill for the Control of Induced Surface Blowouts[M]. Ph.D. Dissertation, Texas A & M University.

Briggs G A. 1984. Plume rise and buoyancy effects [J]. Atmospheric Science and Power Production, 327-366.

Hinze J O. 1948. Critical speeds and sizes of liquid globules[J]. Applied Scientific Research, 1 (1): 273-288.

Koederitz W L. 1995. Gas Kick Behavior During Bullheading Operations in Vertical Well[M]. Ph.D. Dissertation, Louisiana State University, Baton Rouge, LA.

Misra P K. 1982. Dispersion of non-buoyant particles inside a convective boundary layer [J]. Atmospheric Environment, 16 (2): 239-243.

Mott, Robert L. 2000. Applied Fluid Mechanics 5th edition[M]. Prentice Hall New Jersey.

Oudeman P. 1999. Kill procedures to avoid formation damage in the high rate gas wells of an underground storage project[C]//European formation damage conference. 465-470.

Santos O L A. 1989. A dynamic model of diverter operations for handling shallow gas hazards in oil and gas exploratory drilling[R]. Louisiana State Univ. and Agricultural and Mechanical Coll., Baton Rouge, LA (USA).

Sheppard P A. 1956. Airflow over mountains[J]. Quarterly Journal of the Royal Meteorological Society, 82 (82): 528-529.

Turner R G, Hubbard M G, Dukler A E. 1969. Analysis and Prediction of Minimum Flow Rate for the Continuous Removal of Liquid from Gas Wells[J]. Journal of Petroleum Technology, 21 (11): 1475-1482.

Venkatram A. 1983. On dispersion in the convective boundary layer[J]. Atmospheric Environment, 17 (3): 87-97.

Weil J C, Corio L A, Brower R P. 1997. A PDF Dispersion Model for Buoyant Plumes in the Convective Boundary Layer[J]. Journal of Applied Meteorology, 36 (8): 982-1003.

Weil J C. 1988, Dispersion in the Convective Boundary Layer [M]//Lectures on Air Pollution Modeling. American Meteorological Society, 167-227.